AF536073

DELIUS KLASING

LINDSAY PORTER

WOHNWAGEN

Ausbauen und optimieren:
vom Abwassertank bis zur Zentralheizung

Delius Klasing Verlag

Die englische Originalausgabe mit dem Titel »How to Improve and Modify Your Caravan« erschien bei Veloce Publishing Limited, Dorchester.

Bibliografische Information der Deutschen Nationalbibliothek
Die Deutsche Nationalbibliothek verzeichnet diese Publikation in der Deutschen Nationalbibliografie; detaillierte bibliografische Daten sind im Internet über http://dnb.dnb.de abrufbar.

3. Auflage
ISBN 978-3-667-10133-4
Die Rechte für die deutsche Ausgabe liegen beim Verlag Delius Klasing & Co. KG, Bielefeld

Aus dem Englischen von Dr. Marcus Würmli
Lektorat: Alexander Failing / Katja Ernst
Fotos, sofern nicht anders angegeben: Lindsay und Shan Porter
Einbandgestaltung: scanlitho.teams, Bielefeld
Satz: Bernd Pettke · Digitale Dienste, Bielefeld
Gesamtherstellung: Print Consult, München
Printed in Slovakia 2021

Delius Klasing Verlag, Siekerwall 21, D - 33602 Bielefeld
Tel.: 0521/559-0, Fax: 0521/559-115
E-Mail: info@delius-klasing.de
www.delius-klasing.de

Vor allen Veränderungen an Ihrem Fahrzeug sollten Sie deren gesetzliche Zulässigkeit sicherstellen.

Inhalt

Einleitung und Dank

Eine der besonderen Eigenschaften von Wohnwagenfreunden besteht darin, dass sie große Individualisten und folglich alle verschieden sind. Aus diesem Grund möchten sie, dass ihr Wohnwagen genau auf ihre Bedürfnisse, Vorlieben und Persönlichkeiten abgestimmt ist.

Und aus diesem Grund ist dieses Buch entstanden: Es will eine Vorstellung davon geben, was alles möglich ist und wie man das Gewünschte selber einbauen kann – jedenfalls in den meisten Fällen. Natürlich gibt es einige Bereiche, etwa bei der Gas- und Stromversorgung und bei strukturellen Fragen, für die man einen qualifizierten Spezialisten braucht. Dabei sollte die Betonung auf dem Wort »qualifiziert« liegen. Wenn es um Sicherheit geht, ist es überlebenswichtig, dass jemand mit den nötigen überprüften Fachkenntnissen weiterhilft.

Viele Arbeiten, die in diesem Buch beschrieben werden, liegen durchaus im Kompetenzbereich eines erfahrenen Bastlers, wobei die erforderlichen Fähigkeiten je nach Aufgabe natürlich unterschiedlich sein mögen. Bevor man sich an die Arbeit macht, sollte man sich zuerst selbst fragen, ob man über die erforderlichen Fertigkeiten verfügt. Ein sauber durchgeführter Einbau erhöht den Wert eines Wohnwagens erheblich, doch Pfusch hat den gegenteiligen Effekt.

Wenn Sie nicht ganz sicher sind, beginnen Sie mit etwas Einfachem. Und selbst wenn Sie sich nicht alle hier gezeigten Arbeiten zutrauen, können Sie doch erkennen, wie die Arbeiten korrekterweise durchgeführt werden. Und Sie erkennen, was bei Ihrem Wohnwagen noch alles möglich ist.

Die meisten Arbeitsanleitungen in diesem Buch wurden erstmals im englischen Magazin **Caravan** veröffentlicht. Ich bin mit dem Team dieser Zeitschrift immer sehr gut ausgekommen, und die Freundlichkeit und Hilfsbereitschaft der gesamten Redaktion wird auch auf diesen Seiten spürbar. Es liest sich alles sehr gut, und ich bin dankbar, dass **Caravan** so viele meiner Beiträge gedruckt hat.

Auch viele andere haben zu diesem Buch beigetragen, und fast alle tauchen vor allem in den Abbildungen der folgenden Seiten auf. Besonders Rob Sheasby und Dave Bradley-Scrivener haben ihr Fachwissen auf mechanischem Gebiet zur Verfügung gestellt. Zoe Palmer leistete ihre gewohnte Arbeit, indem sie beim Zusammentragen des Materials etwas Sinnvolles aus dem Chaos schuf. Ohne die Hilfe dieser drei wäre dieses Buch nie erschienen. Vielen herzlichen Dank an alle.

Lindsay Porter

Sicherheit an erster Stelle

Moderne Wohnwagen sind im Vergleich mit dem Auto strukturell verhältnismäßig einfach aufgebaut. Trotzdem ist es extrem wichtig, dass man sich an die wichtigsten Sicherheitsregeln hält, wenn man sich an die Arbeit macht.

• Wenn Sie selbst Service- und Unterhaltsarbeiten an Ihrem Caravan durchführen, übernehmen Sie dabei auch die Verantwortung für die Sicherheit – für Ihre eigene und auch die anderer Menschen. Sie sollten diese Arbeiten im Voraus sorgfältig planen und den Sicherheitsaspekten stets besondere Bedeutung beimessen. Vor allem sollten Sie genügend Zeit investieren, denn viele Unfälle geschehen durch Eile.

• Bevor Sie spezialisierte Werkzeuge und Werkstoffe einsetzen, sollten Sie sich mit den entsprechenden Gebrauchsanleitungen und Sicherheitsbestimmungen der Hersteller vertraut machen.

• Bevor Sie mit irgendwelchen Arbeiten beginnen, unterbrechen Sie die Versorgung des Caravans mit Wechselstrom (240 V) und Gleichstrom (12 V).

• Unterbrechen Sie stets die Gaszufuhr an der Quelle und überprüfen Sie, ob alle Kontrollleuchten aus sind, bevor Sie mit Arbeiten beginnen.

• Wenn Sie am Chassis oder Fahrwerk arbeiten, sollten die Räder fest blockiert sein.

• Bei Arbeiten mit dem Wagenheber sollten Sie sichergehen, dass Sie auch die richtigen vorgeschriebenen Ansatzstellen dazu verwenden.

• Verwenden Sie Stützböcke, wenn Sie unter Ihrem Wohnwagen arbeiten. Lassen Sie die Eckstützen herab und legen Sie festes Material unter, wenn sie nicht mehr bis auf den Boden reichen.

• Wischen Sie Öl, Schmierfett und Wasser sofort vom Boden weg.

• Achten Sie darauf, dass Sie stets die richtigen Werkzeuge für die Arbeit verwenden.

• Arbeiten Sie nie in Eile und nehmen Sie nie riskante Abkürzungen bei der Arbeit: Planen Sie im Voraus und nehmen Sie sich genügend Zeit.

• Gehen Sie sorgfältig vor und halten Sie den Arbeitsbereich sauber. Damit vermeiden Sie Frustration: Sie arbeiten besser und verlieren weniger Dinge.

• Kinder und Haustiere hält man vom Arbeitsbereich fern – und überhaupt von allen Wohnwagen, auf die gerade keiner aufpasst.

• Tragen Sie immer eine Schutzbrille, wenn Sie unter einem Wohnwagen und mit Werkzeugen arbeiten.

• Vor schmutzigen Arbeiten trägt man eine Creme als Schutz auf die Hände auf, um sich vor Infektionen zu schützen. Tragen Sie Einmalhandschuhe aus Latex, die man überall bekommt.

• Legen Sie Ihre Armbanduhr, alle Ringe und sonstigen Schmuck ab, bevor Sie sich an Ihrem Wohnwagen zu schaffen machen – dies gilt besonders bei Eingriffen in die Stromversorgung.

• Geben Sie stets einer anderen Person Bescheid darüber, was Sie gerade unternehmen wollen. Diese Person sollte regelmäßig nach Ihnen sehen, besonders wenn Sie allein oder unter Ihrem Wohnwagen arbeiten.

• Bitten Sie stets einen Spezialisten um Hilfe, wenn Sie sich nicht ganz sicher fühlen. Die Sicherheit Ihres Wohnwagens hat Auswirkungen auf Sie, Ihre Familie und andere Verkehrsteilnehmer.

• Verwenden Sie stets originale Ersatzteile, die den Sicherheitsbestimmungen entsprechen.

Öffentliches Stromnetz

• Unterbrechen Sie vor dem Beginn der Arbeiten die Versorgung des Wohnwagens mit Netzstrom.

• Überbrücken Sie nie Fehlerstromschutzschalter bzw. Sicherungen.

• Wenn Sie Arbeiten an der elektrischen Anlage durchgeführt haben, lassen Sie diese vor der ersten Ingebrauchnahme von einem qualifizierten Elektriker überprüfen.

• Verwenden Sie elektrisch angetriebene Geräte, die ihre Energie aus einem Akku beziehen, sowie eine Akku-Stablampe. Wenn Sie Geräte einsetzen, die ihren Strom aus dem Netz beziehen, so achten Sie auf richtige Stecker. Für den Notfall müssen sie korrekt geerdet sein. Die Sicherung muss dem verwendeten Gerät entsprechen. Verwenden Sie in feuchter Umgebung, in der Nähe von Treibstoffen oder deren Dämpfen und nahe bei der Wohnwagenbatterie keine elektrischen Geräte.

• Bevor Sie Geräte einsetzen, die ihren Strom aus dem Netz beziehen, setzen Sie als allgemeine Vorsichtsmaßnahme einen Fehlerstromschutzschalter ein. Das verringert das Risiko eines Stromschlags, weil bei einem Problem sofort die Stromversorgung unterbrochen wird.

Batterie

• Klemmen Sie stets die Batterie ab, bevor Sie an der elektrischen Anlage arbeiten.

• Rauchen Sie nicht. Arbeiten Sie nie mit offener Flamme. Lassen Sie in der Nähe der Wohnwagenbatterie auch keinen Funkenflug zu, selbst wenn der Arbeitsplatz sonst gut belüftet ist. Bei jeder normalen Wiederaufladung entsteht eine geringe Menge an Wasserstoff, der sich mit dem Sauerstoff der Luft verbinden und entzünden kann (Knallgasreaktion).

• Wenn man die Batterie mit einer Energiequelle von außen auflädt, sollte man vorher beide Pole abklemmen. Sollte die Batterie noch nicht wartungsfrei sein, so sollte man vor dem Aufladen die Füllstopfen lockern oder den Deckel anheben. Die besten Ergebnisse erhält man, wenn man die Batterie über Nacht langsam auflädt. Bei zu hoher Ladegeschwindigkeit besteht die Gefahr, dass die Batterie explodiert.

• Tragen Sie stets Handschuhe und Schutzbrille, wenn Sie Arbeiten an der Batterie durchführen. Selbst in verdünnter Form ist die Batteriesäure hoch korrosiv. Ein Kontakt mit Kleidung, Haut und vor allem Schleimhaut ist auf jeden Fall zu vermeiden.

Gasanlage

Es dürfen nur eigens dazu ausgebildete Personen an Gasanlagen arbeiten. Veränderungen an einer bestehenden Anlage müssen vor der Inbetriebnahme von einem Sachverständigen abgenommen werden.

Bremsen und Asbest

Wenn Sie an den mechanischen Komponenten des Bremssystems arbeiten und zum Beispiel die Bremsbeläge ausbauen, dann gilt Folgendes:

• Tragen Sie eine Staubmaske, die Sie wirksam schützt.

• Kehren Sie den gesamten Bremsstaub im Arbeitsbereich zusammen und blasen Sie ihn nicht einfach mit Druckluft weg.

• Waschen Sie sich nach getaner Arbeit die Hände – ganz besonders wenn Sie danach rauchen oder etwas essen.

• Ersetzen Sie alte Beläge stets durch asbestfreie neue. Denken Sie daran, dass Asbeststaub gesundheitsschädlich ist, wenn er eingeatmet wird.

Die Bremsen gehören zu den wichtigsten sicherheitsrelevanten Teilen des Wohnwagens. Arbeiten Sie nie daran, wenn Sie das nicht wirklich können. Wenn Sie die in diesem Buch beschriebenen Arbeiten durchführen, so sollten Sie das Endergebnis einem qualifizierten Mechaniker zeigen, bevor Sie Ihr Gefährt wieder in Gebrauch nehmen.

Wagenheber und Stützböcke

• Verwenden Sie ausschließlich den passenden Wagenheber für Ihren Caravan. Dazu muss man auch die richtigen Ansatzpunkte kennen. Wenn Ihr Wohnwagen keine solchen speziellen Stellen hat, dann setzen Sie den Wagenheber nur unter der Achse an, so nahe wie möglich am Chassis.

• Wagenheber sind nur zum Anheben gedacht und konstruiert, nicht zum Tragen des gesamten Gewichts. Arbeiten Sie nie unter einem Wohnwagen, wenn nur der Wagenheber das Gewicht trägt. Das ist viel zu instabil. Neben dem Wagenheber müssen Sie zusätzliche Stützen einsetzen, etwa Böcke unter tragenden Teilen des Chassis.

• Beim Radwechsel setzt man immer die vorgeschriebenen Drehmomente ein. Die Schrauben werden in der korrekten Reihenfolge angezogen, und die lautet: Nord, Süd, Ost, West.

• Überprüfen Sie den Sitz der Schrauben in regelmäßigen Abständen mit einem Drehmomentschlüssel.

Chassis

Bohren Sie nie ein Loch in ein galvanisiertes Chassis, das könnte auf Dauer die Festigkeit beeinträchtigen. Schweißen Sie nie galvanisierte Werkstoffe, weil dabei giftige Dämpfe entstehen können.

Allgemeine Sicherheitsvorkehrungen in der Werkstatt

• Wenn eine Feuer ausbricht, geraten Sie nicht Panik! Setzen Sie den Feuerlöscher effizient ein, indem Sie dessen Strahl auf die Basis des Feuers richten.

• Arbeiten Sie in der Nähe von Benzin niemals mit einer offenen Flamme.

• Halten Sie Ihre Handlampe fern von Benzin und Gasflaschen.

• Verwenden Sie niemals gewöhnliches Benzin, um irgendwelche Teile zu reinigen. Nehmen Sie dazu Petroleum, Waschbenzin oder Terpentinersatz.

• Nicht rauchen! Es besteht nicht nur Brandgefahr, sondern auch die Möglichkeit, dass giftige Stoffe über die Zigarette in Ihren Mund gelangen. Überdies sollte auf mechanische Teile keine Asche fallen.

• Gehen Sie stets planmäßig vor. Nutzen Sie Ihren gesunden Menschenverstand und setzen Sie sich nie über Sicherheitsbedenken hinweg!

1 Hintergrund-Informationen

In diesem Kapitel beschäftigen wir uns mit den beliebtesten Methoden zur Aufrüstung eines einfachen Wohnwagens. Das geschieht zum Beispiel, indem man eine Kassettentoilette, einen Wasserfilter oder eine Fernsehantenne einbaut oder weiteres Zubehör kauft, etwa eine Markise oder einen Generator. In den meisten Fällen gibt es zahlreiche Produkte am Markt, und es ist keine leichte Aufgabe, jenes auszuwählen, das genau zu ihren individuellen Bedürfnissen passt.

Die elektrische Kapazität

Bevor man irgendein Zubehörteil einbaut, muss man sich über die elektrische Versorgung klar werden, die es benötigt. Die Stromstärke des öffentlichen Netzes an Campingplätzen schwankt zwischen 4 und 16 Ampere. Wenn die Elektrogeräte des Wohnwagens mehr Strom verbrauchen, als zur Verfügung steht, dann unterbrechen die in den Caravan eingebauten Sicherungen automatisch die Stromzufuhr. Aus diesem Grund ist es absolut notwendig, den Stromverbrauch jedes Teils zu kennen, bevor man es einbaut. Um zu berechnen, ob die Versorgung eines Stellplatzes ausreicht, verwendet man folgende Gleichung:

Leistung = Spannung x Stromstärke
Watt (W) = Volt (V) x Ampere (A)

Die Spannung des öffentlichen Netzes liegt bekanntlich bei 230 Volt. Wenn ein Stellplatz eine Stromstärke von 10 Ampere anbietet, liegt die Leistung aller Geräte, die man damit betreiben kann, bei 2300 Watt (10 A x 230 V = 2300 W). In der Tabelle auf der gegenüberliegenden Seite sind die benötigten Stromstärken einiger beliebter Geräte verzeichnet. Die Zahlen dienen nur zur allgemeinen Orientierung. Die genauen Verbrauchswerte kann man den Begleitzetteln der Geräte entnehmen.

Die Kapazität einer Batterie wird in Amperestunden (Ah) angegeben. Sie ergibt sich ungefähr, wenn man die Stärke des Stroms, den man der Batterie entnimmt, mit der Zeit multipliziert, in der sie diese Stromstärke liefert. Die aktuelle Kapazität der Batterie kann man abschätzen, indem man Folgendes in Betracht zieht: die Zeitspanne, in der der Batterie Strom entnommen wurde, ohne sie wieder aufzuladen; die Zahl der betriebenen elektrischen Geräte und die Zeitspanne, in der sie in Betrieb sind. Es handelt sich nicht um eine exakte Berechnung, denn auch das Alter und der Zustand der Batterie und die Geschwindigkeit der Entladung spielen eine große Rolle. Aber als Faustregel kommt man damit gut zurecht. Den Strom, den ein einzelnes Zubehörteil verbraucht, berechnet man, indem man dessen Leistung in Watt durch die Spannung in Volt teilt. Ein Beispiel: Eine Leuchtstoffröhre mit 13 Watt entnimmt der Batterie 13 W : 12 V, also knapp über 1 Ampere. Ein Halogenspot mit einer 5-Watt-Birne verbraucht nur 5 W : 12 A, also knapp über 0,4 Ampere. Eine Wasserpumpe braucht mehrere Ampere, ist aber jeweils meist nur einige Sekunden in Betrieb. Auch ein Farbfernseher braucht mehrere Ampere. Wenn Sie also auf einem Stellplatz, der nicht an das öffentliche Netz angeschlossen ist, viel fernsehen, dann brauchen Sie eine größere Batterie.

Die folgende Tabelle gibt Durchschnittswerte für den Stromverbrauch einiger typischer Geräte im Wohnwagen. Natürlich kann die Intensität des

Gebrauchs dabei erheblich schwanken. Aber aus diesen Zahlen geht doch hervor, dass eine Batteriekapazität von 60 Ah bei einem gut ausgerüsteten Wohnwagen das absolute Minimum darstellt.

Vor dem Kauf und dem Einbau von elektrischem Zubehör sollte man zuerst dessen Typenschild konsultieren, das in der Regel an der Seite oder unten am Gerät angebracht ist.

Benötigte Stromstärke in Ampere im öffentlichen Netz und bei 12-Volt-Gleichstrom

Gerät	Stromnetz, 230-V-Wechselstrom	Batterie, 12-V-Gleichstrom
Kühlschrank	0,5	9,6
Farbfernseher	0,2	4,2
Mikrowellenherd	5,0	
Wasserkocher 2 kW	8,3	
Wasserkocher 750 W	3,1	
Heizlüfter 1 kW	4,2	
kleiner Flächenheizkörper	ab 0,4	
Batterieladegerät	0,03	1,5
Wasserpumpe		2–3
Sparlampe		0,5–1,5
Halogenspot		0,8–1,75
Fernsehantenne		geringfügig
Elektrisch angetriebenes Deichselrad		25
Rangierhilfe		ca. 50
Spülung der Kassettentoilette		max. 2,3
Staubsauger		ca. 6
Luftpumpe		ca. 10

Wenn man irgendetwas Neues in den Wohnwagen einbauen will, muss man das zusätzliche Gewicht berücksichtigen. Ein Vorzelt und ein Generator beispielsweise können über 50 kg wiegen, und das muss bei der Berechnung des zulässigen Gesamtgewichts unbedingt berücksichtigt werden.

Selbst das verhältnismäßig geringe Gewicht eines tragbaren Fernsehers kann das Fahrverhalten eines Wohnwagens ungünstig beeinflussen, wenn man das Gerät an der falschen Stelle verstaut.

Die folgende Tabelle gibt eine Vorstellung davon, wie viel normales Wohnwagenzubehör wiegt. Wenn man das zulässige Gesamtgewicht nicht überschreiten will, muss man allerdings jedes Teil für sich wiegen und dann die Werte addieren.

Zusätzliche Gewichte

Gerät	kg	lb
Vorzelt, komplett	20	44
12-V-Batterie mit Befestigung	20	440
Ersatzrad (155 SR 13)	13	29
Ersatzradhalter, am Chassis montiert	4	9
Tragbarer Fernseher	15	33
Kassettentoilette (leer)	6	13
Toilettenzusatz (2,5 l)	2	4
Rollwassertank (leer)	4	9
Feuerlöscher	2	4
Hocker	2	4
Wagenheber	2	4
Unterlegkeile (Holz)	4	9
Zusätzliches Flüssiggas, zwei volle Flaschen zu je 7 kg	14	33
Gesamt	**109**	**239**
Plus Toilettengewicht, voll	12	36
Plus Wassertank, voll	26	57
Gesamt	**147**	**322**

Anmerkung: Es empfiehlt sich nicht, mit einem vollen Wassertank und einer vollen Toilette zu reisen.

Bevor Sie irgendein Zubehör in Ihren Wohnwagen einbauen, sollten Sie die entsprechenden Anleitungen gelesen und auch verstanden haben. Ebenso brauchen Sie das gesamte passende Werkzeug. Es gibt nichts Ärgerlicheres, als mit einer Arbeit zu beginnen, um dann nach einiger Zeit festzustellen, dass man sie nicht beenden kann, weil man das falsche Werkzeug oder die Instruktionen doch nicht richtig verstanden hat. Bei Fragen, wie ein Teil genau funktioniert oder wie es eingebaut wird, nehmen Sie Kontakt zum Hersteller oder zum örtlichen Händler auf.

2

Allgemeine Maßnahmen

1 Die Firma Würth hatte schon seit vielen Jahren Autopflegeprodukte im Angebot, bevor ich diese erstmals bei Wohnwagen einsetzte. In der Produktpalette hier im Bild finden sich Polsterreiniger, Kupferpaste als Korrosionsschutz, nicht abfärbende Schmiermittel für Schlösser und Arretierungen und vieles andere mehr. In der folgenden Bildersequenz wende ich die gezeigten Produkte an, während meine Frau Shan die meisten Bilder aufnimmt.

Fahrzeugreinigung

Es dauert nicht lange, bis Ihr Wohnwagen gebraucht aussieht. Dafür gibt es mehrere Gründe. Der eine ist, dass unsere Luft verschmutzt ist und sich die Teilchen auf dem Dach des Wohnwagens sammeln. Von dort wandern sie mit dem Regenwasser an den Wänden entlang nach unten und hinterlassen die dunklen Streifen, die wir alle kennen. Doch das ist noch nicht alles, wie wir in diesem Kapitel noch sehen werden.

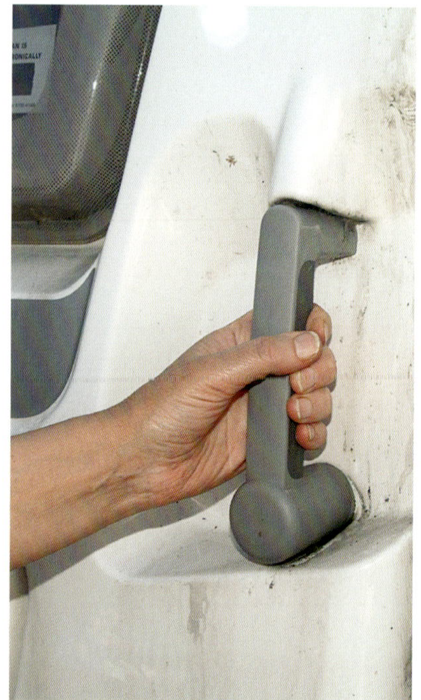

2 Bereiche, in denen das Wasser lange steht, verschmutzen leicht, und hier halten sich auch gern Spinnen auf. Ebenso wie Shan halte ich sie zwar für niedliche Tiere, aber man muss vor der Reinigung möglichst viele von ihnen entfernen, wobei ein Wasserschlauch gute Dienste leistet. In Spinnweben verfängt sich viel Staub, was die Verschmutzung erhöht.

3 An den Verbindungsstellen verschiedener Werkstoffe wächst gern Schimmel, besonders wenn sie mit einer Dichtmasse versiegelt sind. Bei der Überprüfung der Dichtigkeit sollte man sie gleichzeitig reinigen.

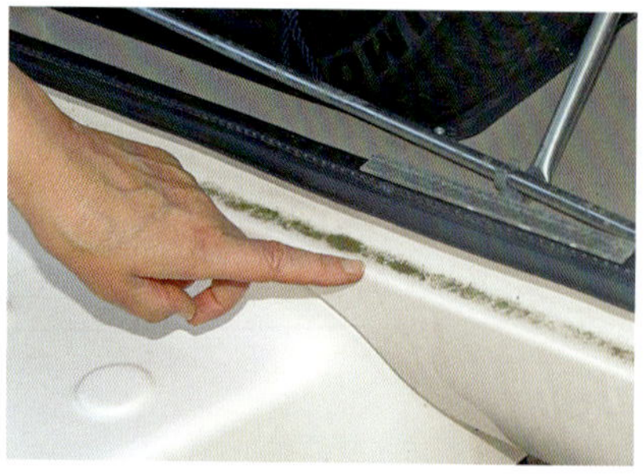

4 Bei unserem Wohnwagen sammelt sich an der Leiste unten an der Tür viel Wasser und somit auch Schmutz.

5 Es empfiehlt sich, jede Türangel und jede Klappe ganz zu öffnen. Dieses komplexe Türscharnier an unserem Bürstner ist ein willkommenes Versteck für Spinnen, Fliegen sowie andere Insekten und somit auch für jede Menge Schmutz.

6 Wenn Sie glauben, die Tiere in der Umgebung hätten es auf Ihren Caravan abgesehen, so sind Sie nicht paranoid, sondern Sie haben recht! Vogeldreck ist nicht nur hässlich, er kann auch dauerhafte Flecken hinterlassen. Man sollte ihn entfernen, bevor er Spuren hinterlassen hat, wie hier im Bild.

7 Am besten beginnt man bei der Reinigung des Wohnwagens mit dem Dach. Anfangs bin ich nicht so schlau und das Ganze endet damit, dass ich den Dreck von den Seiten entferne, nachdem ich diese schon gereinigt habe! Mit dem Schlauch brauche ich dazu allerdings nur einige Minuten.

8 Mit dem Zerstäuber ist es ein Leichtes, den Fahrzeug-Grundreiniger auf alle verfärbten und von Schimmel befallenen Teile des Wohnwagens aufzutragen.

9 Mit demselben Mittel, reichlich aufgetragen, behandele ich auch die mit Vogeldreck verschmierten Teile. Man lässt es längere Zeit einwirken.

10 Mit dem Auto-Shampoo von Würth wasche ich die Seitenwände ab. Der Grundreiniger bewirkt wahre Wunder beim Schimmel und beim Vogelkot, doch die senkrechten dunklen Streifen bleiben weiterhin sichtbar.

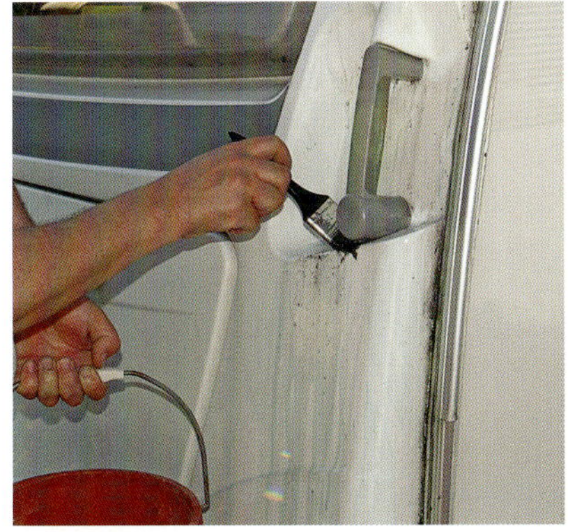

11 Ritzen und Winkel reinigt man am besten mit einem Pinsel oder einer kleinen Bürste. Damit behandelt man auch Alufelgen. Ich weiß nicht, wie ich sonst die Aussparung für den Handgriff sauber bekommen würde.

12 Mit einem nicht zu scharfen Wasserstrahl aus dem Schlauch und einer weichen Handbürste kann man auch hartnäckigen Schmutz und Spinnennetze entfernen.

Top-Tipp

- *Die Versuchung liegt nahe, einen Hochdruckreiniger für die Außenwände des Caravans einzusetzen. Aber es besteht die Gefahr, dass der scharfe Strahl Wasser durch die Fenster- und Türdichtungen ins Innere des Wohnwagens presst. Man läuft auch Gefahr, dass dabei Dichtmasse verlorengeht, was am Ende dem Regenwasser Zutritt verschafft.*

13 Bei höherer Geschwindigkeit werden viele Insekten vom Gespann erfasst und bleiben hängen. Eingetrocknet sind sie oft schwer wieder zu entfernen. Der Insektenentferner von Würth leistet dabei hervorragende Dienste. Ich trage ihn mit demselben Zerstäuber auf wie den Grundreiniger.

14 Sie müssen ziemlich viel auf die betroffenen Flächen aufsprühen, etwa die Motorhaube, den Kühlergrill, die Gehäuse der Seitenspiegel sowie die Stirnseite des Wohnwagens.

Top-Tipp

15 Lassen Sie den Insektenentferner einwirken und wischen Sie mit einem Baumwolltuch und reichlich Wasser nach. Textilien haben in der Regel eine stärker abtragende Wirkung als Schwämme. Mit ihnen entfernt man Insektenreste leichter.

16 Nachdem der festsitzende Schmutz, alle Schimmelflecken und Insektenreste entfernt sind, richte ich meine Aufmerksamkeit auf die senkrecht vom Dach herablaufenden Verfärbungen. Sie sind am schwierigsten zu beseitigen.

17 Bei den Polituren mit abtragender Wirkung stehen zahlreiche Produkte mit unterschiedlichen Stärkegraden zur Auswahl. Ich entscheide mich für die Neulackpolitur von Würth, weil sie die Oberfläche am wenigsten angreift. Man will ja gerade so wenig von der Oberfläche abtragen, dass sie wieder wie neu aussieht. Keinesfalls darf die Farbschicht merklich ausgedünnt werden oder stellenweise sogar verschwinden. Das wäre der größte Horror. Ich habe den Verdacht, dass die Farbe auf den Caravans dünner aufgetragen wird als der Lack auf Autokarosserien. Wir haben somit weniger Spielraum.

18 Ich verwende einen billigen 12-Volt-Polierer. Er ist einem druckluftbetriebenen oder mit Wechselstrom betriebenen Gerät vorzuziehen, weil man nur einen geringen Druck auf kleiner Fläche ausübt. Ich spritze hier ein paar Tropfen Wasser auf die Polierscheibe aus Schaumstoff, um die Politur zu verdünnen und ihre Wirkung abzumildern.

19 Arbeiten Sie jeweils auf einer überschaubaren Fläche, von Hand oder mit einem Poliergerät. Ich platziere einige Kleckse der Politur auf den am stärksten betroffenen Stellen und bearbeite die entsprechende Fläche eine Zeit lang.

20 Man sieht, wie sich die Verfärbung löst und auf die Polierscheibe gelangt. Deswegen muss man die Scheibe in regelmäßigen Abständen auswaschen.

21 Dieses Problem ergibt sich nicht, wenn man von Hand arbeitet. Man braucht dann bloß zu einer sauberen Stelle des Tuches überzugehen. Aber Achtung! Wenn man nicht oft genug ein neues Tuch nimmt, hinterlässt man einen Schleier auf der Oberfläche.

22 Deutlich erkennt man hier den Unterschied zwischen dem polierten Bereich rechts und dem unpolierten links – die dunklen Schatten oberhalb der Seitenleiste stammen übrigens von Bäumen.

23 Als ich das Fenster in der Tür öffnen will, bleibt der Kunststoff an der Gummidichtung kleben und muss vorsichtig davon gelöst werden. Die Klebewirkung kann so stark sein, dass die Dichtung reißt. Dies verhindert zum Beispiel das Gummipflegespray von Würth. Es verhindert auch das Austrocknen von Gummidichtungen und verzögert deren Alterung.

Pflegeprodukte bekommt man in vielen Autozubehörgeschäften und natürlich im Caravan-Fachhandel.

Pflegemaßnahmen für die Karosserie

Alle Wohnwagen ziehen Schmutz, Moose und Schimmel förmlich an – viel mehr als Autos dies tun. Der Grund liegt in ihrem weitgehend stationären Leben. Auf den flachen Dächern sammeln sich Schmutzteilchen aus der Luft an und Schimmel gedeiht dort geradezu. Als Maßnahme dagegen müsste man das Fahrzeug sehr oft umstellen.

Im Folgenden erklären wir, wie ein Profi das durchführt, was ich als ultimative Karosseriepflege bezeichnen würde. Dieser 10-Schritte-Plan verwandelt Ihren Wohnwagen bei geringen Kosten in ein nahezu neues Gefährt.

1 Typische Verfärbungen durch Schmutz, Schimmel und Algen. Wir ersetzen ein paar Schrauben an den Leisten und färben einige Teile mit Kunststofffärber Plast-PT von Würth ein. Korrodierte alte Schraubverbindungen neigen zum Einreißen. Das macht neue Löcher mit neuer Dichtmasse erforderlich.

2 Zunächst verwendet Paul einen Vielzweckreiniger für die gesamte Karosserie, auch für das Dach, um Ruß, Schmutz, Moos, Schimmel und die schwarzen Streifen zu lösen.

3 Dann spritzt er die Karosserie mit seinem speziellen Niederdruckreiniger ab (Hochdruck könnte Schäden verursachen), entfettet sie gleichzeitig und bereitet sie so auf die folgende Behandlung vor.

4 Das ganze Dach wird mit Shampoo gebürstet und dann abgespritzt. Paul empfiehlt eine Wachsbehandlung – und dem kann ich mich nur anschließen, denn der meiste Dreck landet schließlich auf dem Dach.

5 Wenn die Oberfläche nicht zu schlecht aussieht, kann man sie anstelle der Niederdruckreinigung bürsten. Danach trocknet Paul die Oberfläche mit einem Mikrofasertuch ab und entfernt dabei das gesamte Wasser.

6 Paul führt dann eine Arbeit durch, die die meisten Besitzer wohl nicht selbst machen können. Mit einem elektrischen Gerät poliert er alle Seitenwände und setzt dabei verschiedene Mittel ein, um die Ursprungsfarbe wiederherzustellen.

9 Darüber kommt eine Schicht aus flüssigem Hartwachs. Paul lässt sie eine Stunde trocknen. Dann poliert er, bis alles intensiv glänzt und eine wirksame Schutzschicht entstanden ist.

7 Er entfernt auch alle verblassten Streifen, Aufkleber und Sticker und ersetzt sie auf Wunsch durch modernere. Unsere waren sehr schwer zu beseitigen!

10 Paul poliert alle Fenster innen wie außen. Nach 12-stündiger Arbeit an zwei Wohnwagen gönnt er sich ein wohlverdientes Nickerchen. Die fertigen Wohnwagen sehen fantastisch aus!

8 Dann folgt stundenlange Handarbeit mit feiner Politur und schließlich eine Beschichtung mit einer Super-Harzpolitur. Sie versiegelt die Oberfläche und erzeugt einen hellen Glanz.

Paul verbrachte Stunden mit Detailarbeiten, reinigte Gummidichtungen, brachte angelaufenes Metall wieder zum Glänzen und entfernte überflüssige Dichtmasse. Er reinigte und polierte auch die Räder und trug ein Reifenspray auf, das diskret glänzt.

Ich war, ehrlich gesagt, verblüfft über den Erfolg. Unser Bürstner glänzte stärker als im Neuzustand, und unser Glasfaser-Caravan von Freedom durchlief eine Entwicklung vom »Shabby Chic« zu einem funkelnden Glanz, die ich nie für möglich gehalten hätte.

Polsterimprägnierung

Wenn Sie oder Ihre Kinder Kaffee oder Cola über das Polster verschütten, so kann eine Neupolsterung eine teure Sache werden. Hier zeige ich Ihnen, wie Sie Flecken loswerden und die Bildung neuer Flecken verhindern.

Dies alles begann, als mir die Firma UltraShield eines ihrer Produkte zum Schutz der Polster zusandte. Bevor ich Zeit fand, es auszuprobieren, hatte ich schon einen Ölfleck auf dem Fahrersitz unseres Zugfahrzeugs, eines VW. Das bot mir die Gelegenheit für einen Test.

1 Unser Volkswagen T5 Transporter ist eines der besten Zugfahrzeuge, die ich je gefahren bin. Aber auch bei ihm werden die Polster mal schmutzig. Ich muss in der Werkstatt Öl auf die Hose bekommen haben, setzte mich danach ins Auto, und schon hatte ich einen Fleck auf dem neuen Polster. Die Behandlung mit Seife und Wasser hinterließ einen üblen dunklen Rand.

2 Der erste Schritt bei der Behandlung eines Ölflecks besteht darin, ihn so weit wie möglich zu lösen. Ein entfettendes Mittel leistet gute Dienste und beschädigt das Gewebe nicht.

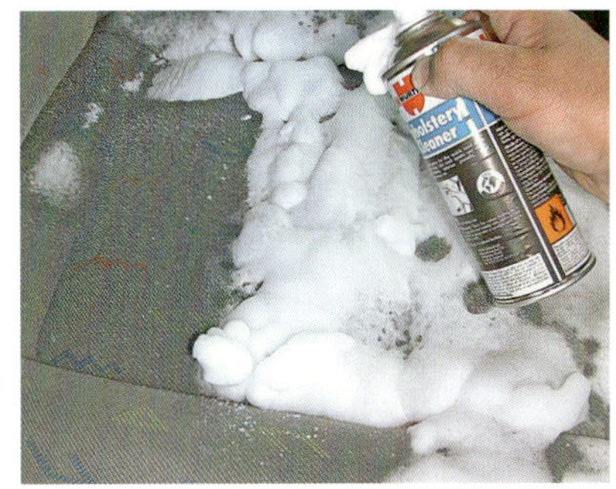

3 Es folgt ein Polsterreiniger von Würth aus der Sprühdose, der in einer dicken Schaumschicht aufgetragen wird. Dann reibe ich alles kräftig mit einem sauberen Tuch weg.

4 Mit einem weiteren Tuch versuche ich, das Gewebe trockenzureiben. Dann lasse ich den Sitz trocknen. Im Winter muss man dazu wohl die Wagentür in einer geheizten Garage offen stehen lassen.

5 Nach dem Trocknen sprühe ich den Textilschutz von UltraShield auf. Das Mittel ist teuer, hält aber lange. Hier verwendete ich das Pumpspray der Firma; es eignet sich für kleinere Flächen wie die Sitze des Zugfahrzeugs. Die Firma sagt: »Der Textilschutz von UltraShield dringt tief ein und bildet einen Schutzschild um jede Faser. Sie verhindert das Eindringen unerwünschter Flüssigkeiten wie Tee, Kaffee, Milch oder Cola, ohne den natürlichen Aufbau der Faser zu beeinträchtigen.«

Sicherheit geht vor!

- *Die Flüssigkeit und deren Dämpfe sind entzündbar und dürfen nur fern von Zündquellen eingesetzt werden.*
Tragen Sie eine Schutzbrille. Bei Augenkontakt mit viel sauberem Wasser auswaschen.
Tragen Sie eine Atemmaske für organische Lösungsmittel.

7 Ich imprägniere alle Polster unseres Wohnwagens mit UltraShield und verteile sie in der Garage auf leeren Kartons, damit sie nicht auf dem Boden liegen müssen.

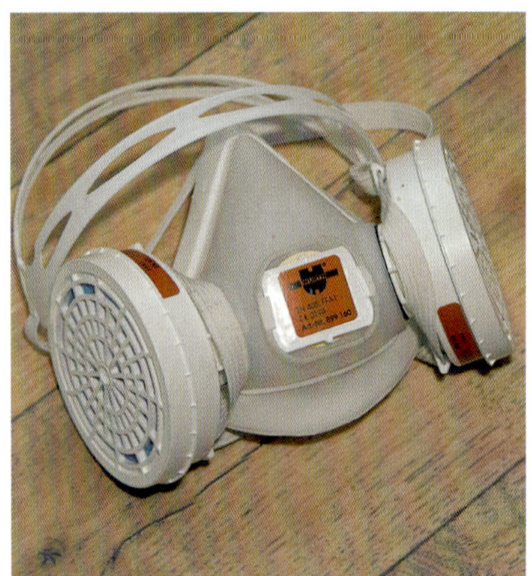

6 Das Aufsprühen darf nur an einem gut belüfteten Arbeitsplatz geschehen. Dabei sollten Sie eine Atemschutzmaske tragen wie dieses Einwegmodell. Einfachere Masken schützen nicht vor Dämpfen.

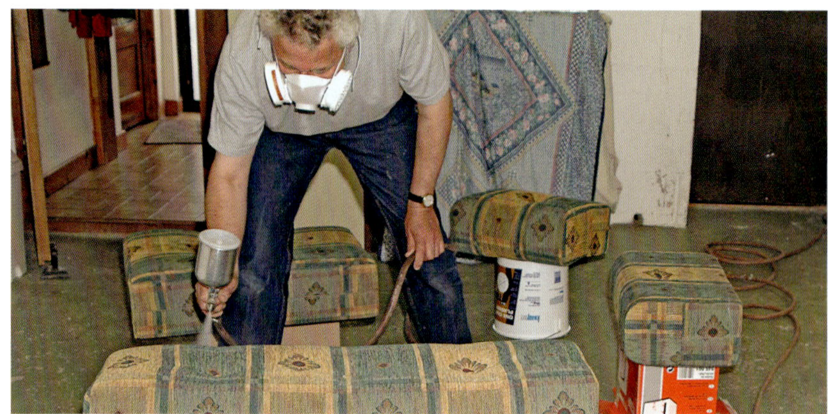

8 Ich verwende eine Spritzpistole mit einem Kompressor, denn mit dem Pumpspray hätte das zu lange gedauert. Ich hätte immer wieder unterbrechen müssen, um zu pumpen. Die einfachste und billigste Spritzpistole reicht aus. Dasselbe gilt für den Kompressor – oder Sie mieten sich einen. Man kann mit einem Kompressor übrigens auch Caravanreifen aufpumpen. Damit erspart man sich das Manövrieren in einer engen Tankstelle.

Ich besprühte zunächst die Oberseite jedes Kissens, zuerst mit waagerechten, dann mit senkrechten Bewegungen. Dann wandte ich meine Aufmerksamkeit den Ecken und Seiten zu. Die Herstellerfirma rät: »Je feiner der Nebel, umso effektiver ist die Behandlung.« Stellen Sie also Ihre Spritzpistole entsprechend ein.

Wenn man methodisch vorgeht, stellt sich am Ende nicht die Frage, welches Kissen noch nicht behandelt wurde. Das Mittel riecht während der Anwendung leicht, verliert diesen Geruch aber, wenn es getrocknet ist. Die gesamte Arbeit dauerte 40 Minuten. Mit dem handbetriebenen Pumpspray hätte sie viel mehr Zeit in Anspruch genommen. Wir ließen die Polster über Nacht trocknen und bauten sie am Tag darauf, nunmehr geruchlos geworden, wieder in den Wohnwagen ein.

Für die UltraShield Fabric Protection bekommt man sieben Jahre Garantie, und das ist den Aufwand in meinen Augen wert. Man sollte sich nur nicht vor der Anwendung mit ölverschmierten Hosen auf ein Polster setzen …

Ein Behälter von UltraShield Fabric Protection reicht für zwei Beschichtungen aller Polster, die hier zu sehen sind. Aber das hängt natürlich auch davon ab, wie viel man aufträgt. Das Pumpspray jedenfalls erlaubt eine sehr feine und damit sparsame Beschichtung.

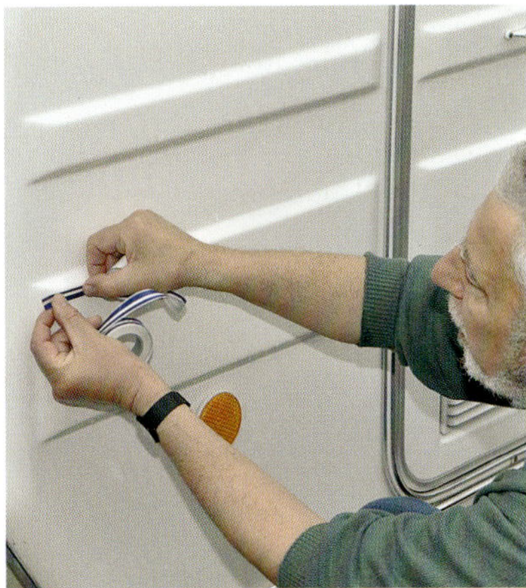

2 Am leichtesten fällt das Aufkleben, wenn man sich an einer bereits existierenden Leiste, einer Vertiefung oder Erhöhung orientieren kann. Sonst verwendet man einen Filzschreiber mit abwaschbarer Tinte oder Malerband, das man nachher leicht wieder abziehen kann.

Zierstreifen und Sticker

Durch sparsame Verwendung grafischer Elemente kann Ihr Wohnwagen einen richtig tollen Look bekommen. Solche Elemente aufzukleben, ist keine komplizierte Sache. Wenn man allerdings nicht sauber arbeitet, sieht das Ergebnis am Ende schrecklich aus.

Bereits bestehende grafische Elemente können bei einem Unfall beschädigt werden, und dazu reichen schon Äste aus, die an den Wohnwagenseiten entlangschrammen. Mit grafischen Elementen gibt man dem Wohnwagen einen persönlichen Touch.

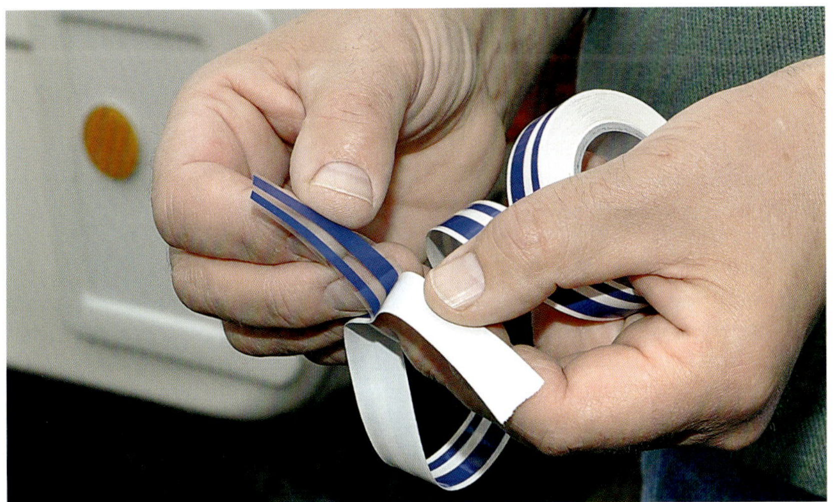

1 Der selbstklebende Streifen wird von seiner Unterlage aus Papier abgezogen. Aber ziehen Sie zu Beginn nicht zu viel ab, sonst verheddert sich alles, und der Streifen klebt am Ende an sich selbst.

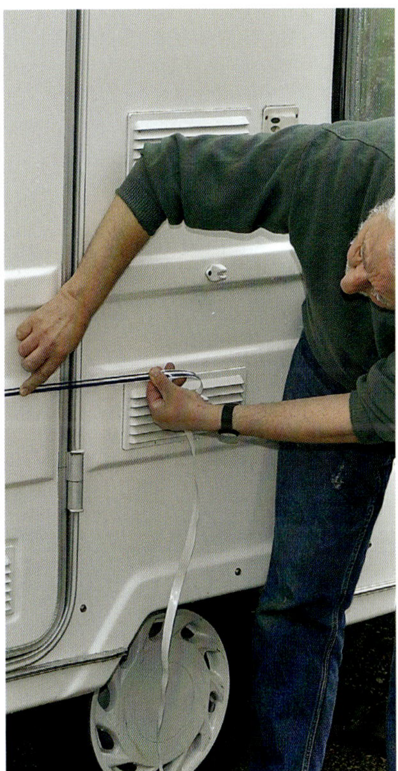

3 Zunächst klebt man den ersten Zentimeter fest an. Dann zieht man leicht am Klebestreifen und richtet den nächsten Abschnitt genau aus. Vier Augen sehen übrigens mehr als zwei …

4 Dann drückt man leicht an. Kleben Sie einen, höchstens zwei Meter an einem Stück fest. Und drücken Sie beim ersten Mal nicht zu fest – es sei denn, Sie sind sich sicher über die Positionierung. Das endgültige Glätten erfolgt mit einem feuchten Schwamm.

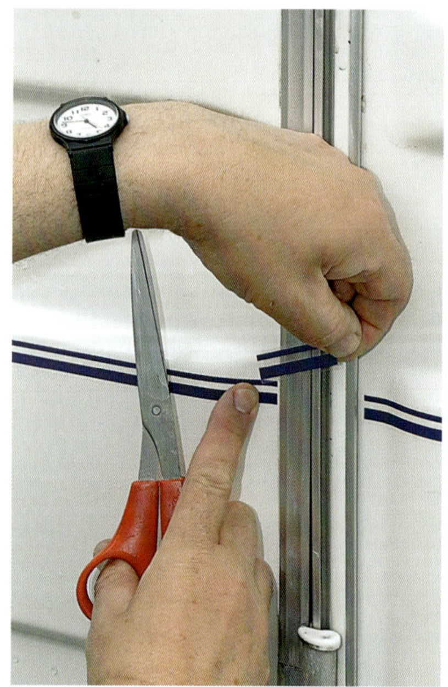

5 Wie schon in Bild 3 gezeigt, klebt man den Streifen zuerst über Tür- und Fensteröffnungen und schneidet danach die Stücke passend heraus. Einige bevorzugen ein scharfes Messer, aber damit zerkratzt man leicht den Lack.

6 Bei einem Schriftzug oder einer größeren Grafik geht man ähnlich vor. Mit der Größe steigt aber die Wahrscheinlichkeit, dass man Luftblasen einfängt. Verteilen Sie mit einem Schwamm Seifenwasser auf der Oberfläche. Während sie noch feucht ist …

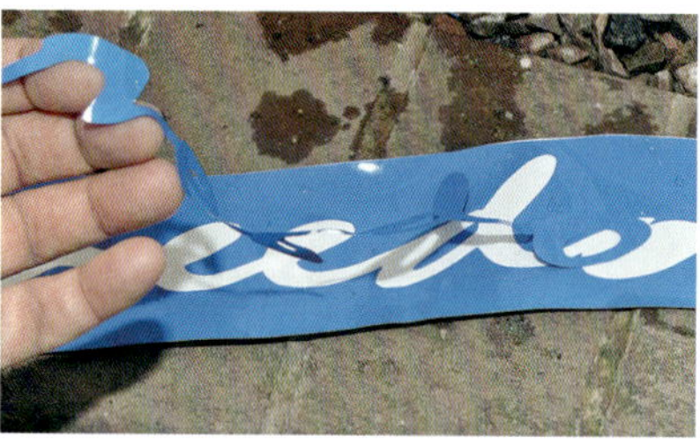

7 … ziehen Sie die Folie ab, die Sie zuvor ebenfalls angefeuchtet haben. Wenn Sie das Anfeuchten unterlassen, verheddert sie sich und klebt an sich selbst fest. Eine Wasserschicht verhindert das.

8 Bringen Sie den Schriftzug auf der noch feuchten Lackschicht an. Sie verhindert zunächst ein Festkleben. Wenn das Wasser verdunstet ist, klebt die Folie fest. Garantiert!

9 Ein solcher Schriftzug ist nicht leicht zu handhaben. Auch hier sollte man mit angefeuchteten Fingern arbeiten, damit einzelne Teile nicht an ihnen festkleben.

10 Der Schriftzug muss gut ausgerichtet sein, sonst wirkt er schnell dahingepfuscht und hässlich. Alle Luftblasen müssen verschwinden. Bei größeren Folien verwendet man eine Walze oder Rolle und arbeitet vom Zentrum nach außen.

Man kann sich solche Aufkleber auch anfertigen lassen. Die meisten Foliendrucker brauchen eine sehr gute Fotografie ohne Verzerrungen, Schatten oder Spiegelungen. Da die Bilder stark vergrößert werden, ist jede Unschärfe sofort sichtbar. Man kann von einer Vorlage auch Folien unterschiedlicher Größe herstellen – und das in beliebiger Stückzahl.

Wenn Ihnen eine Grafik gefällt und Sie sie verwenden möchten, so dürfen Sie nicht davon ausgehen, dass Sie sie einfach abfotografieren oder sonst wie kopieren dürfen. Die meisten sind urheberrechtlich geschützt, und Sie müssen das Recht zur Verwendung beim Rechteinhaber einholen. Gemeinfreie Illustrationen, die nicht durch das Urheberrecht geschützt sind, bezeichnet man als Clipart.

Einbau einer Dachluke

Durchsichtige Dachluken aus Kunststoff können bei einem Aufprall beschädigt werden oder gehen mit den Jahren von sich aus kaputt. Eine solche Luke muss man ersetzen. Wir haben uns ein Upgrade vorgenommen und montieren das Seitz Mini-Heki von Dometic. Es lässt sich wie eine große Dachluke öffnen, hat drei verschiedene Aufstellpositionen und ein Verdunkelungsrollo.

Zusätzlich zum Heki braucht man noch Dichtmasse. Wer über die richtigen Werkzeuge verfügt, muss mit zwei bis vier Stunden Arbeit rechnen.

1 Das Seitz Mini-Heki besteht aus drei größeren Komponenten. Die beiden oberen hängen durch einen Klammermechanismus aneinander. Der obere Rahmen liegt auf dem Dach, der untere hängt an dessen Unterseite.

2 Ian entfernt die alte Luke. Es ist immer mühselig, alte Dichtmasse zu entfernen. Am besten trägt man dazu Handschuhe.

3 Wenn man eine Luke neu einbaut, muss man zuerst die richtige Öffnung ins Dach schneiden.

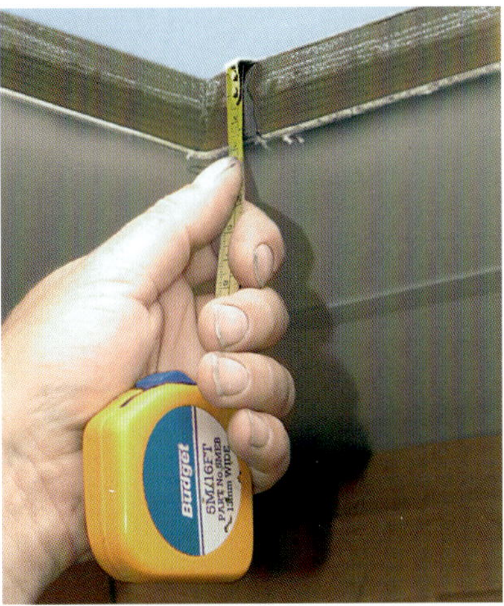

4 Dabei darf man natürlich keine tragenden Elemente oder Kabel durchtrennen. Ian misst die Dicke des Daches für die richtige Schraubenlänge.

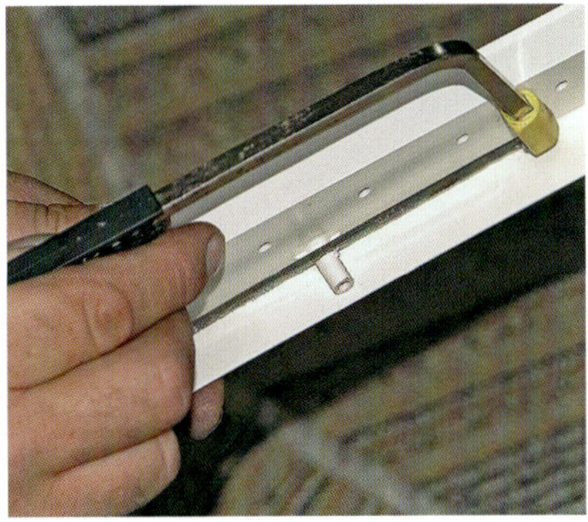

5 Mithilfe der Montageanleitung und der beiliegenden Tabelle kürzt Ian die Hülsen des Montagerahmens.

6 Ian setzt die Befestigungsklammern in den richtigen Abständen am Innenrahmen ein.

9 Er schraubt den Montagerahmen an und stellt dabei den Schlüssel auf ein Drehmoment von 1,5 Nm ein.

7 Butyldichtstoff hält ewig. Am leichtesten ist er in Form eines Bandes mit abziehbarer Trägerfolie anzuwenden.

10 Ian setzt schließlich den Innenrahmen mit dem integrierten Rollo mithilfe der Klammern ein.

8 Ian legt die extrem widerstandsfähige Kuppel in genau der richtigen Position mittig auf dem Wohnwagendach ab.

Das Mini-Heki von Seitz passt in eine 40 x 40 cm große quadratische Öffnung, sofern die Dachstärke zwischen 25 und 60 mm liegt. Es ist viel besser als die meisten deutlich einfacheren Produkte am Markt. In vielerlei Hinsicht handelt es sich um eine kleine Version des großen Heki-Dachfensters.

Der Ersatz einer bereits bestehenden Luke müsste den meisten Bastlern gelingen. Das Ausschneiden einer neuen Öffnung kann aber zur Katastrophe werden. Wenn Sie nicht sicher sind, fragen Sie Ihren örtlichen Händler.

Einbau eines Rangiergriffs

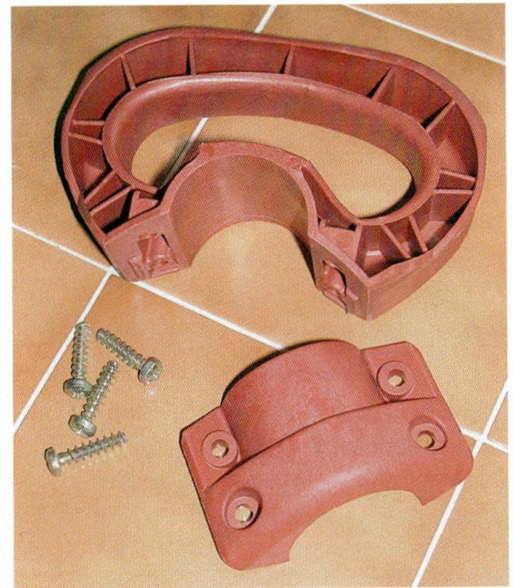

1 Der Rangiergriff der Firma AL-KO ist einfach aufgebaut und sehr nützlich. Das gesamte Kit besteht nur aus dem eigentlichen Griff, der Befestigungsplatte und den Schrauben. Er ist gedacht für alle Stützräder mit dem Standarddurchmesser von 48 mm (Außenrohr). Achtung: Einige Wohnwagen haben schmalere Rohre.

2 Befestigen Sie den Griff oben am Rohr. Zunächst mag er zu klein erscheinen, aber das trifft nicht zu. Wenn Sie die Schrauben gleichmäßig anziehen, verschiebt er sich nicht und hält bombenfest.

Ersatz des Abdeckblechs für eine Auflaufbremse

1 Das ist das verchromte Abdeckblech der Firma AL-KO. Daneben sieht man das langweilige Plastikteil. Selbst wenn Sie sich nicht für die verchromte Version entscheiden, so ist es doch nützlich zu wissen, wie man das Teil an einem AL-KO-Chassis ersetzt.

2 Von unten gesehen liegen die Auflaufbremse, die Deichsel- und die Kupplungsabdeckung über einer Schraube, die am Chassis befestigt ist. Entfernen Sie die Flügelmutter aus Plastik (kleines Bild, Pfeil), bevor Sie die Kante der Abdeckung über die Schraube ziehen.

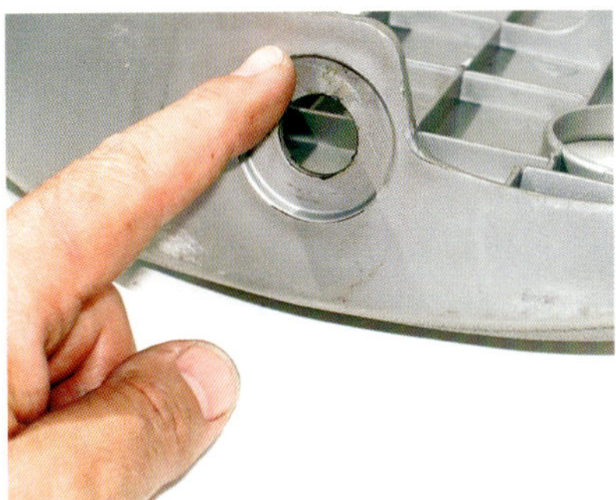

3 Das ist, von unten gesehen, das Loch am Rand der Abdeckung. Je nach Länge der Schraube besteht die Gefahr, dass der Kunststoff reißt.

4 Mit einer kleinen elektrischen Schleifmaschine schneidet man einen Schlitz in den Rand der Abdeckung. Man beachte dessen Form. Sie hilft, die Abdeckung genau über der Schraube zu platzieren. Man kann die Abdeckung nicht mit einer Metallsäge schneiden, weil die Chrombeschichtung viel zu hart dazu ist.

5 Die Kurbel des Deichselrads schaut nach vorn, und der Hebel der Handbremse ist angezogen. So kann man die Abdeckung leicht einfädeln. Vorn hält sie durch Reibung, hinten durch die zuvor entfernte und nun wieder eingesetzte Mutter.

6 Meiner Meinung nach sieht die Vorderseite des Wohnwagens nun sehr viel besser aus.

Abstützfüße

Vor vielen Jahren schnitt mein Schwiegervater, der mit seiner Familie schon in den Sechzigerjahren im Wohnwagen Urlaub machte, aus dickem Aluminiumblech kreisrunde Unterlagen für die Eckstützen. Als er nicht mehr mit dem Wohnwagen unterwegs war, übergab er sie uns, und sie waren weiterhin sehr nützlich – sofern wir sie nicht in der Garage vergaßen.

Füße, die dauerhaft an den Eckstützen befestigt sind und sich mit diesen ein- und ausklappen lassen, machen das Wohnwagenleben sehr viel einfacher.

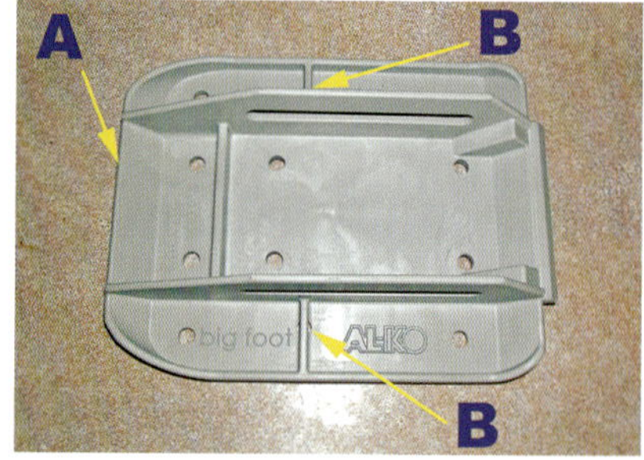

1 Der Abstützfuß Big Foot der Firma AL-KO wird mit dem abgerundeten Ende (A) nach außen montiert. Er berührt den Boden, wenn man die Eckstützen herablässt. Es gibt zwei Stellen (B) zur Befestigung der Stahlfedern, je eine pro Seite.

2 Alle Teile bestehen aus rostfreiem Stahl. Die erste Arbeit besteht darin, den Splint mit einem Schraubendreher zu öffnen und die Schlaufe am einen Ende der Feder einzufädeln.

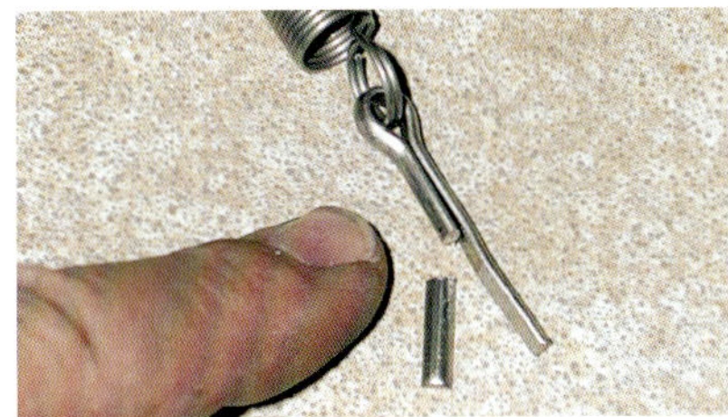

3 Ich finde es sinnvoll, einen Schenkel des Splints zu kürzen …

4 … weil das Loch, durch das man den Splint stecken muss, näher an der senkrechten Strebe liegt. Natürlich kann man den langen Splintschenkel auch über die Verstrebung biegen, in der das Loch sitzt. Rostfreier Stahl lässt sich aber nicht so leicht biegen.

5 Mit den langen rostfreien Schrauben, den Unterlegscheiben und den selbstsichernden Muttern befestigt man den Abstützfuß an der Eckstütze. Neuere AL-KO-Eckstützen haben bereits eine Bohrung für die Schraube. Bei älteren muss man sie selbst einbringen. Dazu verwendet man die beigelegte Schablone aus Papier.

6 Die Mutter wird angezogen – aber nur so viel, dass sich der Abstützfuß zwischen den Unterlegscheiben noch frei bewegen kann.

7 Die zweite lange Schraube mit einer Unterlegscheibe zieht man durch das andere Ende der Feder, dann durch die Bohrung im Drehgelenk der Stütze. Auf der anderen Seite bringt man dann eine weitere Unterlegscheibe ein und zieht die Feststellmutter an. Ich ersetze die rostfreien Unterlegscheiben durch kleinere; sie passen besser zum Auge der Feder und ragen nicht über sie hinaus.

8 Wenn der Abstützfuß über das richtige Spiel verfügt, klappt er sich selbst ein, wenn man die Eckstützen eindreht. Er verdreht sich dabei ein bisschen, weil die Feder nur auf einer Seite angebracht ist, funktioniert aber gut.

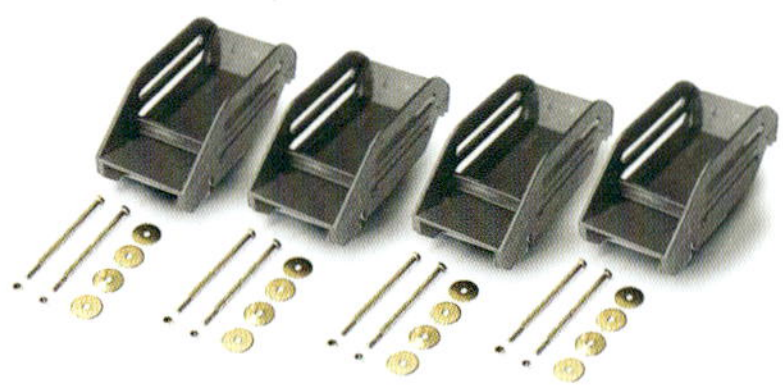

9 Wenn Sie häufig auf abschüssigem Gelände stehen, sind die Big-Foot-Adapter von AL-KO von Nutzen. Sie werden zwischen den Eckstützen und dem Abstützfuß montiert und erlauben weitere 45 mm Bodenfreiheit.

10 Wenn man die Eckstützen herausdreht, schmiegt sich der »Big Foot« dem Gelände an und bietet auf unebenem Terrain eine stabile Basis. Durch einen Zufall – aber erst nach der Montage der vorderen Füße – finde ich heraus, dass das Ganze besser aussieht, wenn die Federn wie hier auf der Innenseite liegen.

Komfort-Kit für Kurbelstützen

Sich auf einer feuchten Wiese hinzuknien, um den Innensechskant zum Herausdrehen der Eckstütze zu finden, ist nicht jedermanns Sache – schon gar nicht mit Rückenschmerzen. Das Komfort-Kit von AL-KO gestattet es, im Stehen zu kurbeln.

1 Das Komfort-Kit von AL-KO besteht aus vier Kunststoffröhren und zwei unterschiedlich langen Verlängerungen mit Kreuzgelenken.

2 Die Röhren muss man auf die gewünschte Länge zuschneiden. Sie erlauben es, den Innensechskant zu finden, ohne sich hinzuknien. Und durch die Verlängerungen mit Kreuzgelenk können Sie die Eckstützen im Stehen herausdrehen.

3 Das Leben ist nie geradlinig. AL-KO empfiehlt, die Seitenwand des Wohnwagens bei Bedarf einzuschneiden. Das mag bei manchen Modellen eine gute Lösung sein. Unser Bürstner ist in diesem Bereich aber zu komplex. Deswegen schneide ich mir zwei Holzblöcke zu, um die Kunststoffröhren weiter von der Karosserie entfernt anzubringen.

Top-Tipp

- *Nehmen Sie ein witterungsbeständiges Holz, etwa Zeder. Weichholz fault sehr schnell.*

Wichtig!
Glauben Sie nicht, Eckstützen seien symmetrisch montiert und Sie könnten deswegen beide Kunststoffröhren gleich lang zuschneiden … Wir fielen bei den vorderen Stützen rein.

4 Bohren Sie Löcher in den Fuß der Kunststoffröhren und befestigen Sie diese dann am Wohnwagen. Dazu sollten Sie rostfreie Schrauben verwenden, um Korrosion zu vermeiden.

5 Bei unserem Wohnwagen sind die hinteren Röhren sehr viel kürzer. Möglicherweise sind vorn wie hinten irgendwelche Kabel im Weg. In diesem Fall kann man auch einen Teil der Röhrenfußes ausschneiden. Die Stabilität wird dadurch nicht beeinträchtigt, weil sie im Wesentlichen im röhrenförmigen Teil liegt.

Abdeckung für den Kupplungskopf

Trotz des finanziellen Aufwands haben Abdeckungen für den Kupplungskopf doch einige Vorteile: Sie sehen gut aus, sind leicht anzubringen und schützen vor Schmutz und Rost. Allerdings kann man die herkömmlichen Abdeckungen noch nicht für die Kupplungsköpfe von AL-KO mit dem langen Hals verwenden.

1 Für alle modernen AL-KO-Kupplungen braucht man einen speziellen Kupplungskopf mit langem Hals, weil die Kupplung sonst kaputtgeht. Wenn Sie ein älteres Zugfahrzeug verwenden und zu einer neuen Kupplung von AL-KO wechseln, müssen Sie auch den Kupplungskopf austauschen.

Wenn Sie eine Anti-Schlinger-Kupplung (ASK) von AL-KO einsetzen, müssen Sie die Farbe (und jegliches Fett!) vom Kugelkopf entfernen, sonst geht der Reibbelag des ASK kaputt. Als dieses Buch geschrieben wurde, war die hier abgebildete verchromte Abdeckung nicht für eine Kupplung mit langem Hals zu bekommen.

2 Natürlich passt die firmeneigene Abdeckung für den Kupplungskopf!

Schutz fürs Schienbein

1 Eine viel einfachere Alternative ist der Soft-Ball von AL-KO aus Gummi. Er vermeidet Schäden beim Rangieren und schützt den Kupplungskopf – und auch Ihr Schienbein.

2 Diese Version richtet sich hauptsächlich an jene, deren Wohnwagen Kupplungen der Modelle AK 7, AK 10/2, AK 160/300 und AK 252 aufweisen. Das sogenannte Soft-Dock von AL-KO hilft, Schäden zu verhindern, wenn Sie mit dem Zugfahrzeug ihrem Caravan etwas zu nahe kommen. Es sieht ähnlich aus wie das »Gummikissen«, mit dem moderne AL-KO-Kupplungen ausgerüstet sind.

Einbau einer Kühlschrankbelüftung

In heißen Sommern gehen bei Dometic regelmäßig zahlreiche Anrufe von Wohnwagenbesitzern ein mit der Beschwerde, ihre Kühlschränke würden nicht mehr richtig kühlen. Der Grund? Hohe Umgebungstemperaturen führen dazu, dass hinter dem Kühlschrank nicht genug Luft zirkuliert. Und die Gegenmaßnahme? Bauen Sie einen Lüfter ein.

Nehmen wir einmal an, ein Elektriker installiert Ihnen die Verbindungskabel. Dann können Sie Ihren eigenen thermostatisch gesteuerten Kühlschranklüfter einbauen. Hier zeigen wir Ihnen,

wie das geht. Der Lüfter FFT1 von CAK hat einen Ventilator und eignet sich für Kühlschränke mit maximal 80 Litern Inhalt in Europa. Der FFT2 hat zwei Ventilatoren und ist für viel größere Kühlschränke gedacht.

1 Bei einem herkömmlichen Kühlschrank von Dometic drückt man die Verriegelung mit einem Schraubendreher nach unten und hebt das Abluftgitter ab. Dann löst man die abgerundete Abdeckung darunter (kleines Bild).

2 Man dreht die Anziehschraube im Gegenuhrzeigersinn (kleines Bild) und hebt dann die Abdeckung von links her ab. Beim Wiedereinsetzen lässt man zuerst den Zapfen in das längliche Loch auf der rechten Seite einrasten (Zeigefinger).

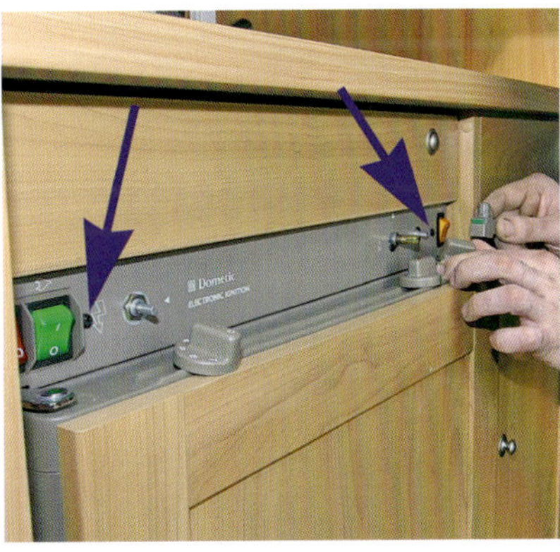

3 Im Inneren des Wohnwagens muss man sich Zugang zur Oberseite des Kühlschranks verschaffen. Ziehen Sie zuerst die drei Drehknöpfe ab, lösen Sie den Schnappverschluss und nehmen Sie die beiden Schrauben (Pfeile) ab, um die Abdeckung zu lösen.

4 Bei einigen Wohnwagen muss man die Spüle entfernen, um die Verkabelung oben am Kühlschrank freizulegen. Dazu muss man zuerst den Abfluss (a) vom obersten Teil des Siphons (b) sowie weitere Schrauben lösen. Dichtmittel eventuell ersetzen.

5 Auf der Außenseite markiert Dave, der die Arbeit ausführt, zuerst die Befestigungsstellen und bohrt dann die entsprechenden Löcher für die Schrauben, die mitgeliefert werden.

6 Die Metallstreifen werden vorher so zugeschnitten, dass der Lüfter richtig zum Leitblech passt. Die Befestigung erfolgt oben mit selbstschneidenden Schrauben, unten mit Schrauben, Muttern und Unterlegscheiben.

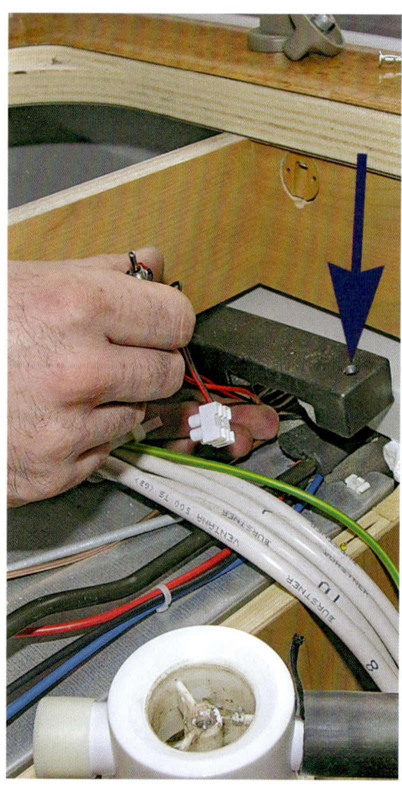

7 Dave schraubt die Verteilerdose (Pfeil) auf und zieht das Lüfterkabel den Kabelbaum entlang bis zu Oberseite des Kühlschranks. Er verwendet den geschäumten Dichtstoff weiter.

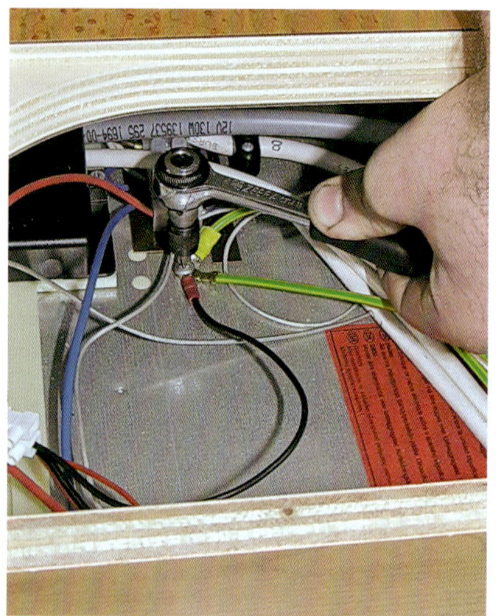

8 Ein qualifizierter Elektriker baut Ihnen eine Erdung bis zum Erdungsband des Kühlschranks sowie eine Verbindung zur mit einer Sicherung geschützten Stromzufuhr des Kühlschranks.

9 Das Frontblech des Kühlschranks, das wir schon früher abgenommen haben, wird mit Malerband abgedeckt. Dann bohren wir an der zuvor markierten Stelle ein Loch und schrauben dort den neuen Schalter hinein.

10 Der Schalter kennt drei Zustände: Aus, dauernd Ein und Thermostatgesteuert. Bei diesem Modus schaltet der eingebaute Lufttemperatursensor automatisch den Lüfter ein, wenn die Temperatur hinter dem Kühlschrank auf 30 bis 35 °C steigt.

Ein solcher Lüfter verbessert die Kühlleistung jedes Absorbergeräts. Der Lüfter drückt die Warmluft aus der Abluftöffnung oben und ermöglicht es damit, dass durch die untere Öffnung mehr kühle Luft zuströmt. Der verbesserte Luftdurchfluss verringert die Überhitzung des Kühlschranks und gestattet niedrigere Temperaturen im Inneren des Geräts. Solche Lüfter eignen sich nicht für Kompressorgeräte, seien es Kühlschränke oder Tiefkühlgeräte, die mit Gleichstrom laufen.

Ersatz eines Heizlüfterrohrs

Ein Lüfterrohr zu ersetzen oder einen neuen Ausgang für die erwärmte Luft zu schaffen, ist eine leichte Aufgabe, die jeder Bastler bewältigen kann.

Der hier verwendete Stutzen kostet nur ein paar Euro. Für das Lüfterrohr müssen Sie hingegen mit mindestens 20 Euro rechnen. Eine Ersatzteilrecherche im Internet lohnt sich.

1 Deutlich erkennt man das beschädigte ursprüngliche Lüfterrohr (Pfeil). Das neue Aluminiumrohr von Webasto ist wesentlich widerstandsfähiger, allerdings auch teurer.

2 Ich will zusätzlich einen neuen Ausgang. Deswegen bedecke ich die vorgesehene Stelle mit Malerband und markiere mit Bleistift den Kreis, der auszuschneiden ist. Eine Lochsäge wäre am einfachsten …

3 … aber ich nehme eine Stichsäge mit einem extra schmalen Sägeblatt. Zunächst muss man ein Loch für das Sägeblatt vorbohren. Wer dieses Verfahren wählt, sollte vorher an Holzabfällen üben.

4 Das Malerband schützt das darunterliegende Furnier vor Kratzern durch die aufgesetzte Stichsäge. Der Stutzen von Truma besteht aus zwei Teilen. Der äußere Teil wird auf den inneren aufgeschraubt – wie Schraube und Mutter.

5 Es ist gar nicht so leicht, ein Rohr schön rechtwinklig abzuschneiden. Das Rohr aus Karton wie das aus Aluminium schneidet man zuerst mit einem Cutter durch. Die Feinarbeit geschieht mit einer Haushaltsschere.

6 Auf der Innenseite des Stutzens befindet sich ein gerippter Bereich (kleines Bild). Man führt das Rohr auf der richtigen Höhe rechtwinklig ein. Die Rippen am Stutzen besorgen den Rest.

7 Das ist ein Verbindungsstück von Truma. Auch hier erkennt man den gerippten Bereich auf der Innenseite. Ein Leitblech bringt etwas Warmluft in den Bereich unter dem Bett. Man beachte den Richtungspfeil.

8 Das Lüfterrohr muss aufgehängt werden. Dazu verwendet man selbstklebende Klips, durch die man einen Kabelbinder zieht. Dann schlingt man diesen um das Lüfterrohr und zieht fest.

TIPP: Bevor man die Klips festklebt, reinigt man die entsprechende Oberfläche mit Alkohol oder einem anderen organischen Lösungsmittel. Abgeschnittene Kabelbinder-Enden verlieren ihre scharfen Kanten, wenn man sie kurz erwärmt.

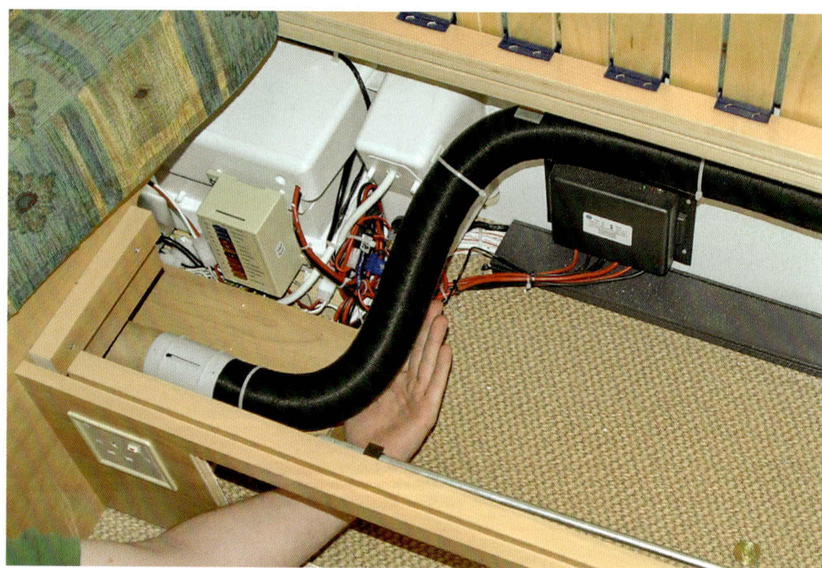

10 Das neue Lüfterrohr ist widerstandsfähiger, besser befestigt und nicht so leicht zu beschädigen wie das alte. Gleichzeitig haben wir jetzt eine andere Austrittsöffnung für die Warmluft.

Die originalen Lüfterrohre von Truma sind in den meisten Wohnwagen mit der Gebläseheizung dieser Firma verbaut. Sie sind durchaus in Ordnung, sofern man sie nicht – wie ich – aus Unachtsamkeit eindellt. Ich ersetzte das Stück durch das festere Aluminiumrohr, das hier zu sehen ist.

Dabei soll daran erinnert werden, dass die ursprünglichen Rohre in Abständen Längsschlitze aufweisen. Wenn man diese eindrückt, wird ein Teil der warmen Luft in die nächste Umgebung abgelenkt. Wenn man ein solches Rohr in Bereiche leitet, wo Kleider oder Bettzeug lagern, dann sollte man von dieser Art der Erwärmung Gebrauch machen.

Einbau eines besseren Batterieladegeräts

Moderne Batterieladegeräte können heute dauerhaft mit der Batterie verbunden bleiben und erhöhen die Lebensdauer sowohl von mit Elektrolytflüssigkeit gefüllten Batterien wie von Gelbatterien. Hier sehen Sie, wie man die neueste Technologie im Wohnwagen einsetzen kann. Das meiste können Sie selbst machen, nur für die elektrischen Verbindungen sollten Sie einen Elektriker heranziehen.

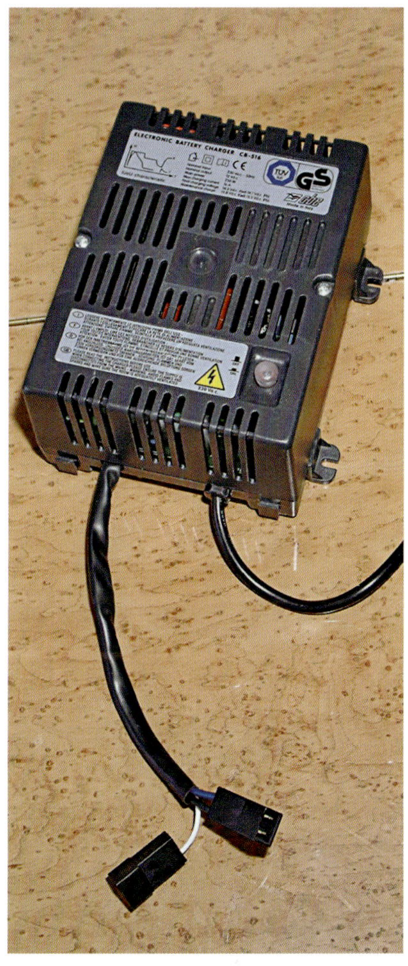

Standard-Ladegeräte sind ziemlich einfach aufgebaut. Wenn man sie dauernd an der Batterie angeschlossen lässt, besteht die Gefahr einer Überladung und Beschädigung der Batterie. Moderne und hochwertige Ladegeräte verfügen über eine elektronische Steuerung. Sie gewährleistet, dass die Batterie dauernd aufgeladen wird, ohne Schaden zu nehmen.

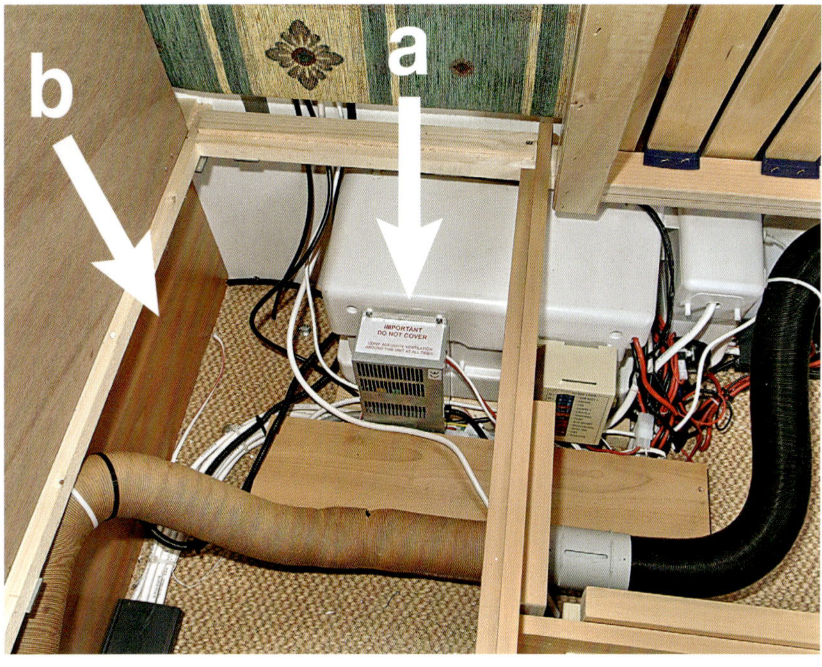

1 Das »alte« Ladegerät (a) liegt meist am Batteriekasten oder in dessen nächster Umgebung. Ich habe mich entschlossen, das elektronische Ladegerät von CAK an der benachbarten Stirnwand unterzubringen.

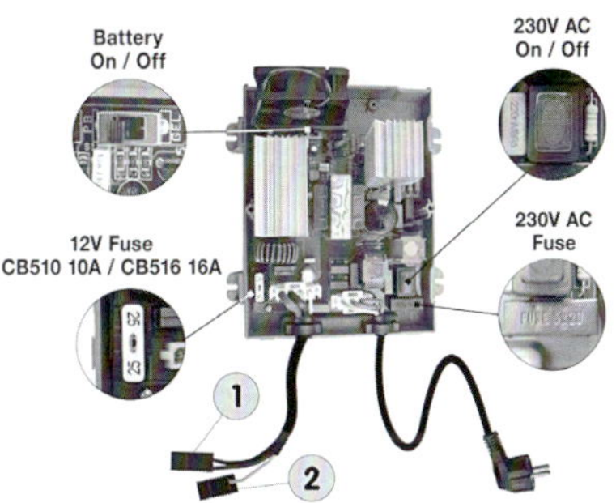

2 Das Bild zeigt das Innenleben des Ladegeräts. Buchse 1 (schwarze und rote Drähte) wurde verwendet. Buchse 2 ist nur für Wohnmobile und bleibt unbenutzt.

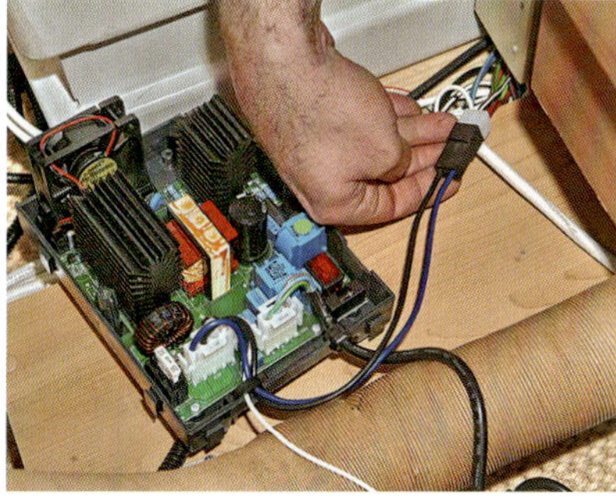

4 Wenn der Wohnwagen über einen 12-Volt-Standardstecker verfügt, muss man ihn nur in die Buchse 1 stecken. Sonst muss ein Elektriker weiterhelfen.

3 Zunächst nimmt man das Ladegerät vom Netz und klemmt die Pole der Batterie ab. Dann entfernt man die Verbindung zwischen Batterie und altem Ladegerät und schraubt dieses ab. Das neue kann nun installiert werden.

5 In unserem Fall ist das 12-Volt-Kabel nicht lang genug. Der Elektriker muss es durch Löten verlängern. Die Verbindungsstelle wird von einem Schrumpfschlauch geschützt.

6 Wir fügen einen Sicherungslasttrennschalter ein, um den Stromkreis unterbrechen zu können. Auf die Rückplatte bringen wir doppelseitiges Klebeband auf, nachdem wir sie zuvor entfettet haben.

9 Die Verbindung zwischen dem Netz und dem Sicherungslasttrennschalter ist ein Job für den Elektriker. Ich habe nie begriffen, warum Ladegeräte für Wohnwagenbatterien nicht stets auch mit solchen Trennschaltern ausgestattet sind.

7 Die Schottwand unseres Wohnwagens besteht aus Dämmplatten zwischen zwei dünnen Holzschichten. Diese sind zu dünn für Schrauben. Da das Ladegerät festgeschraubt werden muss, kleben wir eine Sperrholzplatte an.

10 Jedes Ladegerät der Reihe CB500 der Firma CAK enthält einen eingebauten Schalter, ein Anzeigenlicht, einen Prozessor mit vier Betriebsarten (darunter auch Stand-by) und ist gleichzeitig kompakt und leicht.

8 Die eingebauten Halter schrauben wir fest, bevor wir die Abdeckung wieder aufsetzten. Nach der endgültigen Befestigung befindet sich ein Luftspalt hinter dem Ladegerät, und auch sonst muss es völlig frei stehen.

Wenn das neue Ladegerät dauerhaft mit der Bordbatterie verbunden ist, kann es deren Lebensdauer um Jahre verlängern. Wenn man den Preis eines solchen Ladegeräts mit dem Preis einer neuen Batterie vergleicht, dann sind die Ausgaben schnell wieder hereingeholt!

Das Ladegerät gibt entweder 15 Ampere (CB510) oder 25 Ampere (CB516) ab. Das reicht für 12-Volt-Geräte wie den energiehungrigen kombinierten Wasserboiler/Heizlüfter von Truma oder für einen 12-Volt-Fernseher auf dem Stellplatz.

Der fest eingebaute Ladegerätlüfter liefert eine prima Kühlung. Er läuft nur, wenn er gebraucht wird. Wenn er Sie nachts stört, schalten Sie einfach das Ladegerät ab.

Einbau eines funktionellen Rollosystems

Schauen Sie sich mal in Ihrem Wohnwagen um: Ein großer Teil des Innenraums wird von Fenstern eingenommen. Wenn Sie die Rollos herunterlassen, bestimmen diese über das Aussehen des Interieurs. Mit attraktiveren Rollos können Sie es weiter verbessern.

1 Man braucht nicht lange, um herauszufinden, wie man die alten Rollos entfernt. Unser Helfer Dave sieht nach, wie man die alten Rollos ausfährt und feststellt.

2 Die Seitenschienen der meisten Rollos sind mit einer einzigen Schraube befestigt. Sie kann je nach Modell in die Basis des Formteils eingelassen sein.

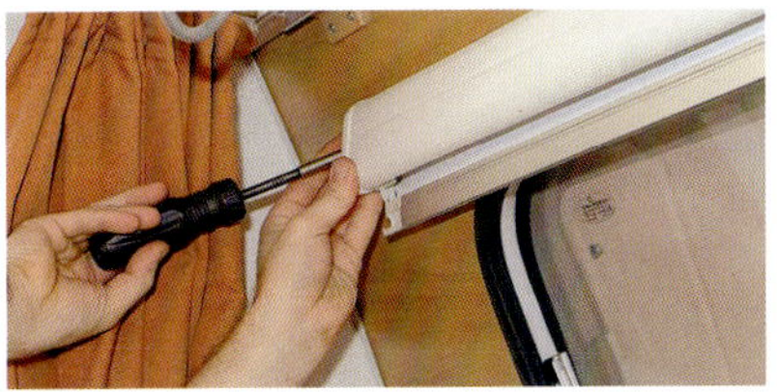

3 Wenn die Schraube an der Basis gelöst ist, lassen sich die Seitenschienen leicht aus ihrer Verankerung am Rollokasten oben herausziehen. Der Kasten ist an den beiden Enden ebenfalls verschraubt, und die Schrauben sind leicht zu sehen.

4 Die Kassettenrollos, die wir entfernen, besitzen zwei verschiedene Arten der Befestigung. Die eine (kleines Bild) ist nur zu sehen, wenn man die erste Abdeckung oben entfernt.

5 Hier ist eines der sechs neuen Kassettenrollos, die wir in zwei verschiedene Wohnwagen einbauen. Abgesehen von den Ecken handelt es sich um Fertigteile. Dieses Rollo liegt um 90 Grad gedreht da.

6 Ein Nachteil fertiger Kassettenrollos besteht darin, dass man deren Rahmen sorgfältig in Stellung bringen muss. Das ist beim Rollo an der großen Frontscheibe keine leichte Aufgabe.

7 Für die genaue Ausrichtung verwenden wir zwei dünne Holzstücke, je eines an jedem Ende. So können wir sicher sein, dass die Unterkante des Rollos parallel zum Fensterbrett liegt.

8 Nachdem die horizontale Ausrichtung feststeht, befestigen wir die Ecken mit Holzschrauben. An jeder Ecke befinden sich Löcher für vier Schrauben.

9 Die Firma Remis, die unsere Kassettenrollos lieferte, legte keine Schrauben bei. Wir besorgten uns deswegen selbstschneidende Schrauben, die besonders für Sperrholz konzipiert sind. Die Abdeckungen an den Ecken rasten einfach ein, wobei man mit der Innenseite beginnt.

10 Das Fliegengitter kommt von oben, das beschichtete Verdunkelungsrollo von unten. Man kann jede denkbare Stellung wählen, indem man die beiden Rollos in beliebiger Höhe miteinander verbindet.

Die verwendeten Rollos (Remismart) stammen von der Firma Remis. Es gibt ähnliche Modelle auch von anderen Herstellern. Sie haben viele Vorteile:

- Der aus einem Stück bestehende Kassettenrahmen und die beschichteten Verdunkelungsrollos sehen einfach sehr gut aus.
- Es gibt absolut kein Verklemmen, weder vom Insektenschutz noch vom Verdunkelungsrollo – selbst beim größten Fenster nicht, das fast die gesamte Wohnwagenbreite einnimmt. Da sich die Rollos in entgegengesetzter Richtung bewegen, können sie sich nicht überlappen und gegenseitig stören, wie das bei anderen Modellen der Fall ist, bei denen man beide Rollos von oben nach unten zieht.
- Leichter Einbau.

Neuverkleidung der Duschwände

Duschen müssen wasserdicht sein, besonders die in Wohnwagen. Wir zeigen Ihnen hier, wie wir einen Rahmen eingebaut und mit Wandpaneelen der Marke Proclad verkleidet haben. Dies geschah an einem Wohnwagen, der bis dahin noch nicht über eine Dusche verfügte.

Viele Duschen in Caravans halten mit einem Vorhang das Wasser von den nicht wasserdichten Wänden fern. Proclad ist eine geschlossenzellige steife und leichte Platte aus PVC mit hochglänzender Oberfläche. Man kann sie als Neuteil oder zur Reparatur verwenden.

1 Wir bringen die Verkleidung in einem Wohnwagen der Marke Freedom an. Seine Wände sind aus glasfaserverstärktem Kunststoff. Insofern ist das kein typischer Fall. Wir entfernen zuerst das Innere des alten Bads. Dann befestigen wir die Holzleisten mit Schrauben und Leim.

2 Konventionelle Wohnwagen verfügen in ihren Wänden bereits über diese Leisten. Mit dünnem Karton nehmen wir Maß für die Seitenpaneele. Es ist sehr wichtig, dass sie genau die richtige Form aufweisen.

3 Wie die Teile eines Puzzles sägen wir aus 6 mm dickem Sperrholz die Paneele aus und kleben und schrauben sie an der richtigen Stelle fest. Alle Schraubenköpfe werden sorgfältig versenkt.

4 Das ist das größte Stück Proclad, das wir verwenden. Nach dem Ausschneiden der Fensteröffnung nehme ich einen Kontaktkleber mit längerer Verarbeitungszeit. Damit sind vor dem endgültigen Aushärten noch Korrekturen möglich.

5 Diese längere Verarbeitungszeit ist sehr wichtig, weil man das Paneel exakt nach der (noch nicht vorhandenen) Duschwanne und dem Fenster ausrichten muss.

6 Dann kleide ich die Decke mit Hartfaserplatte aus, weil sie biegsam ist und der Linie des Daches folgt. Wo immer es geht, verschraube ich die Platte. Ansonsten verwende ich Klebt + Dichtet von Würth.

7 Mit demselben Polyurethankleber verklebe ich auch Holzleisten, Proclad und andere Verkleidungen an Ort und Stelle. Wenn Sie bei kaltem Wetter arbeiten, sollten Sie die Kartusche zuerst erwärmen.

8 Natürlich funktioniert ein solcher Polyurethankleber nicht wie ein Kontaktkleber. Während des Aushärtens muss das Stück an Ort und Stelle gehalten werden. Mit einer Zwinge verbinde ich dazu zwei Holzleisten.

9 Zuvor befand sich in der Wand nur ein Lüftungsloch. Wir montieren einen größeren Lüfter mit Rollo.

10 So sieht die fertige Arbeit von tief unten aufgenommen aus, nachdem der Schutzfilm abgezogen ist und das Kassettenrollo sowie das Schutzgitter über der Entlüftung montiert sind. Es sieht aus wie frisch aus der Fabrik!

Firmen, die Innenverkleidungen liefern, haben meist auch Rand- oder Abschlussstreifen im Angebot. Wir statteten unsere Deckenpaneele mit solchen Streifen aus. Sie bilden mit den Wandpaneelen einen perfekten Abschluss.

Die Wandabdeckungen anzubringen kostete uns mehr Zeit als erwartet. Aber ihre Vorteile lohnen den Aufwand: Sie sind wasserdicht, bruchsicher und lassen sich leicht abtrocknen.

Einbau eines Propex-Warmwasserbereiters

Der Malaga 3E der Firma Propex ist ein kompakter Warmwasserbereiter, der mit Gas oder mit Gas und Strom kombiniert funktioniert. Er passt in einen Bettkasten und hat ein Abzugsrohr durch die Seitenwand des Wohnwagens.

Man kann ihn leicht selbst einbauen, entweder neu oder als Ersatz. Wie stets muss aber ein qualifizierter Spezialist die Verbindungen für die Versorgung mit Strom und Gas herstellen.

1 Zunächst muss Platz reserviert werden für die Wasserleitungen und die Gaszufuhr, die ein Fachmann einbauen muss. Die Position des Abgasrohrs markieren wir mit einem Kreis. Aus dem umliegenden Bereich MUSS alles brennbare Material entfernt werden.

2 Nachdem Dave ein kleines Loch durch die Wand vorgebohrt hat, richtet er die mitgelieferte Papierschablone an den Formteilen des Wohnwagens aus und klebt sie fest.

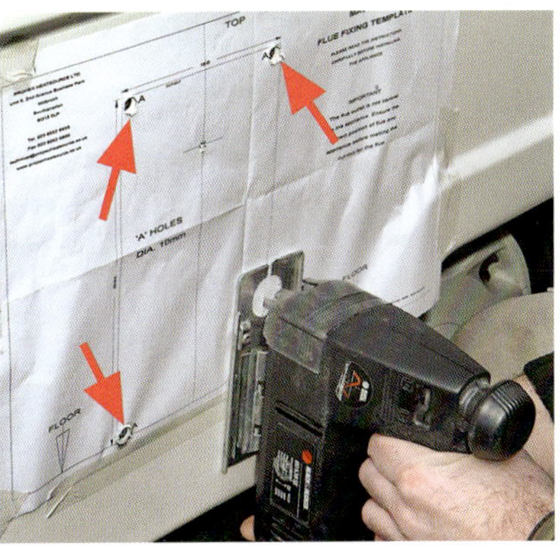

3 Zuerst bohrt er ein 10 mm breites Loch an den vier Ecken und schneidet dann mit der Stichsäge das entsprechende Rechteck aus der Caravanwand aus. Dabei sollte man auf einen Anstellwinkel von 90 Grad achten …

4 … weil der Schnitt gleichmäßig durch die Außen- wie Innenhaut verlaufen muss. Natürlich überprüft man vorher, ob hier irgendwelche Leitungen liegen. Die Abdeckung für das Abgasrohr muss genau passen.

5 Dann bohrt man in der Seitenwand weitere Löcher für die Schraubbefestigung der Abdeckung vor. Danach trägt man mit der Pistole weiße Silikonmasse auf.

6 Für die Befestigung nehmen wir rostfreie Schrauben. Ihre Köpfe sind etwas zu hoch, sodass man die mitgelieferten Plastikabdeckungen nicht anbringen kann. Trotzdem sieht das Ganze gut aus.

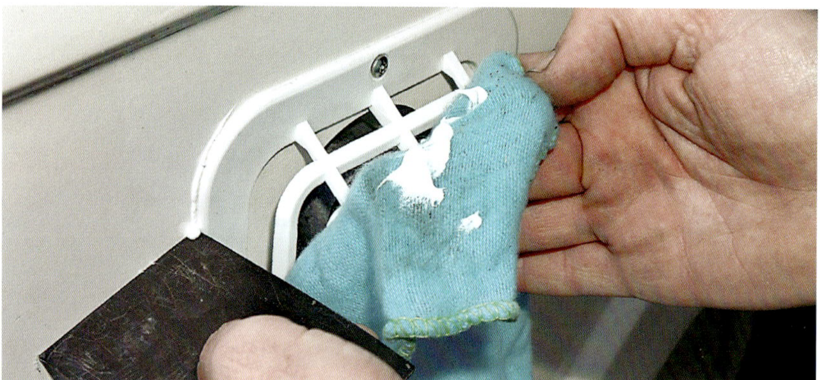

7 Die Schrauben müssen gleichmäßig angezogen werden, sonst wird das Silikon auf der einen Seite herausgedrückt und auf der anderen Seite entsteht ein Hohlraum. Mit einem Kunststoffschaber und einem Tuch entfernen wir die überschüssige Dichtmasse.

8 Im Inneren bohren wir ein Loch durch die Wand zum Kleiderschrank und befestigen den Ein/Aus-Schalter mit der Anzeige. Ich mag diese Schalter nicht in Fußhöhe haben, das ist in meinen Augen Pfusch.

9 Nahe dem Gasanschluss muss es eine Stelle geben, wo ausgetretenes Gas abfließen kann. Die Firma CAK bietet unterschiedliche Formen solcher Stutzen an. Lochbohrer ansetzen, mit Silikon abdichten, Stutzen einsetzen und festschrauben – fertig!

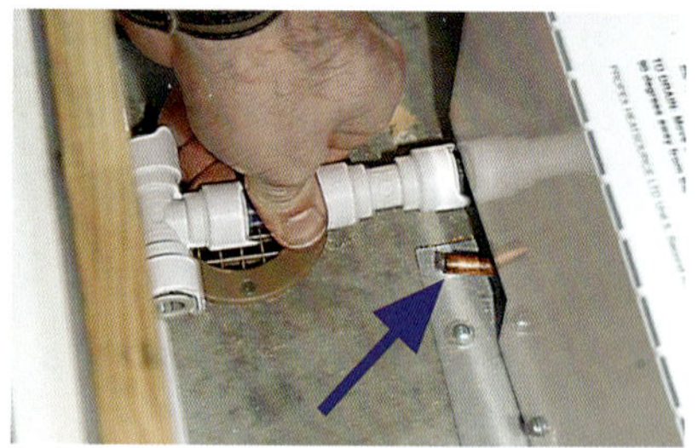

10 Wir wählen für die Wasserversorgung Steckverbindungen von Whale und halbsteife Rohre von CAK. Wie man damit umgeht, beschreiben wir im nächsten Kapitel.

Der Warmwasserbereiter Propex Malaga 3E hat einen Dreiwegschalter: nur Gas, Gas plus 230 V oder Aus. Die Stromversorgung mit 12 Volt dient dem Betrieb und der Zündung.

Eigenschaften

- Man kann Gas allein oder zusammen mit dem 750-Watt-Heizelement für noch schnellere Erwärmung verwenden.
- Die kleine Abdeckung außen für das Abgasrohr sieht gut aus.
- Es gibt ein Modell nur für den Gasbetrieb, Malaga 3 genannt.
- Fassungsvermögen 13,5 Liter. Abmessungen H 250 mm, B 325 mm, T 445 mm. Gewicht ohne Wasser 9,3 kg.

Installation von Wasserleitungen

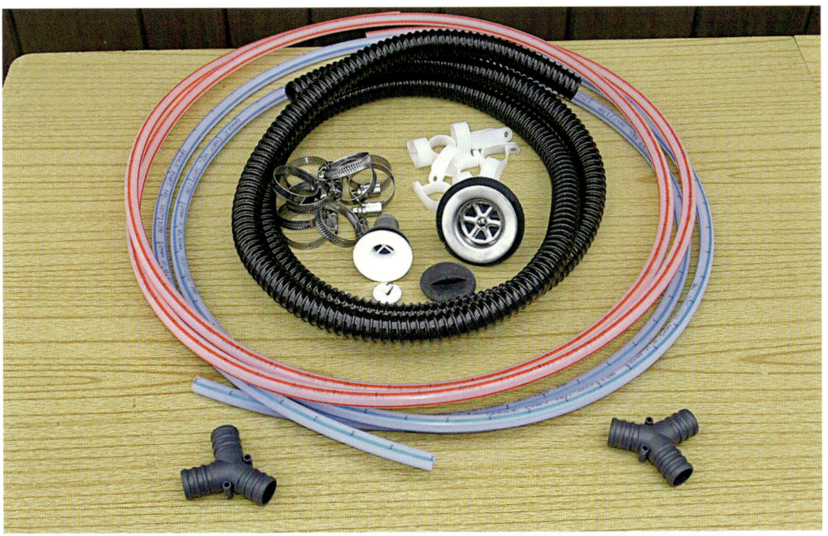

Es gibt bessere Verfahren, um Wasserrohre in Wohnwagen zu verlegen, als sie einfach auf Verbindungsstücke aufzustecken und mit einer Schelle zu befestigen. Selbst für die fortschrittlichsten Verfahren braucht man nur ganz wenige spezielle Werkzeuge.

Rohrverbindungen im Caravan sind seit jeher unzuverlässig. Aber moderne Produkte wie die der Firma Whale bringen Ihre Rohrleitungen auf Vordermann. Moderne Systeme sind fast sicher gegen Lecks und dazu noch viel leichter zu verbinden als früher. Das gilt auch für die Zerlegung, falls eine solche überhaupt nötig werden sollte.

1 Für Wohnwagen ist ein Rohrdurchmesser von 12 mm ideal. Sie können Rohre mit einem scharfen Messer auf einer festen Unterlage schneiden, aber ein wirklich rechtwinkliger Schnitt ist dabei schwierig hinzubekommen.

2 Das Rohr hält fest in dem Verbinder, nachdem wir es hineingestoßen haben. Fertig! Um es zu entfernen, stößt man den grauen Kragen zurück und zieht gleichzeitig am Rohr.

3 Das ist ein 20-mm-Rohr. So ausgefranst sieht das Rohrende aus, wenn man es mit einer Metallsäge schneidet.

4 Kaufen Sie sich einen preiswerten Rohrschneider für alle Kunststoffrohre im Wohnwagen. Halten Sie ihn quer zur Längsrichtung des Rohrs.

5 Schneiden Sie das Rohr in einer glatten Bewegung in einem Zug durch. Überprüfen Sie vorher die Klinge, denn sie nimmt leicht Schaden, wenn man sie anwinkelt oder damit ungeeignete Werkstoffe schneidet.

6 Sie sehen sofort, dass man das Rohr gleich weiterverarbeiten kann. Bei einigen Rohrschneidern kann man die Klinge umdrehen, bei anderen macht ein Klingenwechsel keine Probleme.

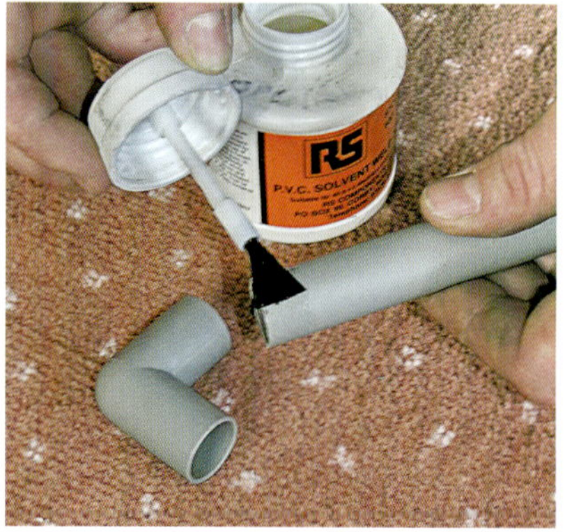

7 Steife PVC-Rohre klebt oder schweißt man am besten. Allerdings ist später keine Trennung mehr möglich. Die dazu verwendeten Kleber und Lösungsmittel schädigen viele andere Kunststoffe, wenn sie damit in Kontakt kommen.

8 Mit dem Quellschweißmittel bestreicht man die Außenseite des Rohrs und die Innenseite des Anschlussstücks. Es löst den Kunststoff an der Oberfläche …

Die Rohrverbindungsstücke der Firma Whale mögen teuer erscheinen. Aber wahrscheinlich brauchen Sie nur wenige davon, und sie haben große Vorteile.

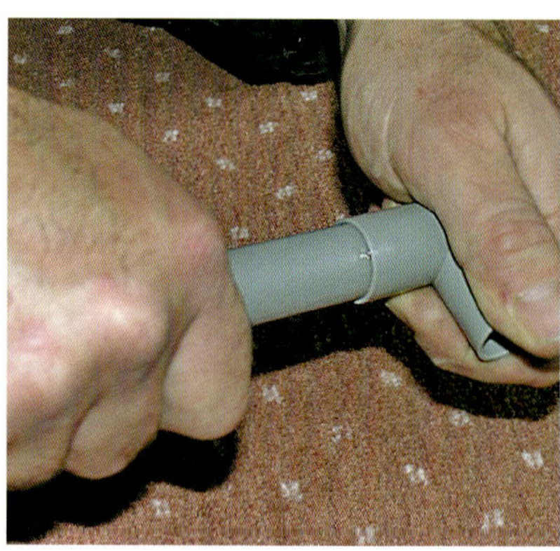

9 … und nach dem Zusammenschieben und Erhärten ergibt sich eine feste Verbindung. Lassen Sie nach dem Anlösen nicht zu viel Zeit verstreichen. **Achtung:** Die Verbindung kann kurzzeitig sehr heiß werden.

10 Die Firma CAK lieferte den biegsamen gewellten Abwasserschlauch und die Verbindungsstücke mit den Schellen aus rostfreiem Stahl. Das Festziehen mit einer Ratsche ist viel besser und sicherer als mit einem gewöhnlichen Schraubendreher.

Bevor man biegsame Abwasserschläuche kauft, sollte man darauf achten, dass sie innen ganz glatt sind. Sonst besteht die Gefahr, dass Schmutz im Rohr steckenbleibt.

Duschgarnitur ersetzen

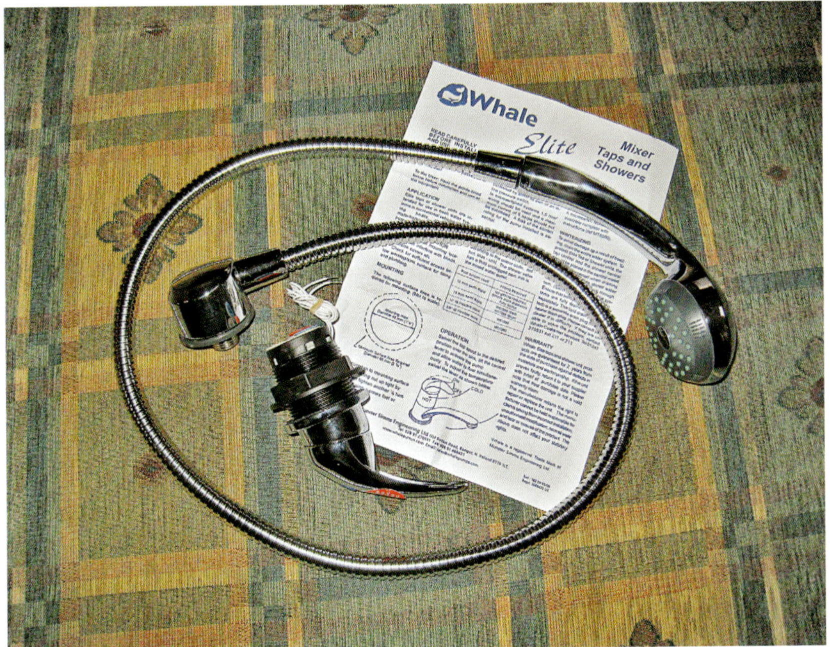

Im Folgenden zeigen wir, wie man eine Duschgarnitur vom Typ Whale Elite mit einer Mischbatterie und Anschlussstellen für zwei getrennte Rohre montiert.

Wenn Sie eine bereits bestehende Garnitur von Whale nur ersetzen, weil sie zum Beispiel durch Frost kaputtgegangen ist, dann brauchen Sie diese detaillierte Montageanleitung nicht. Sie ist nur wichtig, wenn man von einer Anschlussstelle ausgeht. Trotzdem ist es nützlich zu verfolgen, wie eine solche Montage vor sich geht.

1 Die Mischbatterie und das biegsame Rohr dazu sind von sehr guter Qualität. Sie hat drei Anschlussstellen mit Stecksystem, über die die Verbindung zum Wassertank und zum Warmwasserbereiter erfolgt.

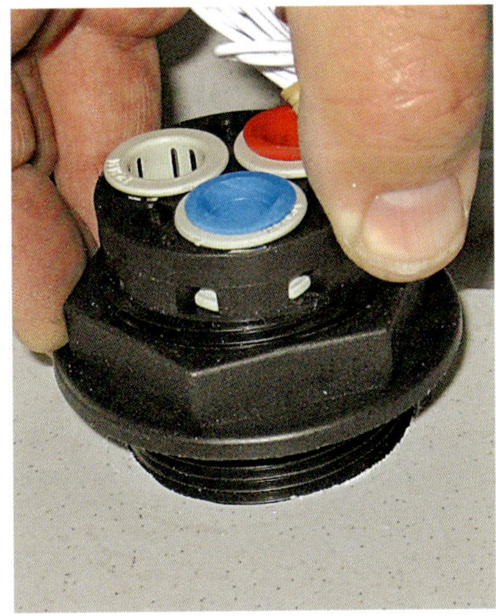

2 Die alte vom Frost zerstörte Batterie besaß eingebaute Schlauchverbindungen. Es gibt somit nur ein Loch, und das ist zu klein. Nach dem Vorzeichnen schleife ich den Kunststoff ab …

3 … bis die Mischbatterie von der Vorderseite des Paneels hineinpasst. Wir sehen hier das Ganze von hinten. Gerade wird der untere Teil der Garnitur mit den farbcodierten Anschlüssen eingepasst.

4 Zurück auf der Vorderseite. Ich zeichne auf Malerband die Stelle für den Duschanschluss ein und bohre das entsprechende Loch.

5 Ich brauche ein 20 mm breites Loch, doch diese Lochbohrer schneiden oft größere Löcher. So ist es auch hier. Der 19-mm-Bohrer schneidet ein Loch von der exakt richtigen Größe. Wichtig ist, dass man langsam schneidet.

6 Hier bringe ich die Schläuche mithilfe von Whale-Steckverbindungen an. Der halbsteife 12-mm-Schlauch von Whale passt genau in die Anschlüsse der Mischbatterie. Man braucht keine Adapter dazu.

7 Mir wird klar, dass man diese Platte mit dem Duschanschluss mithilfe von rostfreien Schrauben befestigen muss. Das angewinkelte Rohr wird dabei von der Platte in der richtigen Stellung gehalten.

8 Anstelle einer festen Verkabelung verwende ich Steckverbindungen. Die männlichen Steckverbindungen gehen zur Pumpe. Die abgeschirmten weiblichen Verbindungen gehen zur Energiequelle.

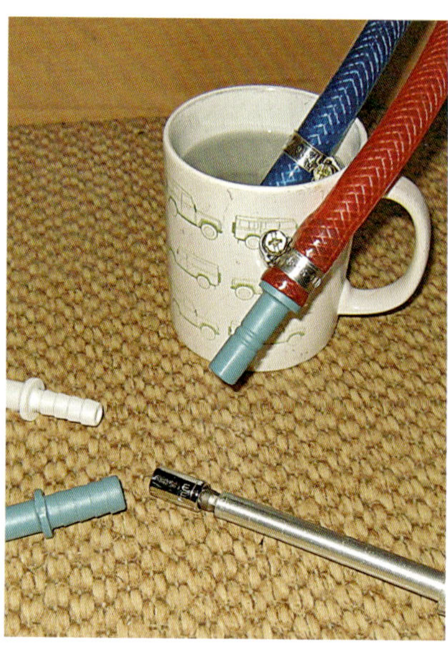

9 Die Schläuche sind aus biegsamem Kunststoff.

Anmerkung

Um die Montage einfacher zu gestalten, gehe ich meistens so vor:

- Schlauch in heißem Wasser geschmeidiger machen.
- Immer den richtig dimensionierten Adapter für den Schlauch nehmen.
- Während der Schlauch noch warm ist, mit einem Steckschlüssel festziehen, nicht mit einem Schraubendreher.

10 Der Festmantelschlauch muss einen gewundenen Weg von der Mischbatterie bis zum Adapter des Duschschlauchs nehmen. Wir befestigen zuerst alles mit Kabelbindern, dann testen wir und montieren schließlich.

Ich war doch überrascht, wie lange die Arbeit dauerte – hauptsächlich, weil die Montageanleitung fehlte. Vielleicht nimmt der Hersteller an, die Garnitur werde in einer Fabrik oder von Handwerkern montiert, die bereits Erfahrung haben.

Ein weiterer Grund waren die Schwierigkeiten, die ich hatte, den Duschschlauch vernünftig anzubringen. Eine konventionelle Mutter funktionierte nicht, weil das angewinkelte Stück nichts hatte, gegen das man die Mutter hätte anziehen können. Das aufgesetzte Kunststoffteil erschien mir zunächst auch nicht optimal. Trotzdem ist es eine tolle Dusche mit einer Garantie von zwei Jahren.

Ein Klappwaschbecken einbauen

Ein Klappwaschbecken spart viel Platz, und am besten beginnt man mit einer kombinierten Duschgarnitur mit Mischbatterie.

Unser kleines Projekt Freedom hatte ein Bad, aber keine Dusche und kein WC. Dieses Klappwaschbecken von der Firma Cirencester Plastics ließ Platz für die Kassettentoilette von Thetford, die wir später installieren wollten (siehe Seite 49). Man kann das Waschbecken zur weiteren Raumersparnis mit einem Duschkopf kombinieren.

3 Die richtige Positionierung des Wasserhahns ist wichtig – wegen all der Dinge, die sich dahinter abspielen (siehe Bild 5). Dichtmittel unter dem Hahn und rostfreie Schrauben sind ganz wesentlich.

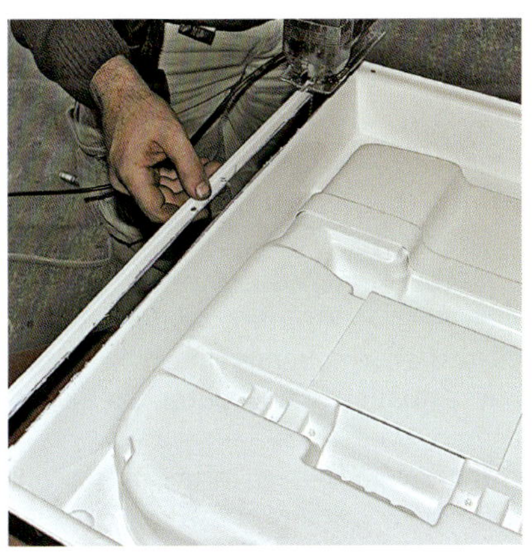

1 Das Klappwaschbecken Cleo besteht aus leichtem Kunststoff. Es ist etwas zu breit für den zur Verfügung stehenden Platz, aber es lässt sich leicht mit einer Stichsäge und einem feinen Sägeblatt zuschneiden.

2 Wir verwenden eine elektrische Säge, um die Öffnung für den Wasserhahn zu bohren. Ein Sägeblatt in einem Stichsägegriff hätte es auch getan. Jedenfalls benutzen wir eine Schablone aus Karton.

4 Das Loch für den Ablauf müssen Sie selbst bohren. Verwenden Sie ein Dichtmittel und schrauben Sie das Anschlussstück von Hand ein.

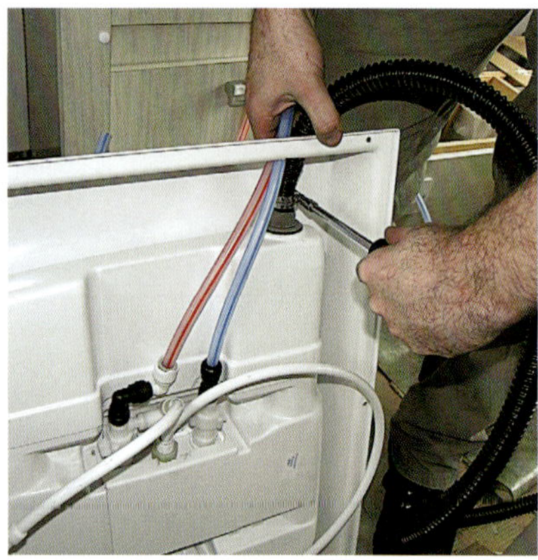

5 Der innen glatte Abwasserschlauch ist mit einer Rohrschelle befestigt. Die Warm- und Kaltwasserschläuche halten in Steckverbindungen der Firma Whale.

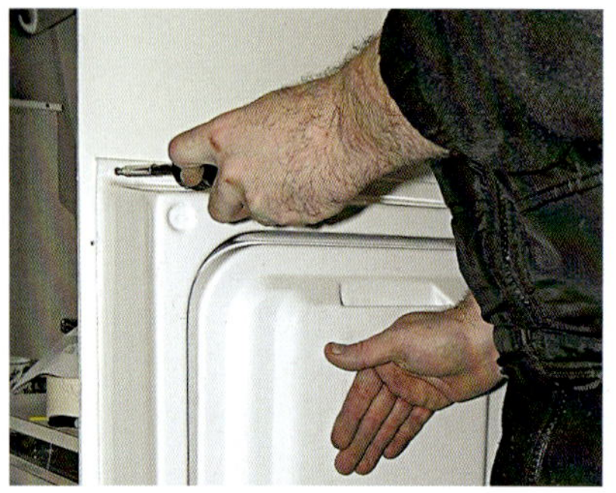

6 Nun schrauben wir das Waschbecken an die Wand des Wohnwagens. Nicht im Bild zu sehen ist, wie viele Male wir die Position veränderten, bis wir schließlich die endgültige fanden.

7 Wenn man nur wenig Dichtmittel auftragen muss, macht man das am besten von Hand mit einer Pistole. Bei größeren Flächen empfiehlt sich der Einsatz einer kompressorgetriebenen Pistole.

8 Das eingebaute Klappwaschbecken spart jede Menge Platz. Es entleert sich, wenn man es hochklappt, und der Wasserhahn dreht sich zur Seite. Die Toilette ist auf diesem Bild schon eingebaut.

9 Ein 1 m langes Rohr, ähnlich wie man es im Haushalt verwendet, wird mit Kabelbindern am Chassis befestigt und transportiert das Abwasser in den 25 Liter fassenden Abwassertank (kleines Bild).

10 Den Wasserhahn auf Bild 8 kann man zum Duschen herausziehen und in eine Halterung an der Wand stecken. Deren Lage muss natürlich gut durchdacht werden. Auch hier kommen rostfreie Schrauben zum Einsatz.

Der Einbau eines Klappwaschbeckens ist nicht gerade eine Aufgabe für einen Anfänger, aber ein fortgeschrittener Bastler müsste damit zurechtkommen, denn schließlich muss er weder Strom- noch Gasanschlüsse legen. Wenn man allerdings Wasserhähne einbaut, die mit elektrischen Pumpen in Verbindung stehen, sollte man einen Elektriker hinzuziehen.

In unserem Fall ersetzten wir das alte Bad vollständig. Wenn Sie das Waschbecken aber in ein existierendes Bad einbauen, dann sollten Sie darauf achten, dass die Stellen, an denen die früheren Einheiten montiert waren, nicht unsauber aussehen.

Einbau einer Duschwanne

Vielleicht ist Ihre jetzige Duschwanne kaputt oder es hat sich in ihrer Umgebung Feuchtigkeit ausgebreitet, die Sie bekämpfen müssen. Möglicherweise wollen Sie den Grundriss Ihres Wohnwagens ändern und eine einbauen, wo bisher noch keine war. Auf jeden Fall ist es nützlich zu wissen, wie man dabei vorgeht.

Wir bauten eine Duschwanne der Firma CAK in einen Wohnwagen ein, der nie eine solche hatte. Die Arbeit verlangte ebenso viel Planung wie praktische Handarbeit.

1 Das Letzte, was man sich wünscht, ist eine undichte Duschwanne. Diese hier ist so gestaltet, dass sie genau in die oft miteingebaute WC-Einheit C400 von Thetford passt.

2 Auf einer Seite der Duschwanne befindet sich eine Aufkantung. Sie fügt sich genau in eine Aussparung an der Seite der WC-Einheit ein.

3 Früher war dies eine Garderobe. Der Boden ist merkwürdig geformt und wir müssen Höhenunterschiede ausgleichen. Dazu bringen wir zugeschnittene Stücke Bootsbauer-Sperrholz an.

4 Der Boden biegt sich, deswegen verstärken wir ihn mit Stahlblech. Wir wissen noch nicht, auf welcher Seite der Abwasserschlauch liegen soll. So schneiden wir zu beiden Seiten mit dem Plasmaschneider ein Loch heraus.

5 Das Stahlblech kleben wir mit Klebt + Dichtet von Würth fest. Während das Mittel aushärtet, schrauben wir den Boden an.

6 Glücklicherweise verfügen wir über eine Hebebühne. Sonst hätten wir den Wohnwagen mit Wagenhebern anheben und auf Stützböcke setzen müssen.

7 Nun können wir sehen, dass der Abfluss auf der Innenseite der Duschwanne liegen muss. Vom Caravaninneren aus setzen wir den Lochbohrer an.

8 Als das Zentrum des Bohrers von unten durchsticht, setzen wir den Bohrer auf der Unterseite an. Der Durchmesser des Lochbohrers wird vom Ausguss bestimmt.

9 Der Ausguss hat einen Zapfen, an dem die Abwasserleitung befestigt ist. Er selbst wird von unten her verschraubt. Das Sieb mit der Dichtung wird von oben her mit einer zentralen Schraube befestigt.

10 Hier zeigen wir Ihnen verschiedene Rohrsysteme und Frisch- sowie Abwassertanks, die Sie natürlich auch für die Dusche benötigen.

Die verwendete Duschwanne C400 (weiß) ist eines von rund zwölf Modellen, die die Firma CAK anbietet.

Wenn Sie eine Duschwanne einbauen, wo bisher noch keine vorhanden war, so müssen Sie diese eventuell anpassen. Kunststoffe sind ziemlich leicht mit einer Stich- oder Laubsäge zu bearbeiten. Sie müssen das Werkstück aber gut festhalten, um zu verhindern, dass Risse auftreten. Es empfiehlt sich auch, die Oberfläche gegen Kratzer zu schützen.

Einbau einer neuen Kassettentoilette

Nur wenige Wohnwagenbesitzer müssen eine ganz neue Kassettentoilette einbauen, da dieses Teil heute in kaum einem Caravan fehlt.

Im Bad unseres kleinen Wohnwagens stand ein Porta-Potti. Doch wir wünschten uns eine eigene fest eingebaute Einheit. Wir entschieden uns für die neue Kassettentoilette C400 von Thetford.

Die Montageanleitung war gut geschrieben, aber jeder Einbau ist anders. Wir maßen, überprüften, kratzten uns am Kopf, montierten zur Probe und bauten die Toilette schließlich endgültig ein. Und so ging das vor sich …

2 Wir zeichnen die Form auf die Seitenwand und entfernen dann die Toilette. Mit der mitgelieferten Schablone 1 positionieren wir zwei Löcher (3 mm), die von innen her gebohrt werden. Anhand dieser Löcher …

1 Die Toilette montiert man am besten zusammen mit der Duschwanne, die zum Schutz vor Lecks über eine Aufkantung verfügt. Möglicherweise muss man sie etwas zurechtschneiden. In unserem Fall geht es um eine Anpassung an die Krümmung der Seitenwand.

3 … positionieren wir die Schablone 2 außen, um die Abstände zu überprüfen. Mit Schablone 3 und einem Filzschreiber markieren wir die Schnittlinie für die Öffnung.

4 Der Rahmen für die Öffnung passt! In der Regel verwendet man den Ausschnitt aus der Außenwand als Paneel für den Rahmen – bringen Sie also keine weiteren Schnitte daran an! Wir hingegen mustern das ausgeschnittene Stück aus.

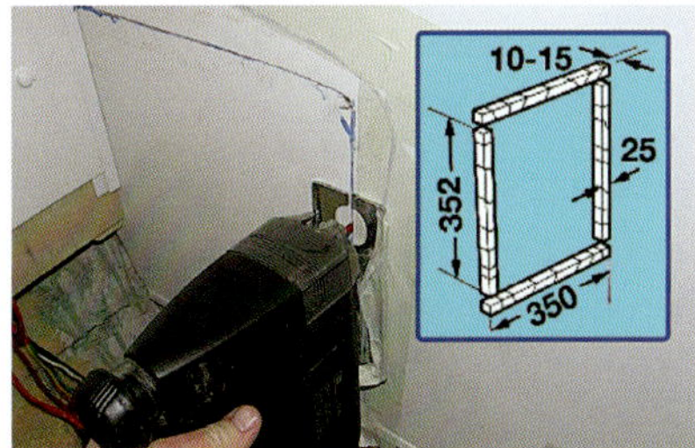

5 Die Innenwand muss eigens mit der Säge ausgeschnitten werden. Bei herkömmlichen Wohnwagen muss man einen Holzrahmen (kleines Bild) um die Öffnung herum festkleben, um später Schrauben daran anzubringen.

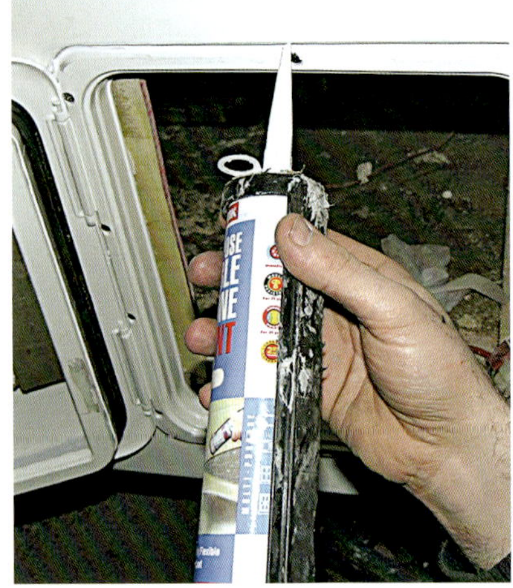

6 Füllen Sie die Rille des Außenrahmens vor der Montage mit Dichtmittel – wir nehmen dazu Klebt + Dichtet von Würth. Auf jeden Fall sollte es eine gute Butyl- oder Polyurethandichtmasse sein.

8 Vor dem endgültigen Einbau des WCs müssen die Wasseranschlüsse (für das Modell C403 und für Wohnwagen mit internen Wassertanks) eingebaut werden. Ein Elektriker übernimmt die 12-Volt-Verkabelung (Schaltdiagramm wird mitgeliefert).

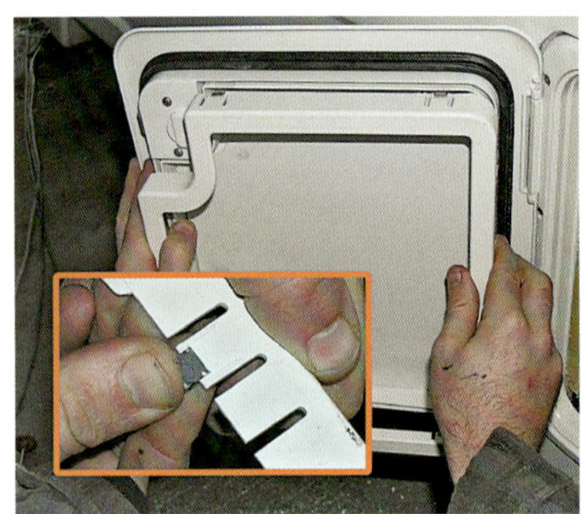

7 Wir schneiden aus einer flachen Kunststoffplatte ein neues Paneel für die Öffnung. Es wird von einem inneren Rahmen und Federklemmen gehalten. Die Scharniere für die Öffnung sollten in Fahrtrichtung liegen.

9 Wenn nötig, installiert man die Duschwanne zuerst. Sie sehen hier die zwangsläufig widerstandsfähigen Befestigungspunkte, die in der Wand vorhanden sein müssen. Einige Versionen sehen Bügel oder Klammern vor.

10 Die Befestigungspunkte liegen unter dem einrastenden Toilettensitz. Am Ende dichtet man von außen ab – zwischen der Öffnung nach außen und der Toilette. Wir befestigten unsere Toilette ausschließlich mit nichtrostenden Schrauben und nicht mit den mitgelieferten.

Thetford-Toiletten gibt es in einer Rechts- und einer Linksausführung, je nachdem auf welcher Wohnwagenseite der Abwassertank entnommen wird. Gegenüber der Öffnung der Kassette liegt ein Paneel, das man abnehmen kann, um unter der Toilette Platz zu haben für das 85x75-mm-Leitungssystem.

Räumliche Mindestanforderungen

- Breite: 670 mm (+ 2 mm für die Wandabdichtung)
- Tiefe auf dem Boden bis zur Rückwand: 270 mm
- Höhe: 820 mm

Bevor man irgendwelche Schneide- und Sägearbeiten ausführt, muss man sicher sein, dass man dabei keine lebenswichtigen Teile des Wohnwagens beschädigt. Der Abstand zwischen der Außenöffnung für den Abwassertank und der Rückwand (oder dem Radkasten) sollte nicht unter 20 mm liegen.

Einbau eines Druckpumpensystems

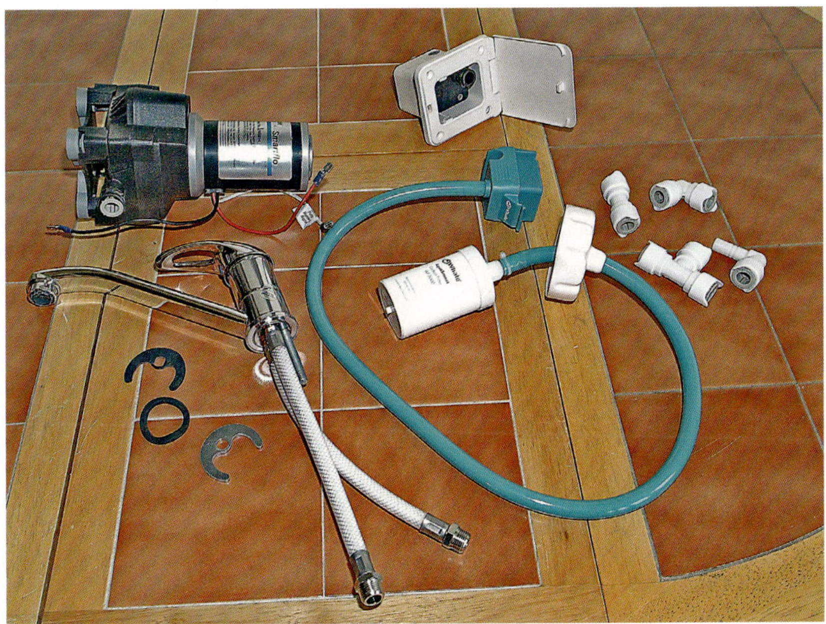

Hier möchten wir eine eher unkonventionelle Lösung für die Wasserversorgung im Wohnwagen behandeln, nämlich eine Druckpumpe der Firma Whale.

Die weitaus häufigsten Pumpen im Caravan hängen am Ende des zuführenden Schlauchs im Wassertank und heißen deswegen Tauchpumpen. An deren Stelle kann man eine permanente fixe Pumpe montieren, wie dies schon in Wohnmobilen und Booten die Regel ist. Diese externen Pumpen erzeugen einen höheren Wasserdruck, wenn sie eingeschaltet sind, und ihr Strahl fließt gleichmäßig, nicht pulsierend. Dafür sind diese Druckpumpen allerdings schwerer.

1 Sie können den bereits existierenden Wasseranschluss verwenden. Doch wir bauen uns einen ganz neuen. Zunächst schützen wir die Außenfläche mit Abdeckband, dann zeichnen wir die Umrisse der Öffnung ein.

2 Der exzellenten Arbeitsanleitung von Whale folgend, bohren wir in den vier Ecken Löcher, die gerade so groß sind, dass wir das Sägeblatt einführen können. Zuvor muss man sich vergewissern …

3 … dass es im Inneren des Wohnwagens keine Hindernisse gibt, wie Leitungen. Eigentlich reichen zwei diagonal angeordnete Löcher aus.

4 Den Einlass (natürlich ganz ohne irgendwelche Kabel) befestigen wir mit rostfreien Schrauben an. Ziehen Sie nicht zu fest an: Die Karosserie ist dünn! Ein Dichtmittel verhindert das Eindringen von Wasser.

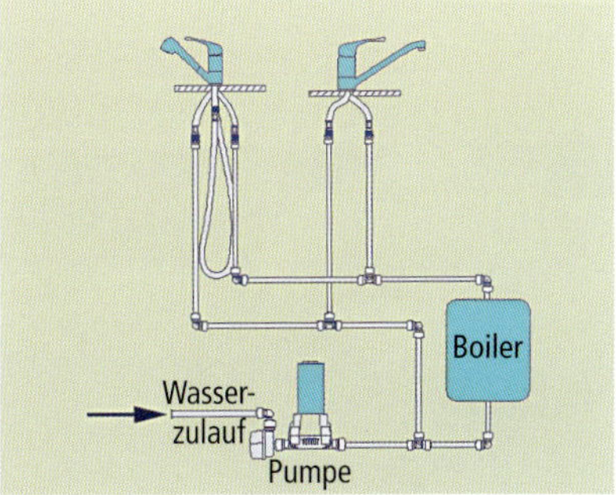

5 Auf dem Schema erkennt man, dass sich die Pumpe am Beginn der Rohrleitung befindet. Sie transportiert kaltes Wasser direkt zu den Hähnen oder zum Warmwasserbereiter, wo die weitere Verteilung erfolgt.

6 Die Pumpe von Whale wird über vibrationsgesicherte schwingungsdämpfende Füße auf den Boden geschraubt. Auf der Einlassseite sollte man einen Filter einbauen; das bedeutet, dass auch genügend Platz zur Überprüfung und für den Wechsel vorhanden sein muss.

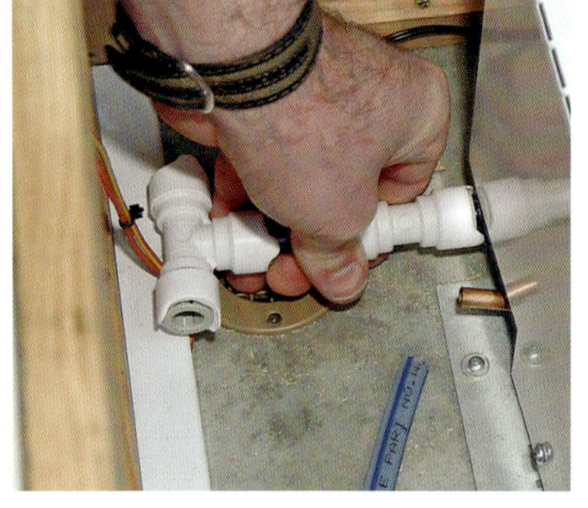

7 Verbindungsstücke und Rohre mit Steckverbindung von der Firma Whale erleichtern die Installationsarbeiten (siehe Seite 41). Auch in die Pumpe selbst ist eine solche Steckverbindung eingebaut.

8 Wie schon mehrfach gesagt, sollte man Elektroanschlüsse von einem Fachmann durchführen lassen. Weil die Pumpe dauernd unter Druck steht, müssen auch die Rohrleitungen nach der Montage von einem Fachmann überprüft werden.

9 Abgesehen von der Verkabelung, die gelötet wird, braucht man einen Trennschalter für die Pumpe. Er wird an einer leicht zugänglichen Stelle im Wohnwagen installiert.

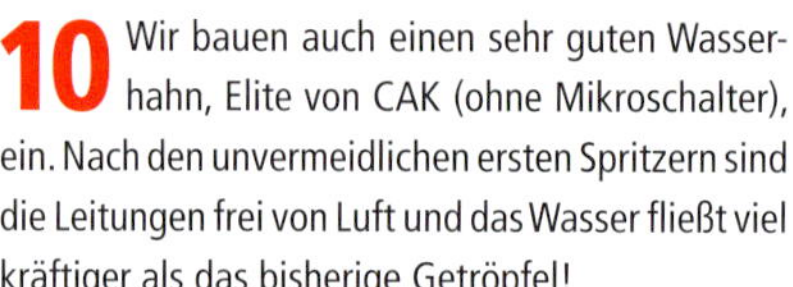

10 Wir bauen auch einen sehr guten Wasserhahn, Elite von CAK (ohne Mikroschalter), ein. Nach den unvermeidlichen ersten Spritzern sind die Leitungen frei von Luft und das Wasser fließt viel kräftiger als das bisherige Getröpfel!

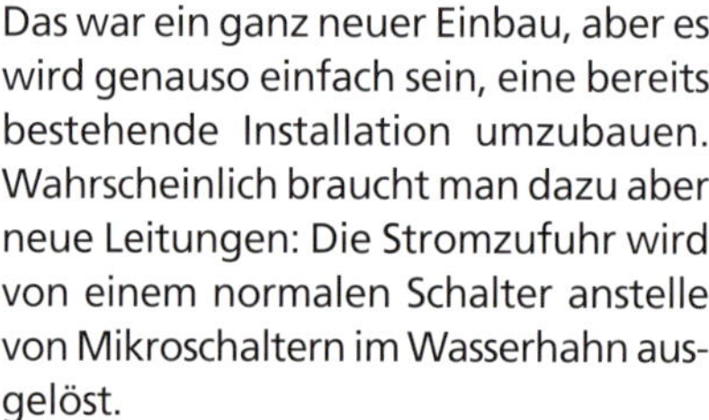

Das war ein ganz neuer Einbau, aber es wird genauso einfach sein, eine bereits bestehende Installation umzubauen. Wahrscheinlich braucht man dazu aber neue Leitungen: Die Stromzufuhr wird von einem normalen Schalter anstelle von Mikroschaltern im Wasserhahn ausgelöst.

Zu den Vorteilen zählt ein höherer Druck, und das ist besonders in einem größeren Wohnwagen nützlich, wo vielleicht mehr als nur ein Wasserhahn gleichzeitig in Betrieb ist. Die Pumpe geht auch weniger leicht kaputt, und die Mikroschalter im Hahn sind als Störquelle eliminiert.

Der Nachteil besteht in einem etwas höheren Gewicht. Und einige mögen vielleicht die Vorstellung von Schläuchen im Wohnwagen nicht, die dauernd unter Druck stehen.

Einbau eines Schiebetischs

Wir ließen uns von den Tischen in Wohnmobilen inspirieren und verwandelten unseren ursprünglichen Wohnwagentisch in ein vielseitigeres Möbelstück, das man seitlich verschieben kann.

Wir fanden schon immer, dass der Tisch in unserem Wohnwagen im Weg stand. Um sich einfach hinzusetzen, war er zu breit, und wenn wir ihn verkleinert hätten, wäre das beim Essen unbequem gewesen. Warum sollten wir ihn also nicht seitlich verschieben und festklipsen?

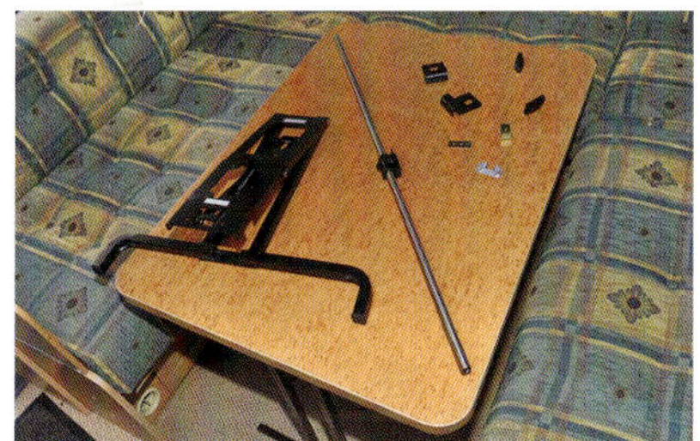

1 Das Klappbein Bi-fold der Firma CAK ist stabil, aber doch etwas ausladend für unseren Stauraum. An der Tischfläche montiert, würde es nicht an den dafür vorgesehenen Platz passen.

2 Stattdessen befestigt der Schreiner Matt versuchsweise ein Klappbein der Firma CAK (Swing'n'Lock) auf einer ausrangierten OSB-Platte. Das wäre ein wichtiger Schritt …

3 … wenn Sie eine ganz neue Tischplatte bräuchten und damit deren Größe und Sitz überprüfen müssten. Matt richtet sie exakt horizontal aus, um die genaue Höhe zu ermitteln, in der die Gleitschiene …

4 … an die Wohnwagenwand angeschraubt werden muss. Zunächst experimentieren wir an der Wand unseres Schuppens, denn anfangs ist uns nicht klar, wie das alles zusammenpassen soll.

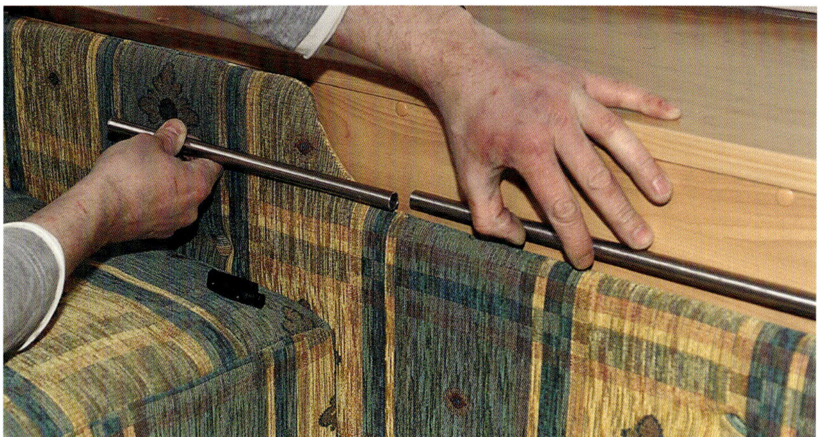

5 Die Gleitschiene ist länger, als wir Platz haben, doch das ist kein Problem: vermessen, mit einer Metallsäge zuschneiden und die Enden mit einer Feile entgraten.

6 Der zentrale Riegel wird genau in die Mitte gesetzt und zuerst mit nur einer Schraube fixiert. Die horizontale Ausrichtung der Gleitschiene muss mit dem Zentimeterstab im Inneren des Wohnwagens ausgemessen werden.

9 … bevor jeder von ihnen am Tisch festgeschraubt wird. Die Stahlplättchen werden von Sperren oder Mulden im Kunststoff gehalten, in geöffneter wie in geschlossener Position.

7 Eine Wasserwaage taugt in diesem Fall nämlich nicht, denn der Wohnwagen steht praktisch niemals ganz waagerecht. Die Abschlusskappen werden auf die Enden der Schiene aufgesetzt und festgeschraubt.

10 Hier liegt die Tischplatte immer noch kopfüber. Dieser Stahlriegel rastet später in den zentralen Riegel (kleines Bild) ein. Dieser hält den Tisch an Ort und Stelle fest, wenn er die Mittelposition auf der Gleitschiene eingenommen hat.

8 Nach einigem Kopfzerbrechen und einem Telefonanruf bei der Firma CAK kommen wir zum Schluss, dass diese stählernen Plättchen schräg von unten nach oben in die seitlichen Plattenträger eingeführt werden müssen …

Wir sind wirklich zufrieden mit unserem Gleittisch. Fest eingebaute Tische haben den Nachteil, dass man sie nicht verschieben kann. Doch die Möglichkeit einer Bewegung zur Seite hin macht den Zugang viel leichter.

Ein frei stehender Tisch fällt leicht um, was bei einer Rotweinrunde nicht viel Freude macht, und er muss während der Fahrt weggestellt werden. Dazu hat er zwei Beine, was im Vergleich zu unserem Tisch ein gewisses Mehrgewicht ergibt.

Wir verwendeten unseren ursprünglichen Tisch und bekamen mehr Flexibilität – und eine kleine Gewichtsersparnis. Und die Nachteile? Bisher keine.

Einbau einer zusätzlichen Arbeitsfläche zum Ausklappen

Flächen zum Ausklappen sind seit jeher ein beliebtes Zubehör. Aber heutzutage müssen sie auch noch gut zur gesamten Einrichtung passen.

Wir verwendeten zwei ausklappbare Träger und eine Holzplatte aus einem alten Wohnwagen. So bekamen wir ein originell aussehendes zusätzliches Teil. Nur sehr selten findet man einen Wohnwagen mit genügend Arbeitsfläche, und Platz ist ohnehin nie genug vorhanden – aber dieses Zubehör sorgt dafür, dass der zur Verfügung stehende Raum besser genutzt wird.

3 Ich lege ihn um, lasse ihn abkühlen und gehe zur nächsten abgerundeten Ecke über. Matt fixiert die Leiste mit Kontaktkleber und Zwingen.

1 Da man die Stütze auf jeden Fall an eine Sichtfläche anschrauben muss, klebe ich auf deren Rückseite eine Gummiunterlage, hergestellt mit der Schere aus einem alten Gummischlauch.

2 Ich entscheide mich für Kantenleisten aus Kunststoff (erhältlich in Baumärkten) als Umrandung der Tischplatte. Mit einer Heißluftpistole erwärme ich den Bereich an der ersten Ecke, bis der Werkstoff biegsam wird.

4 Zunächst diskutiere ich einige Zeit mit Matt über die beste Platzierung der Arbeitsfläche. Dann markiert er mit Bleistift die Stelle, an der die Oberkante liegen soll.

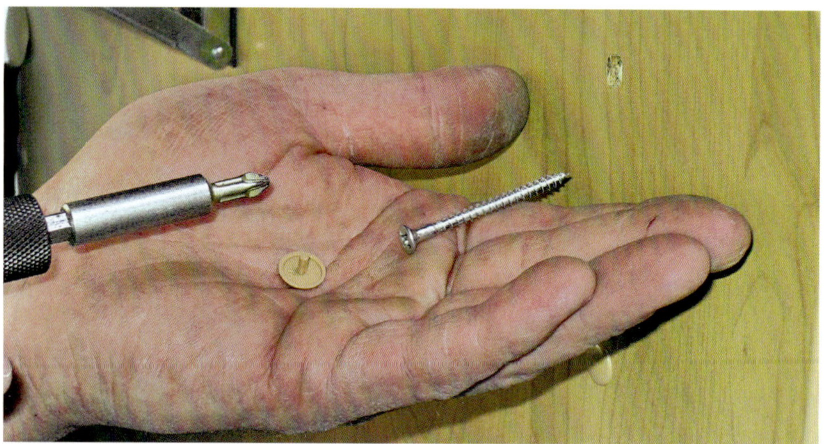

5 Einen Einfluss dabei hat die Lage der großen Schrauben, die die Spüle halten. Wir beschließen, sie zeitweilig zu entfernen und sie für den Träger der aufklappbaren Arbeitsfläche zu verwenden.

6 Beide Schrauben werden wieder angebracht. Die Arbeitsfläche weist dasselbe Finish auf wie die Spüleneinheit, weil wir die (nie verwendete) Spülenabdeckung dazu benutzen.

7 Nach genauer Überprüfung der Lage und des Hintergrunds bohren wir ein zweites unteres Loch in jeder Konsolenhalterung.

8 Das Bohrloch geht durch, sodass wir eine Schraube mit Mutter einsetzen können. Das ergibt eine viel bessere Befestigung als nur eine Holzschraube, die in ein leichtes Sandwichpaneel eindringt.

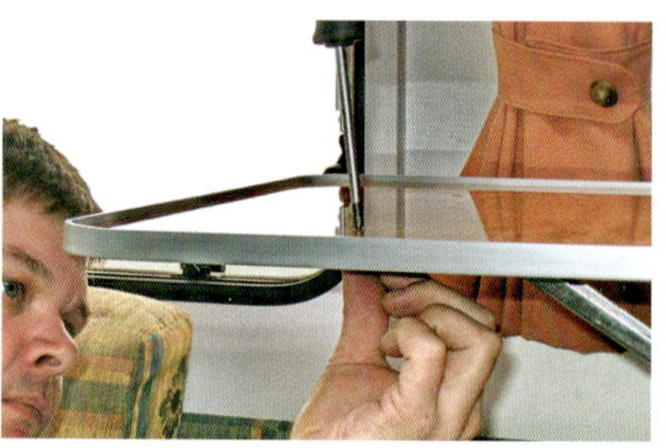

9 Die Arbeitsfläche befestigen wir am Träger mit kurzen Senkkopfschrauben mit Muttern. Jede Schraube wird so weit versenkt, dass ihre Oberfläche in einer Ebene mit der Arbeitsfläche liegt.

10 Farblich passende Kappen für die Schraubenköpfe runden das Bild ab. Wir müssen nun das Kissen der Rücklehne bewegen, wenn wir den Tisch hoch- und runterklappen, aber das ist ein kleines Opfer für den Vorteil von mehr Arbeitsfläche.

Die beiden Träger haben ihren Preis, sind aber gut durchdacht und funktionieren hervorragend. Wenn die Arbeitsfläche heruntergeklappt ist, drücken sie mit ihrem Gewicht das Scharnier gegen das senkrechte Paneel. Beim Ausklappen rasten sie einfach ein. Zur Freigabe gibt es am äußeren Ende jedes Trägers einen Hebel. Man drückt ihn, und die Fläche klappt nach unten. Es ist schier unmöglich, diesen Mechanismus durch Zufall auszulösen.

Es gibt mehrere Trägerlängen, von 250 mm – wie in unserem Fall – bis hin zu 445 mm.

Einbau eines Push-Lock-Schlosses

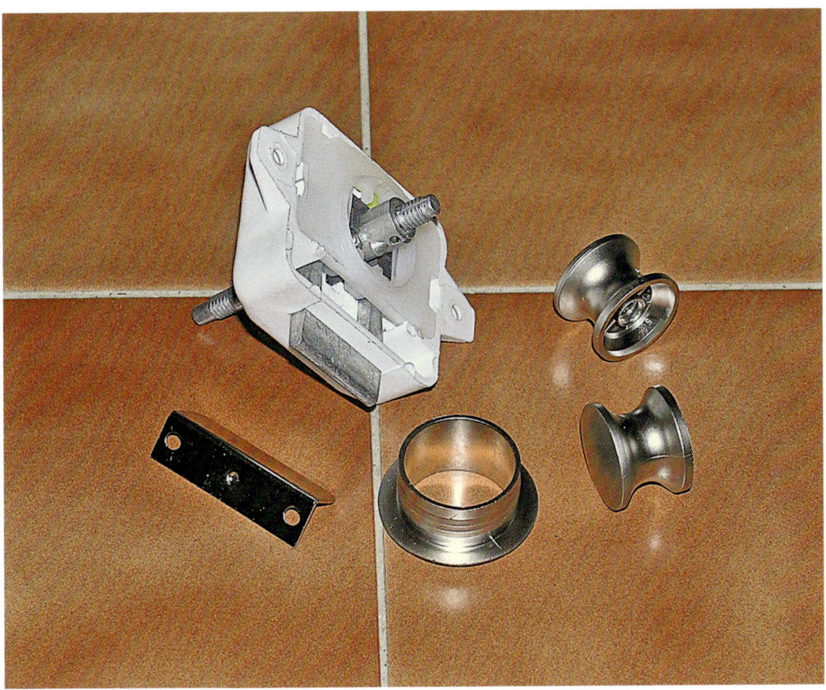

Die Verriegelungen von Türen im Caravan bestehen oft aus Kunststoff und gehen durch Alterung kaputt. Einige Türen haben Magnetanschläge, die während der Fahrt aufgehen können. Mit einem gewissen Bastlertalent kann man eine neue zuverlässige Türverriegelung einbauen, das Push Lock.

3 Der Bohrer muss absolut gerade und im rechten Winkel zur Türoberfläche gehalten werden. So bohren wir versuchsweise ein erstes Loch durch die Tür.

1 Wenn die Tür – wie in diesem Fall – nicht mit ihrer Umgebung bündig liegt, dann können Sie die dazugehörige Schließplatte nicht verwenden. Wir tragen Malerband auf, bevor wir markieren und weiterarbeiten.

2 Wir nehmen die benötigten Maße vom Schloss ab und zeichnen sie auf der Tür ein. Zuerst geht es darum, die Stelle zu finden, wo wir den Bohrer ansetzen müssen.

4 Man könnte einen Lochschneider von der passenden Größe verwenden. Es geht auch ein stufenlos einsetzbarer Metall-Lochbohrer wie hier im Bild.

5 Durch die Millimeterangabe weiß man genau, wie groß das Loch wird. Wir müssen zuerst von der einen, dann von der anderen Seite bohren.

6 Doch bevor wir von innen arbeiten, glätten wir zurückgebliebene Grate mit einer groben Rundfeile. Dabei muss man aufpassen, die Türfläche nicht zu zerkratzen!

7 Eine Abschlussleiste aus Kunststoff ist im Weg. Nach genauer Markierung schneiden wir das Stück mit einem schnelldrehenden Multifunktionswerkzeug und einer Trennscheibe sorgfältig aus.

8 Wir stecken die Umrandung von der anderen Seite ins Loch, dann folgt von dieser Seite der Schlosskörper. Schließlich wird alles verschraubt.

9 Da wir die Schließplatte in diesem Fall nicht verwenden können, schneiden wir einen Schlitz in den Türpfosten. Im Idealfall würde man die Schließplatte einfach aufschrauben.

10 Das neue Schloss funktioniert gut. Von innen verriegelt man, indem man den Knopf zu sich zieht. Von außen drückt man den Knopf ein, um zu schließen oder das Schloss freizugeben.

Dies ist ein doppelseitiges Schloss für Bad- und Toilettentüren, die von beiden Seiten her geöffnet und geschlossen können werden müssen. Das Set umfasst den Schlosskasten, zwei farbige Griffe, eine Umfassung und die Schließplatte. Der Knopf innen ist in derselben Farbe gehalten wie der außen.

Wenn Sie dieses Schloss an eine versenkte Tür montieren, müssen Sie die Schließplatte am Türpfosten befestigen. Mit einem Winkel liegt sie dem Pfosten an. Sie markieren die exakte Höhe für den Riegel. Mit zwei Senkkopfschrauben (nicht im Lieferumfang) befestigen Sie die Platte an Ort und Stelle.

Abwasserausguss

Einige Wohnwagen haben zwei vollständig getrennte Abflüsse für Abwasser mit allen Rohrleitungen. Sie lassen sich zu einem einzigen Abfluss mit einer eigenen Verschlussklappe verbinden. Das vereinfacht die Handhabung erheblich.

1 Hier sieht man den Auslaufstutzen (links) und das Y-förmige Verbindungsstück, das zwei Schläuche zu einem Abfluss vereinigt (rechts). Ihr Zusammenbau …

2 … erweist sich als schwieriger als gedacht. Der Größenunterschied beider Teile bedeutet, dass ich kein Rohr dazwischenschalten kann. Deswegen stecke ich beide Teile direkt zusammen. Dazu brauche ich aber ein plastisch verformbares Klebeband, Hitze und eine Rohrschelle.

3 Unser Wohnwagen hat eine durchgehende Aluminiumhülle, und die Halterung soll direkt darunter montiert werden. Die Abwasserrohre des Caravans sind …

4 … zu weit unten befestigt, als dass ich eine Öffnung durch die Hülle schneiden könnte, selbst wenn ich es wollte. So baue ich diese Halterung für den Stutzen aus einem Aluminiumprofil.

5 Mit einigen rostfreien Schrauben, Muttern und Federscheiben befestige ich den Stutzen und das gabelförmige Verbindungsstück an der Halterung. Wie üblich bei solchen Arbeiten …

6 … dauert das Nachdenken und Planen länger als die eigentliche Ausführung. Das Ensemble befestige ich mit rostfreien Holzschrauben an der Unterseite des Wohnwagenbodens.

7 Dieses Werkzeug kaufte ich in einem Geschäft für Installateurbedarf. Die preiswerteren Versionen kosten nicht viel und sind ideal, um Plastikschläuche zu schneiden.

8 Die gabelförmigen Stutzen sind etwas zu klein für die Rohre. Deswegen umwickele ich sie mit selbstverschweißendem Klebeband, wie es Elektriker und Installateure einsetzen.

9 Ganz wichtig ist, dass Abwasserrohre ein stetiges Gefälle aufweisen. Grauwasser fließt dabei ab, ohne an tiefer gelegenen Stellen stehen zu bleiben. Diese Kabelbinder …

10 … halten die Rohre in der richtigen Höhe und verhindern, dass sie sich bewegen. Von außen ist unsere Modifikation praktisch nicht zu sehen, und genau das war auch unser Ziel.

Wenn Sie zwei Rohre zu einem zusammenführen wollen, gibt es fast immer die unterschiedlichsten Probleme. Wichtigstes Ziel ist, dass das Grauwasser ungehindert durch die Abwasserrohre stetig abfließen kann. Das setzt voraus, dass diese Rohre fest verankert sind und ein ununterbrochenes Gefälle aufweisen.

Wenn Sie wollen, können Sie Öffnungen in Verkleidungsteile des Wohnwagens, etwa Aluminiumschürzen, schneiden. Am besten verzichtet man aber darauf: Die Arbeit sieht am Ende fast nie ganz sauber aus, und wenn Sie sie rückgängig machen wollen, ist das meist ausgeschlossen.

3 Komfort

Polster im Wohnwagen ersetzen

Polster in Wohnwagen haben ein notorisch kurzes Leben. Dann brechen die Federn, der Schaumstoff gibt nach oder beides gleichzeitig. Am Ende sitzen alle unbequem da und der nächtliche Schlaf wird mehrfach unterbrochen.

Man kann diese Polster aber neu füllen, und die Nachtruhe ist wieder gewährleistet.

Am besten kümmern sich professionelle Polsterer um dieses Problem. Sie bringen Ihre Polster dorthin oder schicken sie mit der Post, und zurück kommen Sitzgelegenheiten und Matratzen, die besser sind als neue.

1 Typische Federkernpolster eignen sich meist nicht für Wohnwagen, weil sie eine zu geringe Tiefe aufweisen. Deswegen gehen sie schnell kaputt.

2 Wenn Sie dem Polsterer einfach nur Ihre Überzüge geben wollen, entfernen Sie zuerst alle Knöpfe, indem Sie das sie befestigende Garn durchtrennen. Dann öffnen Sie den Reißverschluss des Bezugs oder durchtrennen die Auflage, um alten Schaumstoff oder Federn zu entfernen.

3 Wir wollten keine wulstigen Stirnseiten mehr. Nachdem der Polsterer die Überzüge erhalten hat, werden geschickt die Stiche an jeder Naht aufgetrennt …

4 … bevor der überschüssige Stoff an den Front- und Längsseiten abgeschnitten wird. Ohne die Wülste muss der Bezugsstoff nämlich nicht so lang sein wie zuvor.

5 Anschließend werden die beschnittenen Bezüge neu gesäumt.

6 Die neuen Schaumstoffstücke sind da, und Joe versieht sie nun mit den überarbeiteten Bezügen. Das dunkle Material ist die Auflage. Wenn keine Reißverschlüsse vorhanden sind, muss man sie durchtrennen.

7 Joe bereitet die Knöpfe mit neuem Garn und den jeweiligen Widerlagern auf der Unterseite vor.

8 Mit der langen Polsternadel sticht er durch die Sitzfläche und befestigt ein Ende am unteren Polsterknopf. Dann zieht er bis zur gewünschten Tiefe an und verknotet das Garn schließlich.

9 Unsere Sitze sehen wieder gut aus, fühlen sich großartig an und sind als Matratze nun wieder viel bequemer, denn der alte Schaumstoff war zu hart gewesen.

Qualitativ hochwertige Schaumstoffe sind ziemlich teuer. Schlechte Qualität kann billig sein, doch die Wabenstruktur solcher Schaumstoffe geht beim Gebrauch schnell kaputt.

Achten Sie immer auf die unterschiedlichen Härtegrade, die angeboten werden. Sie müssen zum Körpergewicht und der bevorzugten Schlafposition passen.

Umarbeitung einer Matratze

Meine Frau Shan bemerkte, dass die Matratze unseres festen Bettes an einer Stelle einen überflüssigen Überhang aufwies. So entschlossen wir uns zu einer Umarbeitung.

Wenn wir 7,5 cm entfernen ließen, bekämen wir mehr Platz zum Umziehen und hätten auch gleichzeitig die Gelegenheit, das Polster mit hochwertigem Schaumstoff füllen zu lassen.

Wir meldeten uns an, fuhren zu einem Matratzen-Fachhandel mit Polsterei und konnten miterleben, wie unsere Matratze umgearbeitet wurde.

1 Der Fachmann Lee beginnt damit, dass er den Bezug von der Matratze entfernt, indem er die Reißverschlüsse öffnet. Die alte Matratze ist noch nicht verschlissen, erweist sich aber gegenüber dem neuen Schaumstoff als unterlegen.

2 Die Auflage muss vom Bezug gelöst werden, in unserem Fall allerdings nur an einer Seite. Lee muss dazu jeden Stich einzeln auftrennen.

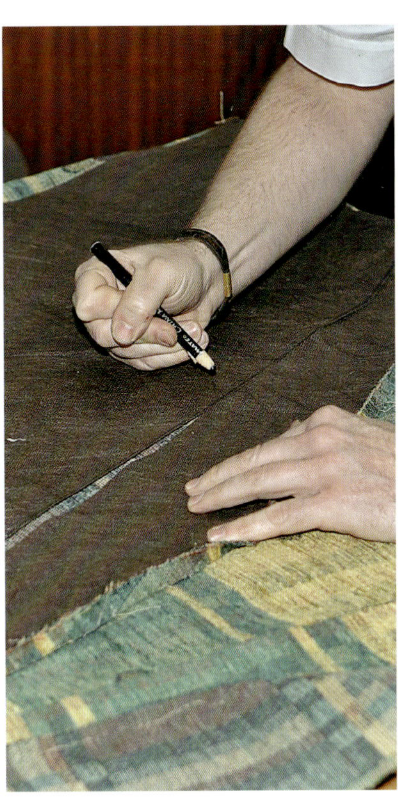

3 Der Vorarbeiter Kevin beschneidet die Auflage entlang einer Linie, die ich schon zuhause aufgezeichnet habe, und hilft dann mit, die Markierung auf den eigentlichen Bezug zu übertragen.

4 Dann wird der oberste Bezug so weit abgeschnitten, dass er wieder zur Auflage passt. Man sieht, wie viel überflüssiger Stoff entfernt wurde.

5 Mithilfe des abgeschnittenen Stücks der Auflage können wir auf der Matratze deren nunmehr richtige Form markieren. Sie dient uns dann als Vorlage.

6 In den Werkstätten werden zur selben Zeit zwei verschiedene Arbeiten an meiner Matratze durchgeführt: Pam näht die Auflagen und Bezüge zur neuen Form zusammen …

7 … während Lee die Form unserer alten Matratze auf den firmeneigenen, qualitativ viel besseren und deswegen auch deutlich teureren Schaumstoff überträgt.

8 Große Schaumstoffstücke werden mit einer Bandsäge zerschnitten; für kleinere Stücke nimmt man eine spezielle Stichsäge. Dabei bewegen sich zwei Sägeblätter gegenläufig und erzeugen eine glatte Schnittfläche.

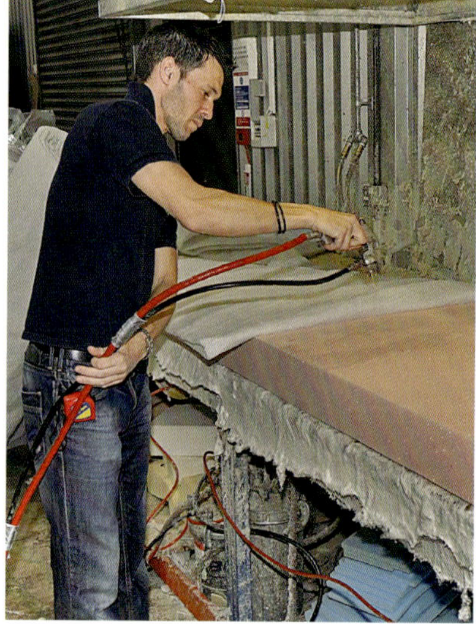

9 Lee versprüht einen Klebstoff auf der Matratze und klebt darauf eine dünne Matte fest, die der Oberfläche den ganz besonderen luxuriösen Touch verleiht.

10 Schließlich werden die beiden Matratzenstücke wieder in den umgearbeiteten Bezug gestopft. Das muss durch mehrfaches Ziehen und Bewegen erfolgen, damit keine Falten entstehen.

Einbau von Verdunkelungsrollos und Fliegengittern

Manche Wohnwagenneulinge stören sich schon nach den ersten Nächten daran, dass die Vorhänge oder Rollos zu viel Licht durchlassen. Selbst in geschlossenem Zustand lassen sie einen Spalt in der Mitte frei. Unbarmherzig werden Sie am frühen Morgen von den ersten Sonnenstrahlen geweckt, auch wenn es am Abend zuvor etwas später wurde.

Ein weiteres Problem besteht darin, dass Insekten aller Art in den Wohnwagen eindringen. Besonders in ungestörter Natur werden sie vom Licht magisch angezogen. An Ufern von Seen und Flüssen kann man deswegen kein Fenster offen stehen lassen.

Aus all diesen Gründen sind die meisten Wohnwagen mit Rollos und Fliegengittern ausgerüstet. Tröstlich ist, dass sie in Caravans ziemlich leicht eingebaut werden können. Bevor man damit beginnt, muss man sicher sein, dass es in der nächsten Umgebung der Fenster genügend Platz für sie gibt. Liegt die Oberkante des Fensters zu nahe an einer Dachverriegelung, so ist möglicherweise nicht genug Raum für die Kassette vorhanden, die Rollo und Fliegengitter enthält.

1 Messen Sie die Breite und die Höhe des Fensters, das Sie mit Rollo und Fliegengitter ausstatten möchten. Addieren sie auf jeder Seite 10 mm. Überprüfen Sie lieber zweimal, ob ein Rollo dieser Breite wirklich Platz findet und passt.

2 Halten Sie die Kassette an die richtige Stelle über dem Fenster. Markieren Sie die Löcher, die sie bohren müssen, und schrauben Sie das Ganze fest.

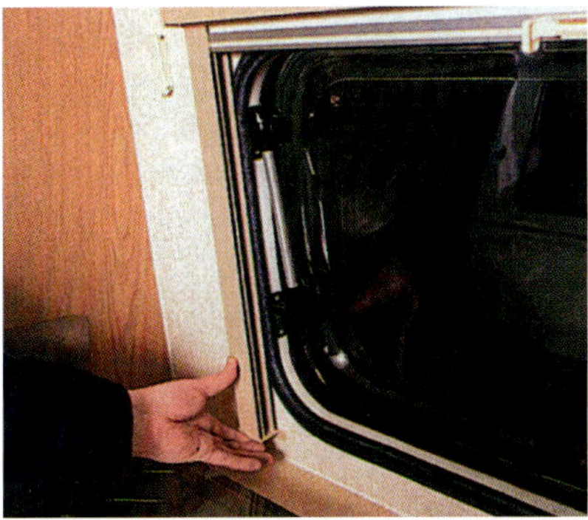

3 Nun werden die Seitenschienen montiert. Je nach Modell werden sie entweder festgeklemmt oder angeschraubt. Die Schienen sollten parallel zu den Seiten des Fensters liegen. Man kann sie kürzen, doch der untere Abschluss sollte rechtwinklig erfolgen und gleichmäßig aussehen.

4 Ziehen Sie das Rollo und das Fliegengitter nach unten, zuerst jedes für sich, dann zusammen, um sicherzugehen, dass sie richtig funktionieren. Gegebenenfalls muss die Arretierung in der Mitte noch montiert werden.

Einbau einer größeren Schiene für den Duschvorhang

Was ist nicht in Ordnung mit dem oben abgebildeten Duschraum? Wenn Sie einen solchen Wohnwagen beim Händler sähen – würden Sie merken, dass da etwas nicht stimmt? Nein? Wir auch nicht. Aber als wir diesen Wohnwagen in Gebrauch nahmen, erwies sich die Dusche als Katastrophe.

Wir haben noch immer viel Freude an unserem Bürstner, den wir 2004 kauften. Er wird dem Ruf der Marke für solide Verarbeitung vollauf gerecht und hat ein wunderbares Fahrverhalten. Aber ich würde Sie nicht darin duschen lassen. Das Warm- und Kaltwassersystem und der Abfluss funktionieren hervorragend, und auch der Duschvorhang lässt sich glatt bewegen und überlappt in ausreichendem Maße. Wo liegt also das Problem?

Die Wände und die fest eingebauten Gegenstände der Duschkabine sind nicht wasserdicht. Bürstner geht davon aus, dass der Duschvorhang immer verwendet wird und dass die Wände dadurch nie nass werden. Wir allerdings mussten feststellen, dass der Duschvorhang beim Duschen keinen Schutz bietet, weil an der Stelle, wo sich die beiden Enden des Vorhangs überlappen, der Duschkopf befindet!

Der Vorhang schließt nach oben zur Decke hin dicht ab. Man kann den Duschkopf nicht über die Vorhangschiene heben – da müsste man schon ein Loch ins Dach schlagen. Um den Duschkopf in den vom Vorhang umschlossenen Bereich einzuführen, muss man den Vorhang öffnen. Damit setzt man die Tür und deren Umgebung Wasserspritzern aus. Also ist in der Fabrik wohl nicht die perfekte Schiene montiert worden.

Die einfachste Lösung hätte darin bestanden, den Wohnwagen dem Verkäufer zurückzugeben. Der Kundendienst hätte die Vorhangschiene sicher sofort ersetzt. Aber die Reise dorthin wäre unbequem gewesen und außerdem wollte ich gleichzeitig den Nutzbereich in der Duschkabine vergrößern.

Zuerst dachte ich, ich könnte die bereits bestehende Aluminium-Schiene umformen. Das ließ sich aber nicht realisieren, ohne ihr Profil zu verändern. Wenn man das von Hand probiert, verbiegt sich die Schiene oder knickt sogar.

So besuchten wir zuerst alle Baumärkte und Bastlerzentren auf der Suche nach einer geeigneten Schiene. Aber wir wurden nicht fündig. Dann besuchten wir unseren Händler für Wohnwagenzubehör und kauften dort eine Vorhangschiene von Swish mit dem nötigen Zubehör. Bisher haben wir dieses Teil in keinem Heimwerkermarkt gefunden.

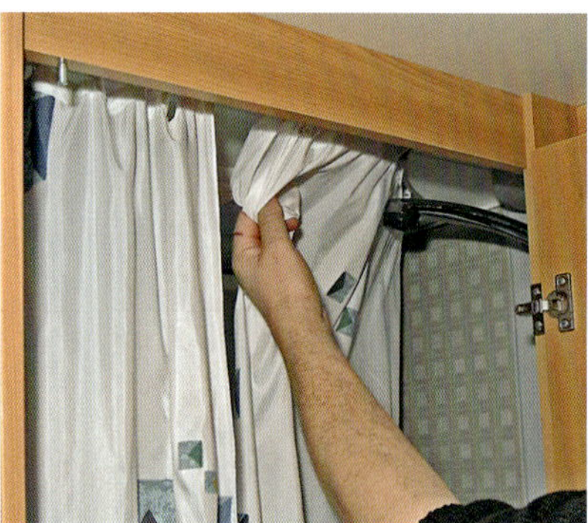

1 Der Duschkopf befindet sich in einer Ecke der Duschkabine, allerdings weit entfernt von der Stelle, wo die beiden Vorhangenden aufeinandertreffen und sich überlappen. Wer duschen will, muss den Duschkopf durch den Spalt zwischen den Vorhangenden ziehen. Man hält ihn in der einen Hand und mit der anderen betätigt man unter großen Schwierigkeiten den Wasserhahn. Gleichzeitig versucht man, nicht alles nass zu spritzen. Insgesamt: unpraktisch.

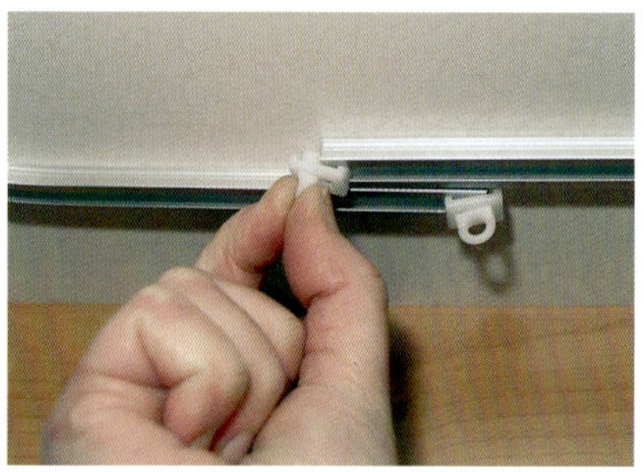

2 Um den Vorhang von der Schiene herunterzunehmen, packt man den Ring des Stoppers zwischen Daumen und Zeigefinger und dreht ihn um 90 Grad. So ist er entriegelt, und man kann ihn aus der Schiene herausziehen.

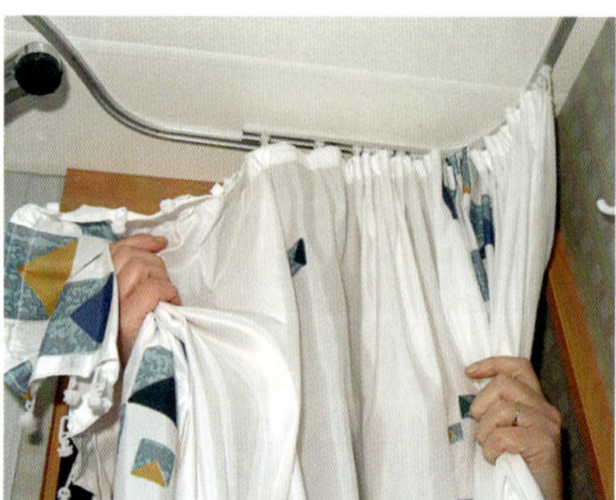

3 Nun zieht man den Vorhang aus seiner Schiene heraus.

4 Wenn der Vorhang weg ist, erkennt man ganz genau, dass die Überlappung der beiden Vorhangenden an der falschen Stelle liegt. Man sieht noch ein weiteres Problem, das ich ebenfalls beheben wollte. Jeder Duschvorhang hat die Tendenz, am eigenen Körper kleben zu bleiben, wobei die billigen Varianten aus Kunststoff viel schlimmer sind als die teureren beschichteten Vorhänge. Unser Wohnwagen verfügt über einen qualitativ guten Vorhang, doch dessen Schiene verläuft weiter von der Duschkabinenwand entfernt als nötig. Damit verringert sich der Platz zum Duschen, und es kommt ein leicht klaustrophobisches Gefühl auf.

5 Die alte Vorhangschiene zu entfernen, ist ein Leichtes. Ich muss nur die Schrauben an der Decke herausdrehen. Um schneller zu arbeiten, nehme ich dazu einen preiswerten Akkuschrauber. Es ist wichtig, dass man die passenden Einsätze verwendet, sonst läuft man Gefahr, die Köpfe der Schrauben kaputtzumachen.

6 Die alte Aluminiumschiene wird von der Decke abgehoben. Es ist keine schlechte Idee, zwei oder drei gut verteilte Schrauben zunächst stehen zu lassen, während man alle anderen herausdreht. So muss man die wacklige Schiene nicht mit einer Hand festhalten, während man mit der anderen an den restlichen Schrauben herumdreht.

7 Ich entschließe mich dazu, aus Sperrholz eine Replik der Duschkabinendecke herzustellen und die neue Vorhangschiene zunächst darauf zu montieren – anstatt immer wieder in den Caravan zu gehen und die im Entstehen begriffene Schiene an die Decke der kleinen Kabine zu halten. Dazu messe ich die Kabine aus …

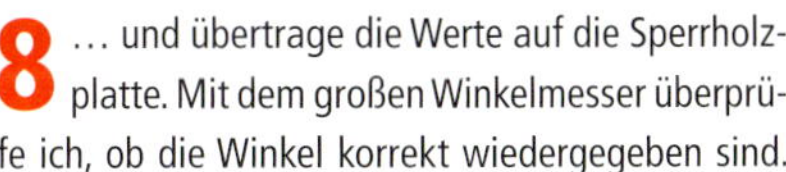

8 … und übertrage die Werte auf die Sperrholzplatte. Mit dem großen Winkelmesser überprüfe ich, ob die Winkel korrekt wiedergegeben sind.

9 Wie man sehen kann, werde ich bei der Übertragung der Duschsäule auf meine Sperrholzplatte tierisch gut unterstützt. Eine helfende Tatze ist immer willkommen!

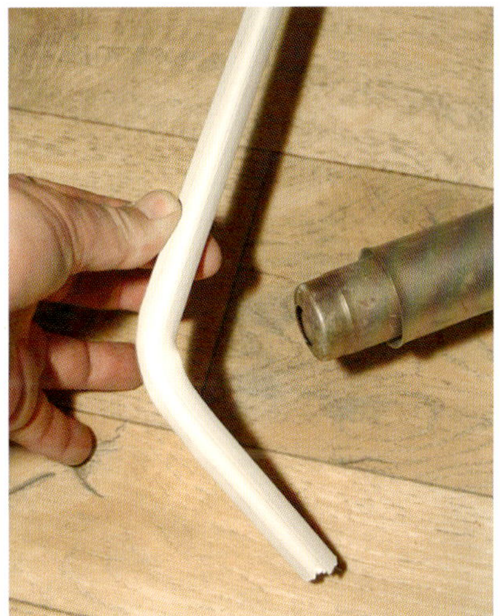

10 Glücklicherweise verlässt mich die Katze, als es darum geht herauszufinden, ob man eine Kunststoffschiene mit einer Heißluftpistole so weich bekommt, dass man sie verformen kann. Heißes Wasser und ein Fön erweisen sich nämlich als ungenügend. Trotz aller Sorgfalt bekommt die Schiene leichte Knickstellen, die die Gleitrollen wahrscheinlich nicht überwinden können. Die Schiene wird auch so heiß, dass man sich daran richtig verbrennen kann.

11 Doch dann gelingt mir das Biegen zu meiner Zufriedenheit. Auf der Sperrholzschablone und auf der Vorhangschiene markiere ich die Stelle, wo die erste Biegung liegen soll.

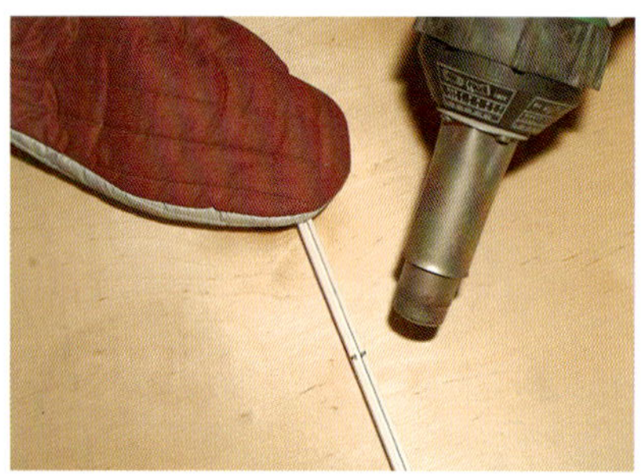

12 Dann erhitze ich den Abschnitt, der gebogen werden soll. Dabei bewege ich die Heißluftpistole vor und zurück, bis der Kunststoff langsam weich wird. Ofenhandschuhe nicht vergessen! Man muss sich stets vor Augen halten, dass man den Kunststoff auch zu stark erhitzen, ja in Brand setzen kann. Es empfiehlt sich, draußen zu arbeiten und einen Feuerlöscher zur Hand zu haben.

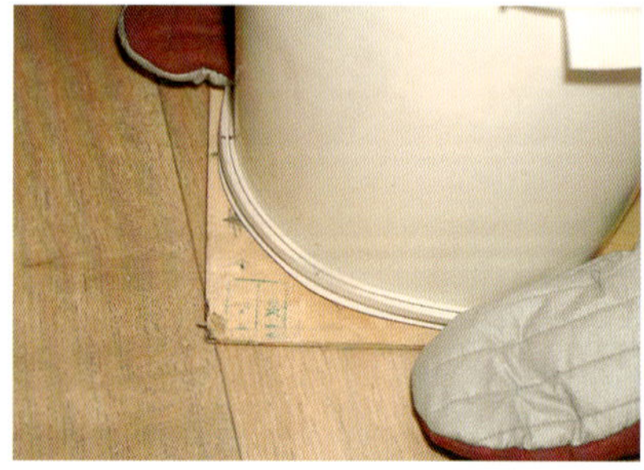

13 Shan kam auf die Idee, eine Form mit dem richtigen Durchmesser (in diesem Fall einen Plastikeimer) zu verwenden, um Knickstellen zu vermeiden. Die Markierungen auf der Schablone und der Schiene müssen übereinstimmen. Nur so liegt die Biegung an der richtigen Stelle.

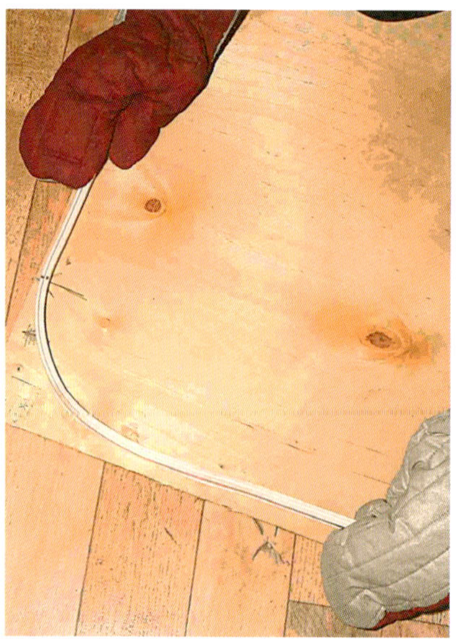

14 Der Eimer ist schon weg und die Schiene muss nun an der richtigen Stelle so lange gehalten werden, bis sie ausgekühlt ist. Mit einer Heißluftpistole, auf »Kalt« gestellt, lässt sich das beschleunigen.

15 Wenn alles nach Plan verläuft, bekommen Sie eine Vorhangschiene, die zu den Markierungen auf Ihrer Schablone passt. Man sieht hier, dass die Schiene knapp an den Seiten der Decke (und somit der Wand) vorbeiführt. Der Vorhang kann also noch Falten werfen und keine Feuchtigkeit kommt in die Wände der Duschkabine. Bei der Wahl der Schienenform muss man je nach Wohnwagen auch an die späteren Befestigungsstellen denken.

16 Wenn alle Biegungen an der richtigen Stelle liegen, ist das Abschneiden des überstehenden Stücks mit einer kleinen Handbügelsäge geradezu ein Kinderspiel.

17 Ausgefranste Enden sehen unschön aus und erleichtern keinesfalls das Auffädeln der Gleitrollen. Schmirgelpapier schafft Abhilfe!

18 Als wir die alte Schiene in die neue legen wird deutlich, wie viel Platz wir gewonnen haben.

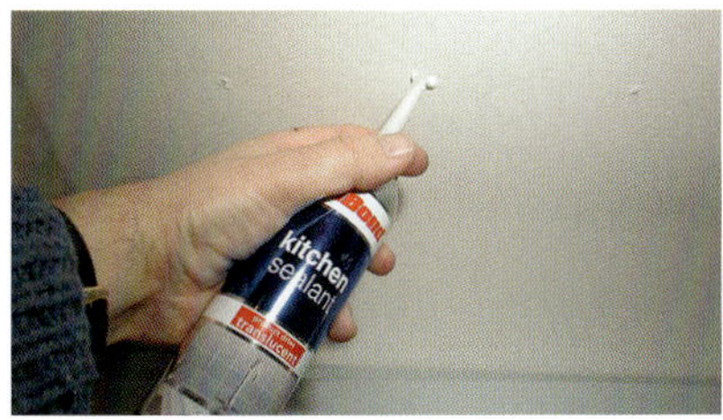

19 Zurück im Inneren des Wohnwagens verschließe ich die Bohrlöcher der alten Schiene, indem ich Dichtmittel injiziere.

20 Dann drehe ich mit den für die alte Schiene verwendeten rostfreien Stahlschrauben Kunststoffkappen ein.

21 Mit einem Akkuschrauber treibe ich die Schrauben in die Decke, die die neuen Befestigungsteile für die Vorhangschiene halten. Auch hier sollten die Schrauben aus rostfreiem Stahl sein. Schrauben aus Flussstahl oder galvanisierte Schrauben beginnen in dieser Umgebung nach einiger Zeit zu rosten.

22 Wenn man die neue Vorhangschiene von unten betrachtet, sieht man sofort, dass der Platz in der Duschkabine sehr viel besser genutzt wird. Ein Problem übersahen wir dabei allerdings: Der existierende Duschvorhang ist nun zu kurz und reicht nicht mehr um die ganze Duschkabine herum.

23 Wir suchen überall nach einem längeren Vorhang, können aber keinen finden. Shan ist wiederum nicht um eine Lösung verlegen: Sie schneidet den Vorhang in der Mitte entzwei und näht ein Stück aus einem anderen Vorhang ein. Die Nähmaschine zu Hause kommt mit den Vorhangstoffen gut zurecht. Hier fädelt Shan die neuen Gleitrollen auf die Vorhangschiene.

24 Nun, was ist nicht in Ordnung mit dieser Dusche? Absolut nichts!

Abdichten einer Dusche

Es wird immer wieder betont, dass Feuchtigkeit der größte Killer für Wohnwagen ist. Sie nistet sich im Zwischenraum zwischen der Innen- und Außenhaut ein und bewirkt, dass alle Holzteile schnell verrotten. Ich verstehe allerdings nicht, warum die Hersteller das Holz, das sie in ihre Wohnwagen einbauen, nicht unter Hochdruck imprägnieren. Es wäre dasselbe Verfahren, das bewirkt, dass mein Gartenzaun nun schon 20 Jahre hält.

Die Hersteller verwenden viel Sorgfalt darauf, dass die Außenhaut des Wohnwagens wasserdicht ist gegen Regen und Spritzwasser. Überraschenderweise werden Duschkabinen aber längst nicht so gut isoliert. Das kann man verhältnismäßig einfach selbst nachholen. Es gibt allerdings einige Missverständnisse und Fragen im Hinblick auf die Dichtmittel.

Es ist natürlich kein Zufall, wenn das, was hier gesagt wird, auch auf die meisten Badezimmer zuhause zutrifft. Man muss dabei beachten, dass einige Dichtmittel mit Metallen reagieren. Deswegen sollte man vor dem Kauf die Gebrauchsanweisung des Herstellers genau lesen.

3 … und die gesamte Einheit abzuheben. Auch die erneute Montage ist sehr einfach.

Wichtig!

- Tragen Sie nie frische Dichtmasse auf eine alte auf: Das neue Dichtmittel wird weder halten noch abdichten. Alle zuvor aufgetragenen Dichtmittel, sei es vor Jahren oder vor wenigen Stunden, müssen zuerst entfernt werden.
- Es reicht nicht aus, die Oberfläche vor dem neuen Auftrag eines Dichtmittels einfach zu »reinigen«. Jeder Silikonrest muss entfernt werden – und Silikone kommen auch in Polituren und Badreinigern vor.
- Am einfachsten entfernt man die letzten Silikonreste mit Produkten für die Karosseriepflege.

1 Diese Duschvorhangschiene und der Seifenhalter wurden an die Decke bzw. die Wand der Duschkabine geschraubt. Im Normalfall sind sie durch den Vorhang weitgehend vor Wasser geschützt. Doch Wasser kann ziemlich leicht hinter Kunststoffpaneele gelangen.

2 Ich beginne damit, dass ich die Schrauben entferne, mit denen die Duschkopfeinheit an der Wand befestigt ist. Bald finde ich heraus, dass ich auch das Kassettenrollo von Dometic mit entfernen muss. Dazu sind nur die Schrauben zu lösen …

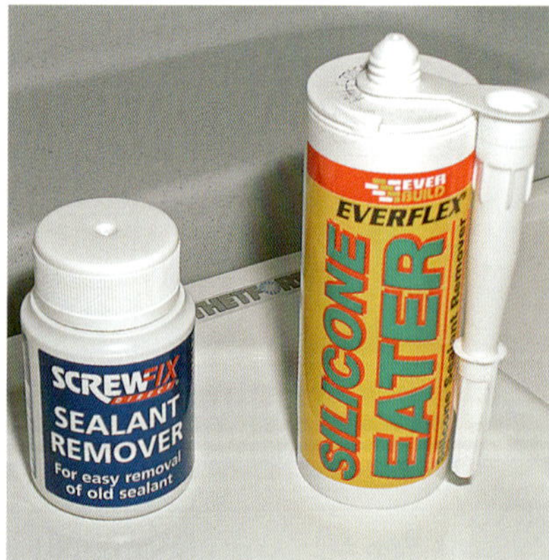

4 Wenn zuvor ein Silikondichtmittel benutzt wurde, muss man alle Reste entfernen. Schneiden Sie so viel wie möglich mit einem Cutter oder einem Fliesenkratzer weg. Für den Rest brauchen Sie einen Silikonentferner. Dieser sollte lange Zeit einwirken, und auch dann kommt man um weitere mechanische Arbeit nicht herum. Silikonentferner und Silikondichtmittel gibt es in jedem Baumarkt und in vielen Internetshops.

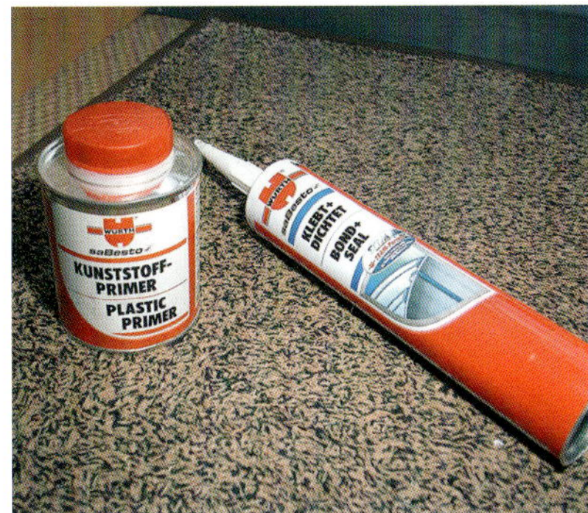

5 Über maximale Klebkraft verfügt Klebt + Dichtet von Würth. Die zu verbindenden Kunststoffteile behandelt man vorher mit einem Primer.

6 In unserem Fall will ich die Einheit mit dem Duschkopf noch nicht endgültig befestigen, weil ich vermute, dass ich sie für Wartungsarbeiten erneut abnehmen muss. Zuerst will ich das biegsame Paneel einfach zur Seite drücken …

7 … und setze Silikonentferner ein, um die letzten Reste zu beseitigen.

Top-Tipp

- *Eine Empfehlung des Karosseriespezialisten: Tragen Sie den Silikonentferner mit einem Tuch auf und nehmen Sie zum Wegwischen ein zweites frisches Tuch, damit nicht erneut Silikonreste auf die Fläche gelangen.*

Sicherheit an erster Stelle!

- *Nur in gut belüfteten Räumen arbeiten.*
- *Silikonentferner sind leicht entflammbar. Alle Zündquellen fernhalten!*

8 Am Ende erweist es sich als einfacher, die ganze Einheit von der Wand zu nehmen, allerdings mit allen Schlauchleitungen und Stromanschlüssen an Ort und Stelle.

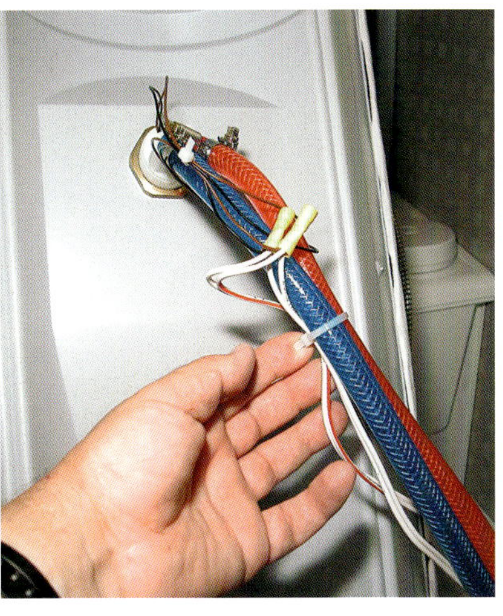

9 Während die Dusche abgebaut ist, nutze ich die Gelegenheit, um die Verkabelung zu sichern. Ich binde sie mit Kabelbinder an die Schläuche. Damit habe ich die Garantie, dass sich bei der erneuten Montage nichts verheddern kann.

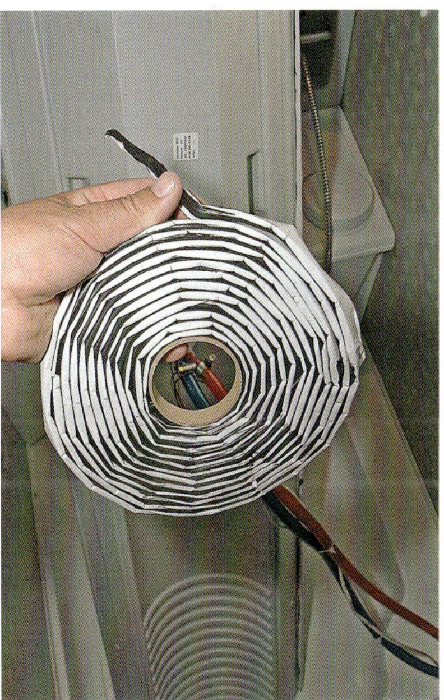

10 Was ist denn das? Vor Kurzem lernte ich Butyldichtmasse kennen. Es handelt sich dabei um Butylkautschuk, der meist in Form von beidseitig klebenden Bändern in den Farben Schwarz, Grau und Weiß angeboten wird. Butylkautschuk dichtet hervorragend ab, klebt sehr gut und ist extrem beständig.

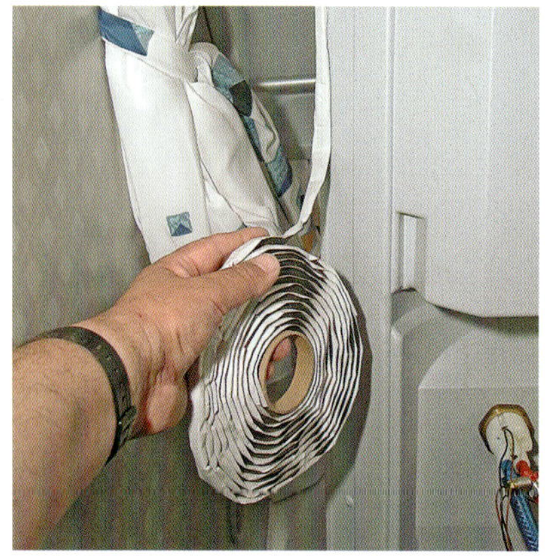

11 Ich habe gerade schwarzes Butylband zur Hand, und da es nicht zu sehen sein wird, spielt die Farbe auch keine Rolle. Ich platziere es auf der gesamten Innenkante des Paneels mit dem Duschkopf. Der Klebestreifen wird unmittelbar vor dem Festdrücken abgezogen. Positionieren Sie das Band so genau wie möglich. Man kann allerdings korrigieren, indem man seitlich auf das Band drückt. Aber das sollte man nur tun, wenn es sich nicht vermeiden lässt.

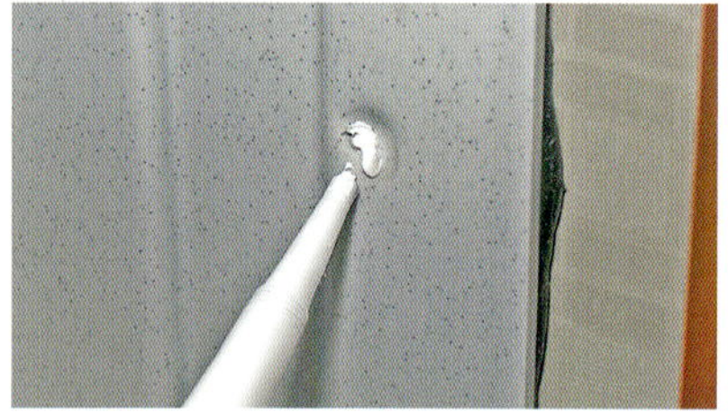

12 Bevor ich das Paneel wieder anschraube, presse ich einen Tropfen Dichtmasse in das Loch, um eine dichte Verbindung zu bekommen.

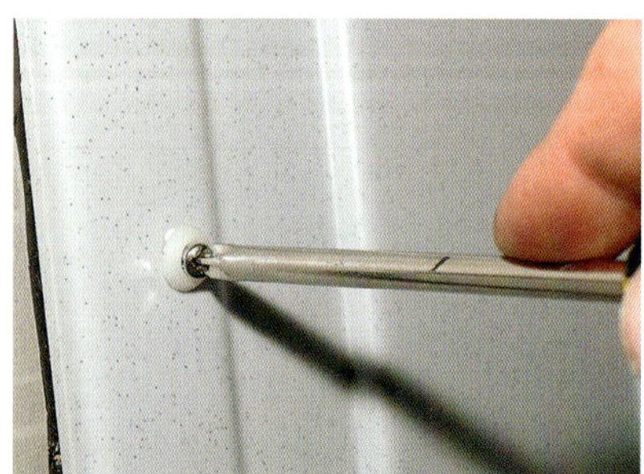

13 Man beachte, wie sich das Butyl ausdehnt, wenn man die Schrauben anzieht. Überschüssiges Butyl, das über die Kante heraustritt, muss man mit einem Cutter entfernen.

14 Austretendes Silikon muss abgewischt werden, bevor es fest wird.

15 Es ist sehr schwierig, Silikon so anzuwenden, dass es am Ende sauber aussieht.

Top-Tipp

- *Verwenden Sie Abdeckband entlang der Kanten, die Sie mit Silikon abdichten möchten.*
- *Sie brauchen jede Menge Putzlappen und Silikonentferner. Wenn die ersten Versuche danebengehen, stoppen Sie alles. Wischen Sie das aufgetragene Silikon sauber ab, auch mit Silikonentferner, und beginnen Sie von Neuem.*
- *Schneiden Sie das Ende der Spritztülle schräg ab, damit der ausgetretene Strang besser aussieht.*
- *Tragen Sie das Silikon so auf, dass die Bewegungsrichtung der Richtung entgegengesetzt ist, in die die Tülle weist.*

16 Entfernen Sie das Abdeckband, bevor sich das Silikon verfestigt hat, sonst lässt es sich nicht mehr abziehen. Das alte Malerband sollten Sie gleich in Mülltüten entsorgen, denn es ist voll von klebrigem Silikon. Auf keinen Fall sollte man es achtlos auf den Boden der Duschkabine werfen.

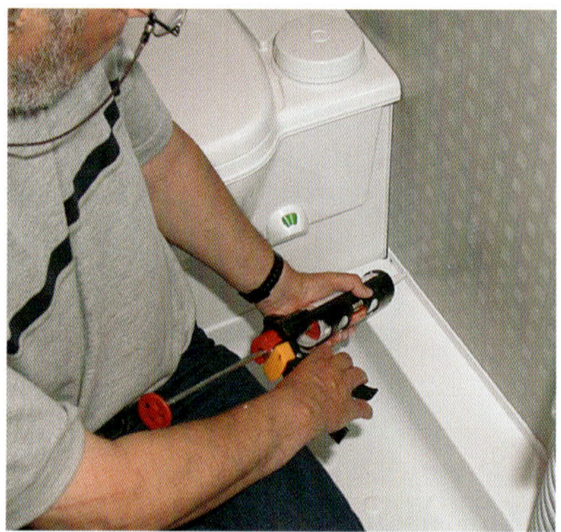

17 Ich dichte anschließend auch noch andere Bereiche im Bad ab, die nass werden könnten, etwa den Raum zwischen der Duschwanne und den Seitenwänden des Bads.

TIPPS ZUM GLÄTTEN

Ein schönes Finish erhält man bei Silikonstreifen, wenn man einen Finger in Seifenwasser taucht und damit am Silikon entlangfährt.

Statt sich die Finger schmutzig zu machen, gibt es auch Werkzeuge dafür, etwa Fugenglätter und Spachtelsätze. Ganz allgemein ist der Umgang mit Silikon schwierig und erfordert einige Übung. Wenn etwas danebengegangen ist, gilt: Silikon beseitigen, mit Silikonentferner sorgfältig nacharbeiten, von Neuem beginnen.

Einbau eines Duschvorhangs

Man kann einen Duschvorhang mit einer neuen Schiene dazu ohne viel Aufwand selbst montieren. Dazu braucht man keine wohnwagenspezifischen Teile, die meist deutlich teurer sind.

Vielleicht müssen Sie eine gebrochene Vorhangschiene ersetzen, oder Sie wünschen sich einen etwas längeren Vorhang. In einigen Wohnwagen wird die Toilette jedes Mal nass, wenn man die Dusche benutzt. Ein zweiter Vorhang könnte dem Einhalt gebieten.

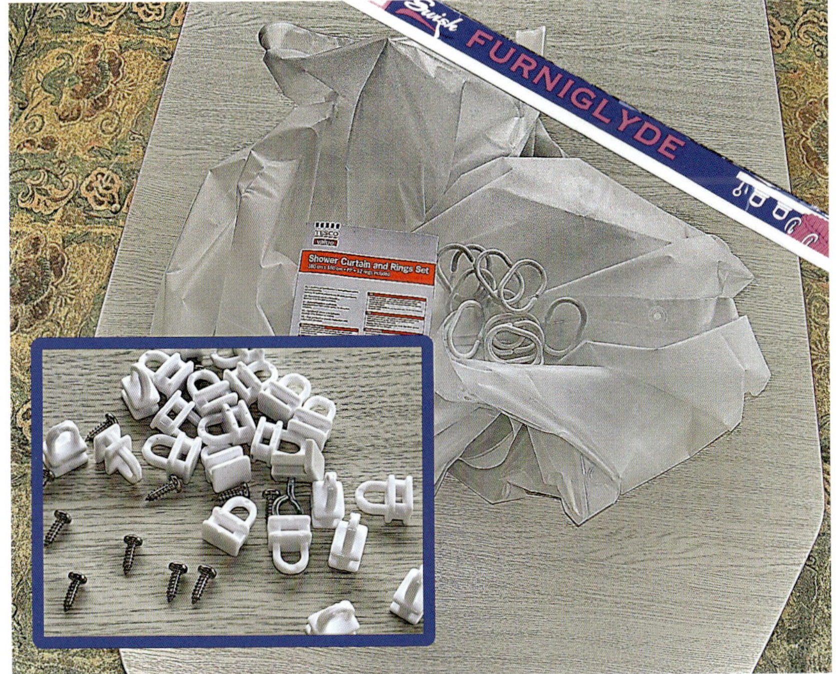

1 Es gibt eine große Vielfalt an Duschvorhängen. Wir entschieden uns hier für preiswert und bunt. Möglicherweise müssen Sie die Enden umschlagen, wenn der Vorhang zu lang ist.

2 Man kann sich einen Duschvorhang selbst nähen. Aber man muss einen Polyesterfaden nehmen, denn Baumwolle kann verrotten. Am Beginn der Arbeiten steht das Ausmessen.

3 Vorhangschienen aus Kunststoff schneidet man ganz einfach mit einer Bügelsäge. Lassen Sie ein längeres Ende stehen. Man weiß nie, wie die Biegungen ausfallen.

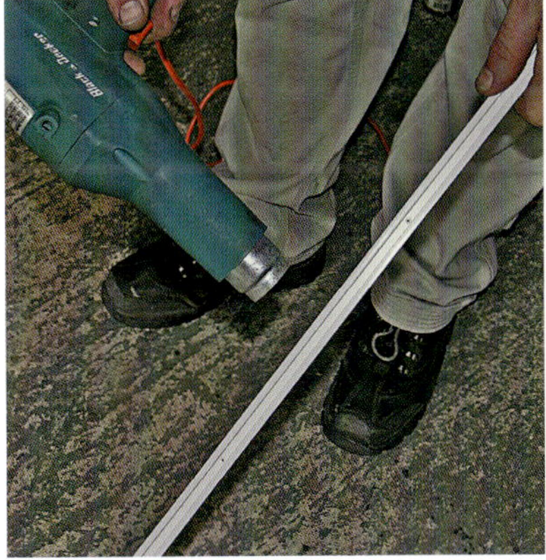

4 Um den Kunststoff weicher werden zu lassen, braucht man einen Fön oder eine Heißluftpistole. Man braucht dazu einige Zeit, aber dann geht es sehr schnell. Üben Sie das Biegen zuerst an einem überschüssigen Stück, das Sie nicht mehr benötigen.

5 Die offene U-Form der Schiene verformt sich beim Biegen. Deswegen sollte man die Öffnung vor dem Biegen mit Kartonstreifen füllen.

6 Bei Bedarf kann man die U-Öffnung nach dem Aushärten mit einer Feile oder einem Multifunktionswerkzeug wieder öffnen. Sonst läuft man Gefahr, dass die Gleitrollen stecken bleiben. Nach dem Biegen misst man die exakte Länge aus.

7 Sie müssen Löcher durch die Schiene bohren. Zur Befestigung an der Decke verwendet man am besten rostfreie Schrauben, weil in der Duschkabine eine erhöhte Feuchtigkeit herrscht.

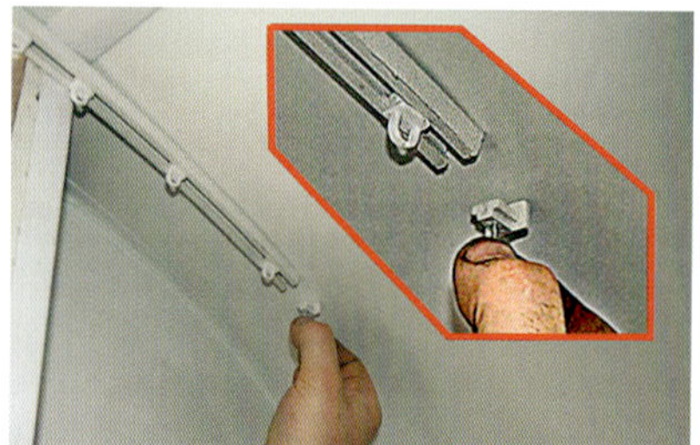

8 Nehmen Sie sicherheitshalber kurze Schrauben – hinter dem Paneel könnten Drähte oder Leitungen liegen. Gleitrollen des Vorhangs auffädeln und dann mit einem Stopper am Ende der Schiene blockieren.

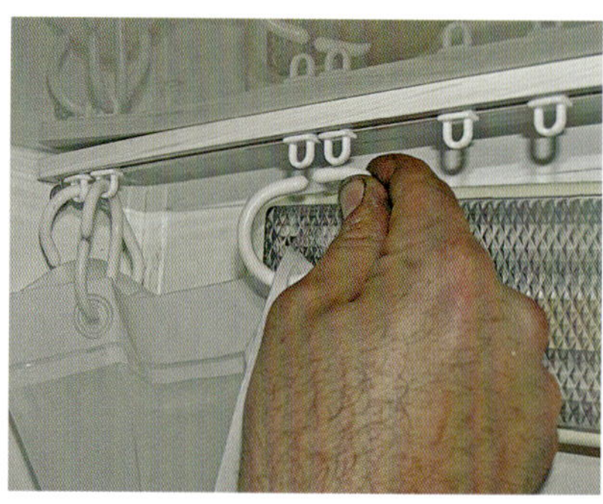

9 Wenn Sie Bedenken haben, Schrauben einzusetzen, dann kaufen Sie in einem Laden für Autozubehör doppelseitiges Klebeband, mit dem man Zierleisten auf die Karosserie klebt. Es hält Hitze und Wasser stand.

10 Das ist eine einfache und billige Art, die Duschkabine zusätzlich zu schützen oder einen alten Vorhang zu ersetzen.

An der Decke befestigte Vorhangschienen sehen sauber aus und die Schrauben sind zumindest zum Teil nicht zu sehen. Die Oberkante des Vorhangs sollte so hoch wie möglich liegen, damit kein Spritzwasser vom Duschkopf in die Umgebung gelangt. Der Raum, in dem man duscht, sollte möglichst hermetisch abgeschlossen sein.

Top-Tipp

- *Selbstschneidende rostfreie Schrauben sollte man als Heimwerker stets zur Hand haben.*

Einbau eines Pilzlüfters im Bad

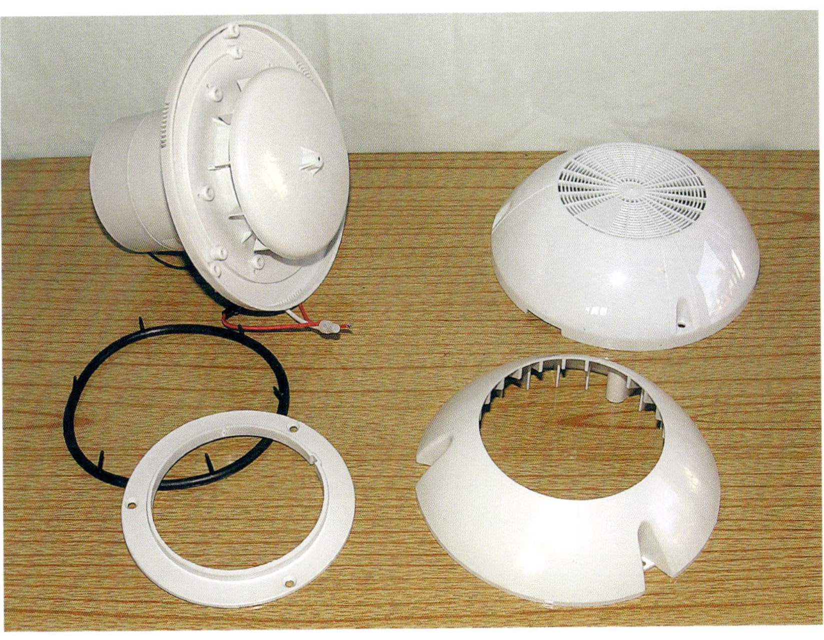

Durch den Einbau eines Deckenlüfters in das Bad löst man eines der größten Probleme des Wintercaravanings: Wie wird man feuchte Luft los, ohne kalte hineinzulassen?

Die Montage des Ventilators kostet bei der ganzen Anlage am meisten Zeit. Für die Verkabelung muss man einen Elektriker um Hilfe bitten.

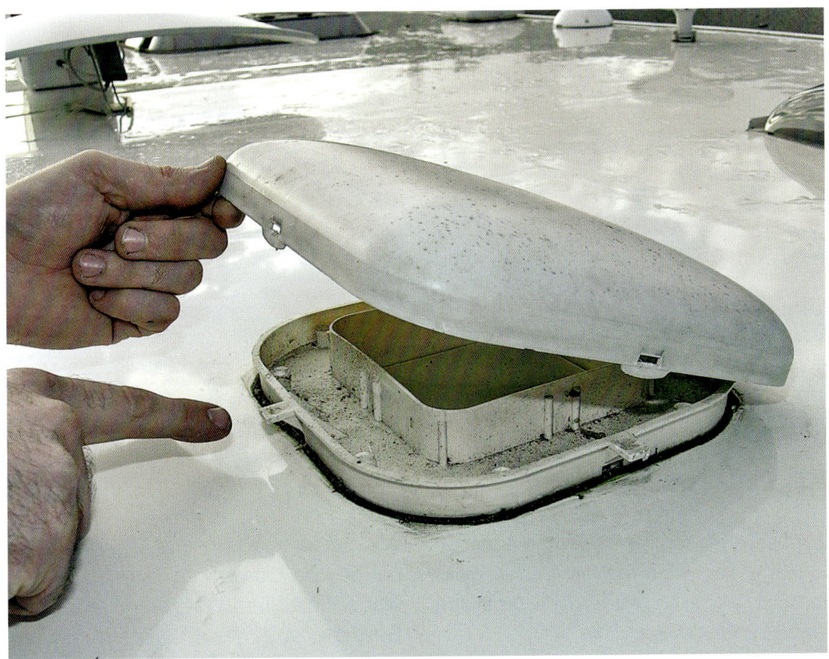

1 Wir wollen den Lüfter an der Stelle einer bereits existierenden Dachhaube einbauen. Wir entfernen zuerst die Kuppel, indem wir die Laschen (Zeigefinger) niederdrücken. Dadurch kommen Schrauben zum Vorschein.

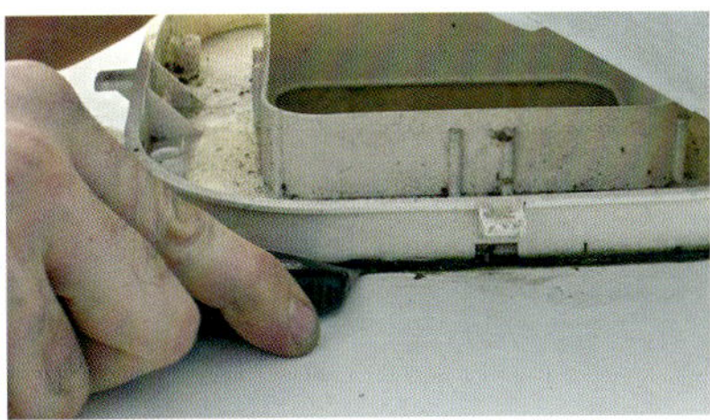

2 Die Haube ist sicher befestigt. Zuerst setze ich ein Messer, danach einen Stechbeitel ein, um zwischen Haube und Dach zu gelangen, ohne etwas zu beschädigen.

3 Sofern keine deutlich sichtbaren oder verborgenen Schrauben vorhanden sind, bleibt nichts anderes übrig, als den inneren Rahmen sorgfältig zu lockern. In unserem Fall war er gerastet und somit leicht zu entfernen.

4 Einen runden Lüfter kann man nicht in einer viereckigen Öffnung unterbringen. Dazu muss man ein Aluminiumblech zuschneiden und mit reichlich Dichtmasse anbringen.

5 Der Pilzlüfter von Dometic wird mit einer eigenen Neoprendichtung geliefert. Man muss sie nur in die dafür vorgesehene Rinne an der Basis der Kuppel einsetzen.

6 Dave fügt zwei Streifen Butylband hinzu. Die Hersteller von Wohnwagen setzen das Mittel ein, um gewisse Stellen abzudichten. Es härtet nie aus, sodass man es jederzeit wieder leicht entfernen kann.

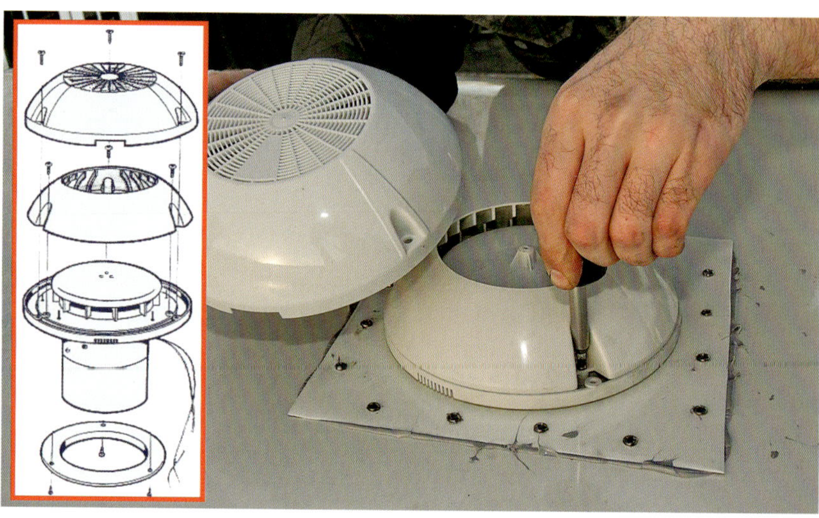

7 Dometic liefert rostfreie Schrauben für jede der drei »Ebenen« mit, die fixiert werden müssen. Auch unsere Aluplatte schrauben wir fest. Das überschüssige Dichtmittel wischen wir später weg.

8 Auch für die Decke innen brauchten wir eine entsprechende Platte. Darauf montieren wir wiederum mit rostfreien Schrauben den Ring um das Innenteil des Pilzlüfters.

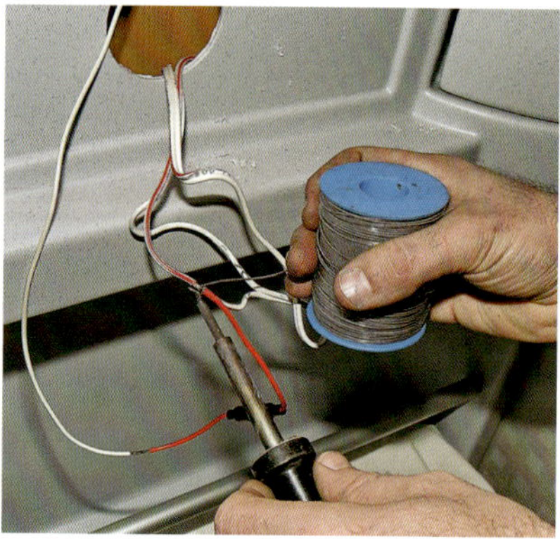

9 Diesen Schritt sollte ein Elektriker ausführen. Ein großes Loch in der Wand der Duschkabine gestattet den Zugang zu den Kabeln. Der positive Pol des Lüfters wird festgelötet.

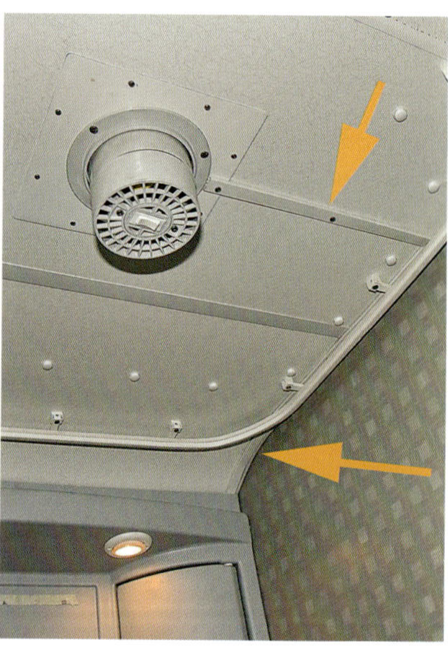

10 Der Lüfter ragt leicht in die Duschkabine hinein. Wenn man dabei nicht genug Kopffreiheit hat, sollte man ihn an die Seite verlegen. Die elektrischen Kabel an der Decke werden sauber verkleidet (Pfeile).

Wir hatten bereits eine Dunstabzugshaube von Dometic in unseren Wohnwagen installiert. Sie sollte Dampf und Gerüche von der Kochstelle entfernen. Mit dem Pilzlüfter von derselben Firma können wir nun duschen, ohne den ganzen Caravan feuchter Luft auszusetzen.

Einbau eines Whale-Warmwasserbereiters

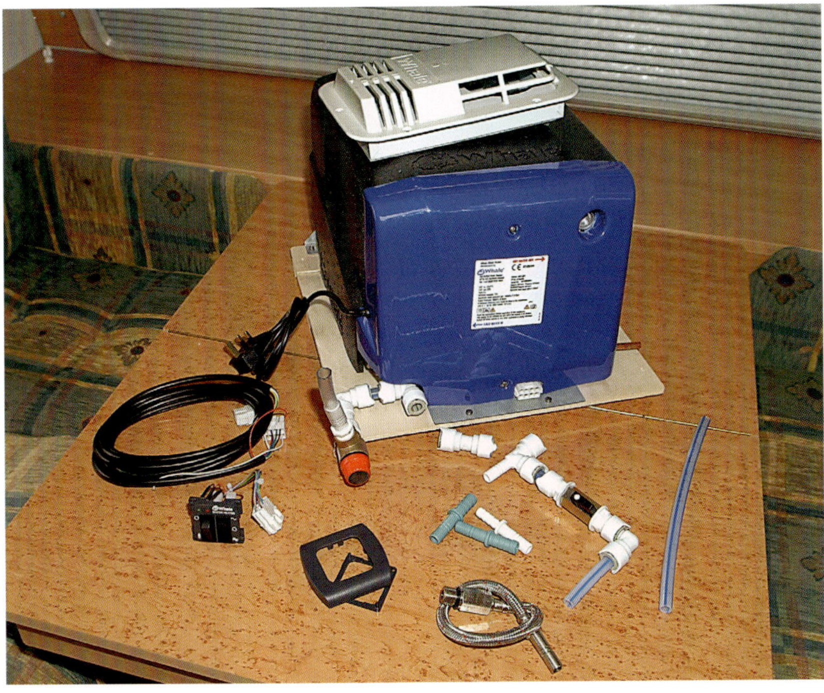

Vielleicht ist Ihr Warmwasserbereiter kaputtgegangen und Sie möchten ihn ersetzen. Die britische Firma Whale behauptet, mit ihrem Gerät stehe bis zu 50 Prozent mehr Duschwasser zur Verfügung.

1 Zuerst vergewissert man sich, dass genügend Platz für den neuen Warmwasserbereiter vorhanden ist. Dann baut man das alte Gerät aus.

2 Auf der Außenseite wird auch die Entlüftung von Truma entfernt.

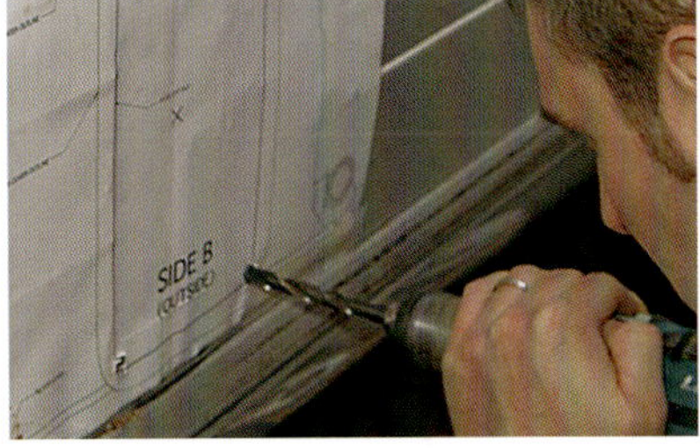

3 Dem Boiler von Whale ist eine Schablone beigelegt, mit deren Hilfe man eine Öffnung in die Seitenwand des Wohnwagens schneiden kann. In jeder Ecke bohren wir ein Loch …

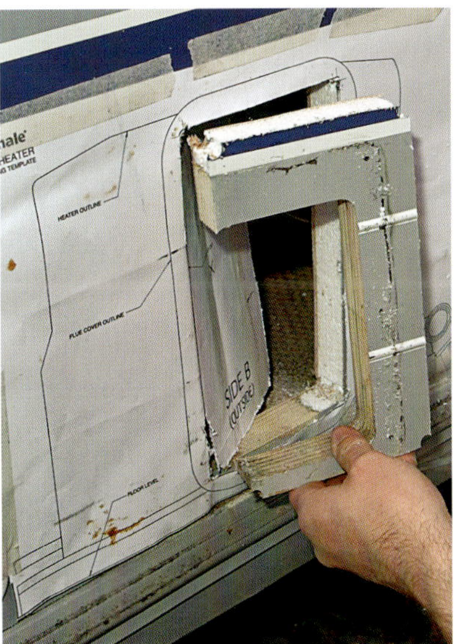

4 … und greifen dann zur Stichsäge. Die Schablone bleibt an Ort und Stelle, um Kratzer zu verhindern. Wir vergrößern einfach die ursprüngliche Öffnung.

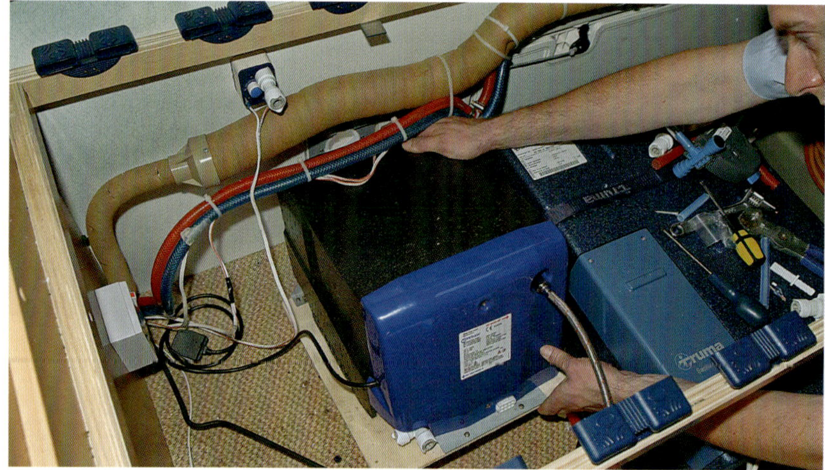

5 Wo es notwendig ist, leitet Richard die Schlauch- und Elektroleitungen um. Durch die erhöhte Fußplatte können sie bei Bedarf auch unter dem Gerät hindurchgezogen werden.

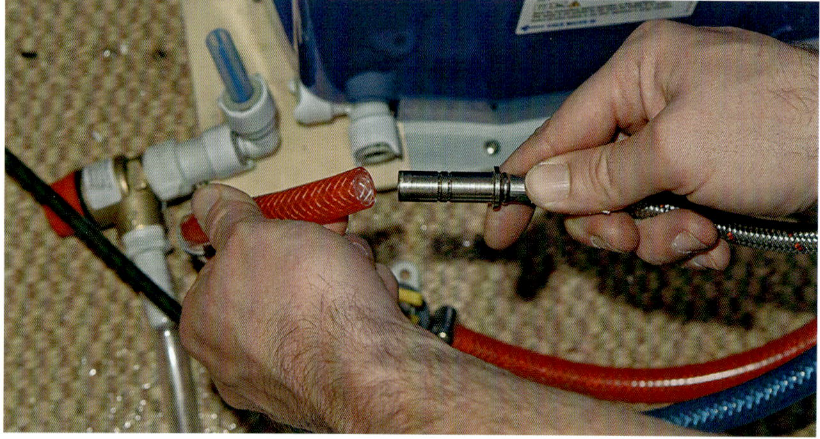

6 Für die Verbindungen und Anschlüsse nehmen wir Steckverbindungen von Whale oder bei flexiblen Schläuchen auch Schellen.

7 Vor dem Einbau des neuen Abzugs trägt Richard eine Dichtmasse auf. Ideal dafür ist Butylkautschuk, der nicht hart wird. Die Dichtmasse muss lückenlos aufgetragen werden.

8 Den Abzug befestigen wir mit rostfreien Schrauben, die wir gleichmäßig anziehen. Ein bereits bestehender Abzug muss nicht in jedem Fall ersetzt werden.

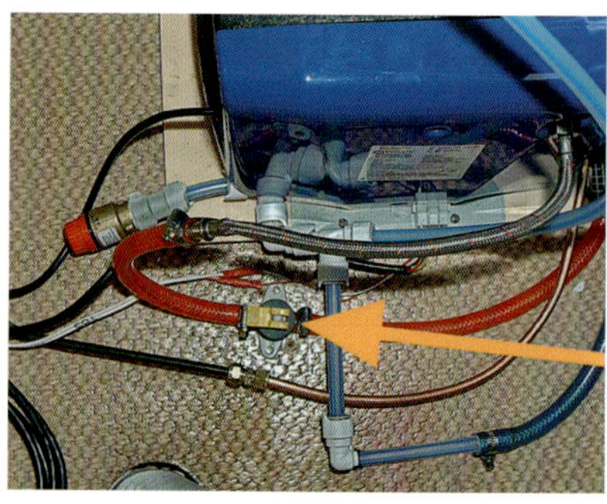

9 Der Ablaufhahn (Pfeil) befindet sich in einem Loch im Boden. Wenn eine Steckdose mit 13 Ampere vorhanden ist, brauchen wir keinen Elektriker: einfach einstöpseln!

10 Für die Gasversorgung muss ein Fachmann sorgen. Der Schalter von Whale ersetzt einfach den von Truma.

Hier noch einige weitere Vorteile des Warmwasserbereiters von Whale:

- Der Steuerschalter ist einfach zu bedienen.
- 13 Liter heißes Wasser in einem Durchgang.
- Durch eine Mikroprozessorsteuerung ist es unmöglich, das Heizelement zu überhitzen, wenn durch eine Störung kein Wasser vorhanden ist.
- Schnellere Erwärmung des Wassers. Auf das Maximum eingestellt, liefert der Boiler ausgehend von kaltem Wasser in 22 Minuten genügend Heißwasser für zwei Duschen zu je fünf Minuten, wobei dazwischen zehn Minuten verstreichen sollten.
- Es gibt fünf Einstellungen: 600 Watt elektrisch, mit oder ohne Gas; 1200 Watt elektrisch, mit oder ohne Gas, oder nur mit Gas.
- Eine wirksame Isolierung verringert Wärmeverluste und ein geflochtener Boilerschlauch aus rostfreiem Stahl sorgt für zusätzliche Sicherheit.

Einbau eines Frischwasser-Filters

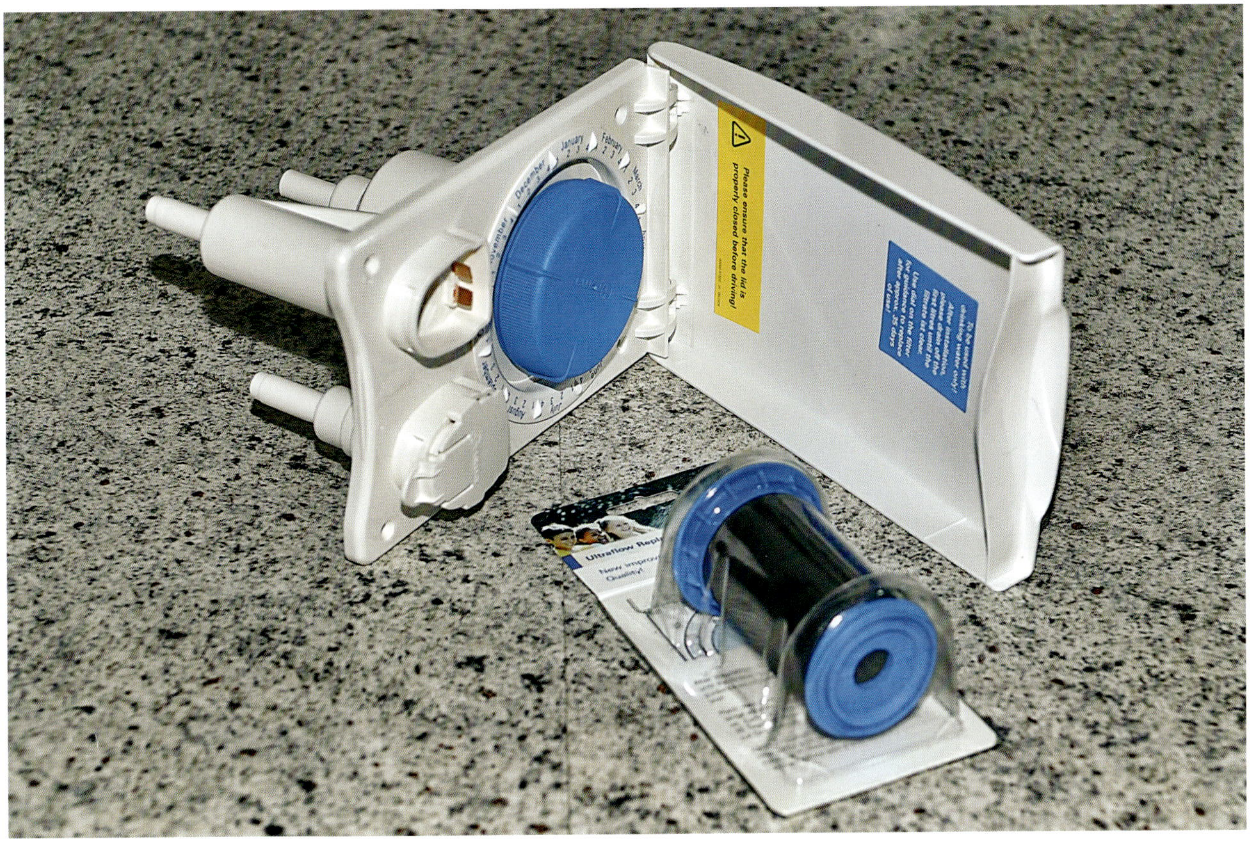

Dieser Filter der Firma Truma reinigt das Wasser, wenn es in Ihren Wohnwagen gelangt.

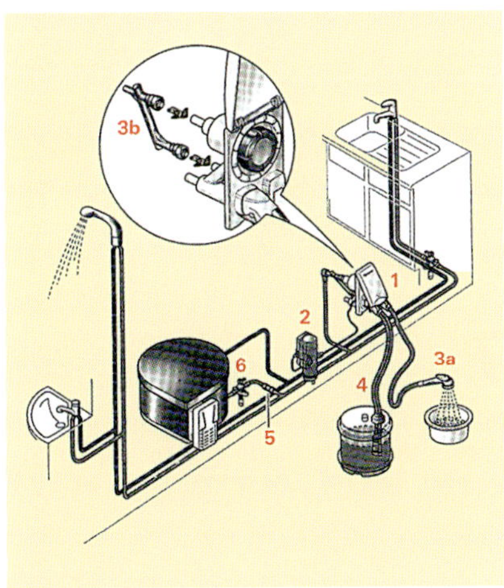

1 Typische Lage eines Ultraflow-Filters von Truma: 1 Filtergehäuse, 2 Druckspeicher, 3a Außendusche, 3b Zwischenstück, 4 Wasserpumpe, 5 Rückschlagventil, 6 Ablassventil.

Werkzeuge und Zubehör

Die folgenden Werkzeuge und Zubehörteile werden benötigt:

- Stichsäge
- Bohrer mit einem Durchmesser von 2 bzw. 10 mm
- Kreuzschlitz-Schraubendreher
- Nicht härtender Dichtstoff

Festlegung der Position

Wählen Sie eine senkrechte Wand ohne irgendwelche Verzierungen und mit der kürzestmöglichen Verbindung zur Wasserversorgung, ohne Türöffnungen zu kreuzen.

Die Leitungen sollten in Schränken oder Bettkästen verborgen sein, aber nicht auf der Unterseite des Wohnwagens verlaufen.

Im Auge behalten sollte man auch den leichten Zugang zu Schlauchverbindungen und elektrischen Kabeln.

Tragende Abschnitte in der Wand des Wohnwagens sollte man aus Sicherheitsgründen meiden.

Nach der Wahl der Position geht man folgendermaßen vor:

Im Inneren des Wohnwagens

Befestigen Sie die Schablone an der Innenwand, wobei die Unterkante der Schablone den Boden berühren soll. Markieren Sie die Position 0 durch die Schablone hindurch auf der Wand und bohren Sie rechtwinklig ein 2 mm großes Loch durch die Innen- und Außenwand.

Auf der Außenseite des Wohnwagens

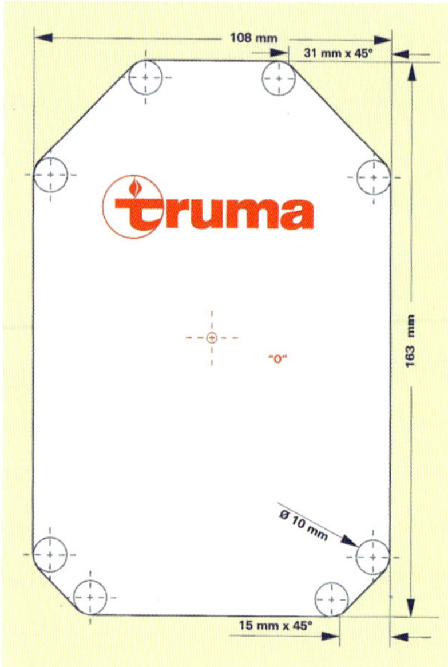

2 Ein Zentrierloch, das durch die Innen- und Außenwand gebohrt wird, erlaubt es, die Schablone korrekt auf der Außenseite zu positionieren.

Es empfiehlt sich, einen rund 25 mm breiten Bereich um das auszuschneidende Stück herum mit Malerband abzudecken, um die Lackierung beim Sägen zu schonen.

Bringen Sie die Position 0 mit dem Zentrierloch zur Deckung und achten Sie ansonsten auf die horizontale bzw. senkrechte Ausrichtung der Schablone.

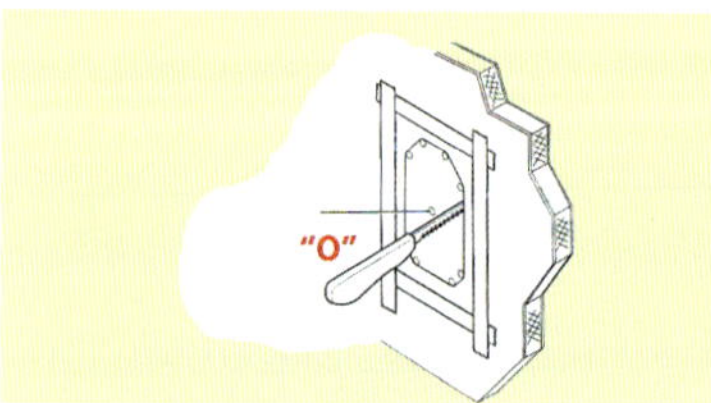

3 Bohren Sie acht Löcher (Durchmesser 10 mm) durch die Innen- und Außenwand, wie in der Schablone vorgesehen. Der Bohrer sollte jederzeit senkrecht zur Wand stehen. Mit einer Stichsäge schneidet man an den Linien auf der Schablone entlang.

Heben Sie das ausgeschnittene Stück ab und ziehen Sie die Schablone und das Abdeckband ab. Glätten Sie die Kanten an der Innen- und Außenwand und entfernen Sie alle scharfen Späne. Überprüfen Sie, ob das Gehäuse des Filters in die ausgesparte Stelle passt.

Auskleiden der Öffnung

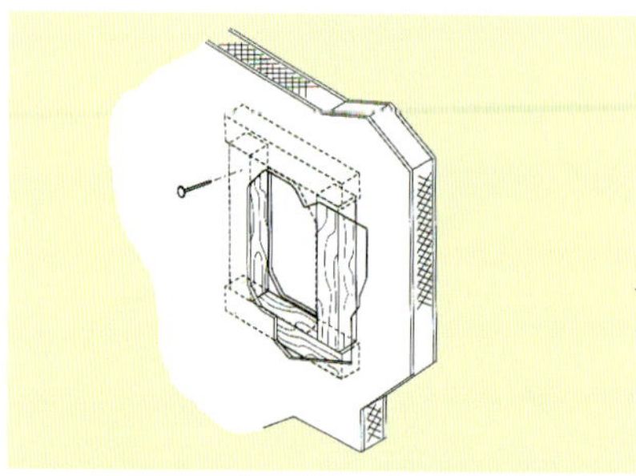

4 Sofern die Wand nicht besonders fest gebaut ist (und das ist meist der Fall), sollten die Seiten der Öffnung mit Holz ausgekleidet werden. Das Filtergehäuse ist dann viel besser verankert.

Zuvor muss allerdings die Isolierung um den Ausschnitt herum bis zur Breite der Holzauskleidung entfernt werden. Der fertige Ausschnitt sollte dann den Angaben auf der Schablone entsprechen.

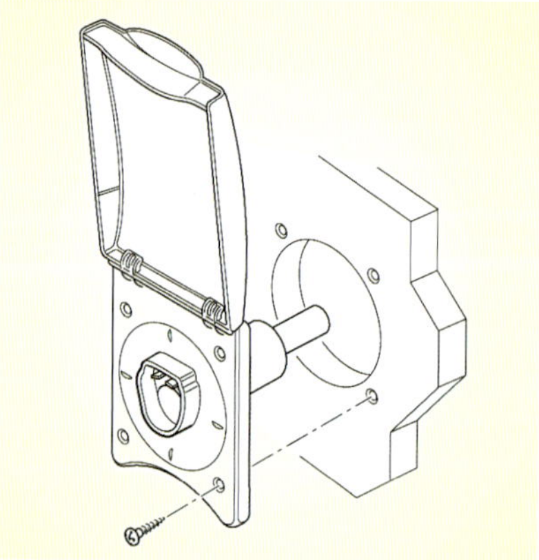

5 Zunächst dichtet man – bitte nicht mit Silikon! – die Flächen zwischen Holzauskleidung sowie Innen- und Außenwand ab. Dann befestigt man die Holzauskleidung mit Schrauben. Überschüssige Dichtmasse muss um den Ausschnitt herum entfernt werden. Man muss alle Kanten genau überprüfen, damit kein Wasser in die Wand eindringen kann.

Befestigung des Filtergehäuses

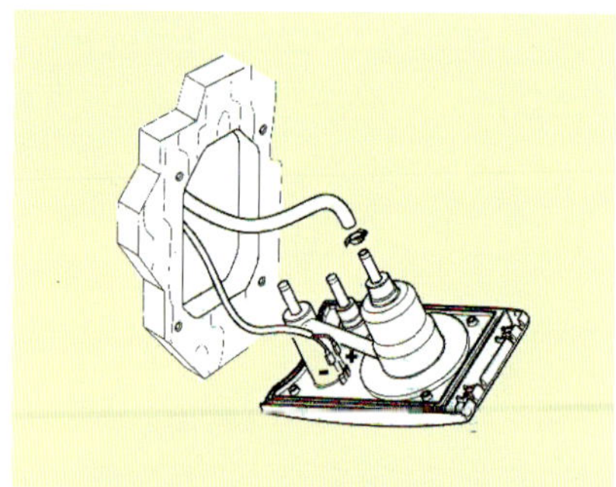

6 Die Arbeit wird leichter, wenn man den Wasserschlauch und das Elektrokabel zuerst durch die Öffnung zieht und die Verbindungen herstellt, bevor man das Filtergehäuse in die Wohnwagenwand einbaut.

Wasserverbindungen

Das Filtergehäuse ist für biegsame oder halbsteife Schläuche mit einem Innendurchmesser von 12 mm geeignet. Biegsame Schläuche müssen mit entsprechenden Schellen gesichert werden. Um einen unangenehmen Geschmack beim Trinkwasser zu vermeiden, sollte man lebensmittelgeeignete Schläuche verwenden.

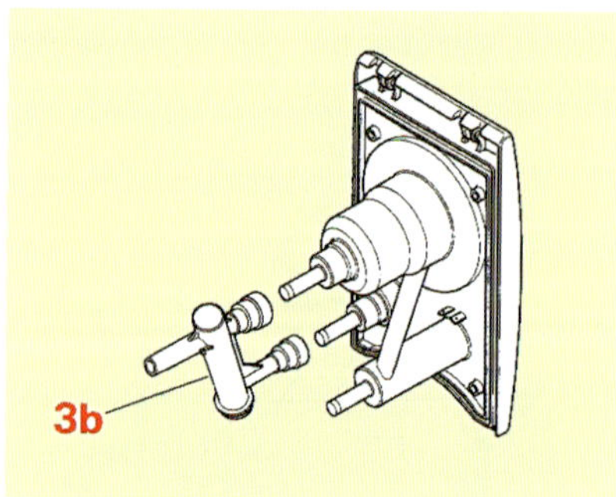

7 Auf der Rückseite des Filtergehäuses befinden sich drei Wasseranschlüsse. Zwei davon sind vorerst verschlossen: Der Anschluss für die Benutzung im Winter steht in Zusammenhang mit dem Winterkit. Vor dem Anschluss muss das verschlossene Ende abgeschnitten werden. Für den Anschluss der Außendusche liefert Truma ein Zwischenstück (3b). Auch hier muss das verschlossene Ende zuerst abgeschnitten werden.

Elektrische Verbindung

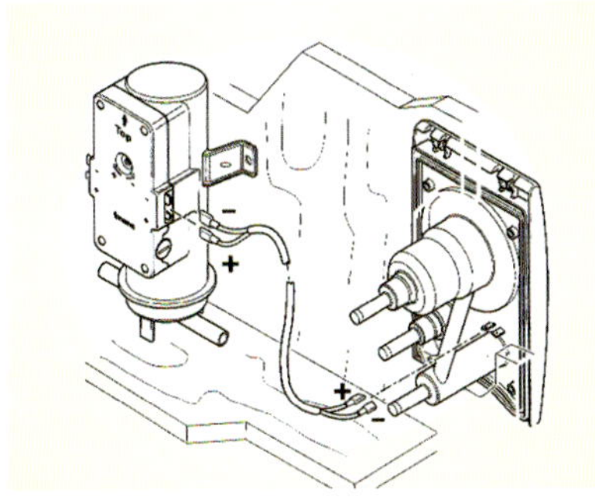

8 Das Filtergehäuse ist direkt mit dem Druckschalter verbunden.

Das Kabel sollte zwei Leiter enthalten, farbcodiert braun/blau oder rot/schwarz, ein Leiter mit einem Querschnitt von 0,75 mm².

+ = Flachstecker 4,8 mm

– = Flachstecker 6,3 mm

Die Stromversorgung sollte eine stabile Spannung von 12 Volt aufweisen. Die zulässige Restwelligkeit liegt bei unter 0,5 Volt. Die Verwendung einer ungesteuerten Stromversorgung führt zu erhöhtem Verschleiß des Pumpenmotors. Achten Sie auf die richtige Polung: brauner oder roter Leiter zu +, blauer oder schwarzer zu –. Die Polarität ist auf der Rückseite des Filtergehäuses angegeben.

Verbinden Sie den Druckschalter mit der 12-Volt-Energiequelle des Wohnwagens.

Wichtig!

- Wenn man die Pole verwechselt, arbeitet die Pumpe dennoch, allerdings mit geringerer Leistung.
- Die Pumpe wird über einen Druckschalter oder über Mikroschalter in den Wasserhähnen eingeschaltet. Ein Rückschlagventil wird als Teil der Installation eingebaut.
- Zusammen mit einem Druckschalter muss auch ein Hauptschalter mit Potenzialtrennung verwendet werden. Dieser sollte so positioniert werden, dass ihn der Benutzer leicht betätigen kann (siehe Montageanleitung für den Truma Druckregler/Druckschalter).

Arbeiten an der Wohnwagenwand

Nachdem man überprüft hat, ob die Versorgung mit Wasser und Strom richtig funktioniert, baut man das Gehäuse des Filters ein. Man verwendet die vier Löcher an den Ecken des Gehäuses als Führung zum Vorbohren der 2 mm messenden Löcher durch die Außenwand.

Tragen Sie ein nicht härtendes Dichtmittel – kein Silikon! – an der Rückseite des Gehäuses auf und fixieren Sie das Gehäuse mit den vier mitgelieferten Senkkopf-Schrauben.

Überprüfung der Installation

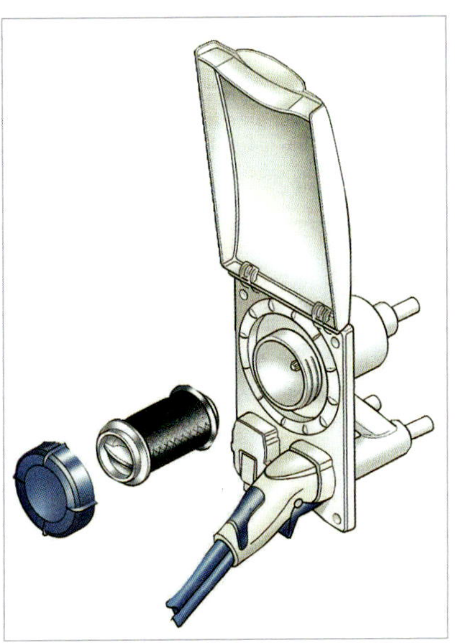

9 Vor dem abschließenden Test der Installation bitte überprüfen, ob das komplette Wasserversorgungs-System richtig angeschlossen ist.

Da der mitgelieferte Filtereinsatz neu ist, schlagen wir vor, dass Sie die Installation zunächst ohne Filter überprüfen.

Ungefähr 35 Tage nach dem ersten Kontakt mit Wasser sollte man den Filtereinsatz wechseln.

Reinigen Sie die Schlauchverbindung zur Pumpe. Da beide Komponenten trocken und neu sind, empfiehlt es sich, beide Oberflächen mit einem pflanzlichen Öl zu versehen, damit sie besser ineinandergreifen. Drücken Sie den Stecker fest in die Dose.

Legen Sie die Pumpe in den Wasserbehälter und achten Sie dabei darauf, dass sie ganz untergetaucht ist. Überprüfen Sie die Stromversorgung und alle Kabel. Dann schalten Sie das System ein. Wasser muss nun aus allen Hähnen fließen und natürlich dürfen keine Lecks auftreten.

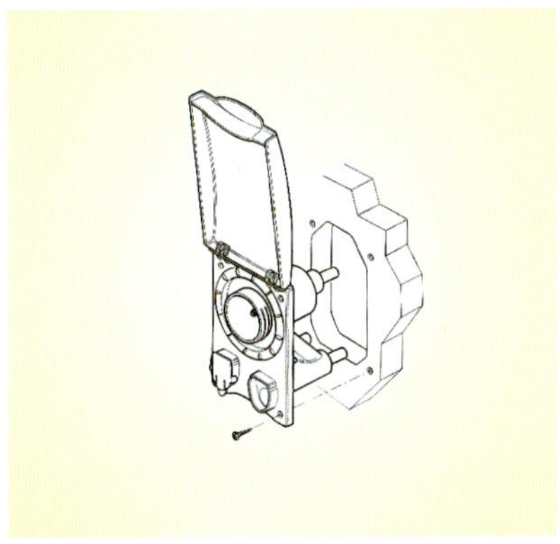

10 Truma bietet für manche bestehenden Filtersysteme auch Umbausätze an. Deren Installation ist in den meisten Fällen selbsterklärend.

Einbau eines Heizungsgebläses

Das Caravaning wird zunehmend zu einer Ganzjahresbeschäftigung. Damit entwickeln sich auch die Heizsysteme immer weiter. Viele ältere Wohnwagen kommen mit einer einfachen Gasheizung aus. Modernere Modelle verfügen hingegen oft über Systeme, die die Warmluft zusätzlich verteilen. Wenn man eine einfache Heizung mit einem System zur Verteilung der Warmluft versieht, kann man das Maximum an Gemütlichkeit aus dem Wohnwagen herausholen, weil er dann auch in den Wintermonaten benutzbar bleibt. Einbausätze sind im Fachhandel zu bekommen.

Hier bauen wir ein System zur Verteilung von Warmluft in eine bereits bestehende einfache Heizung ein.

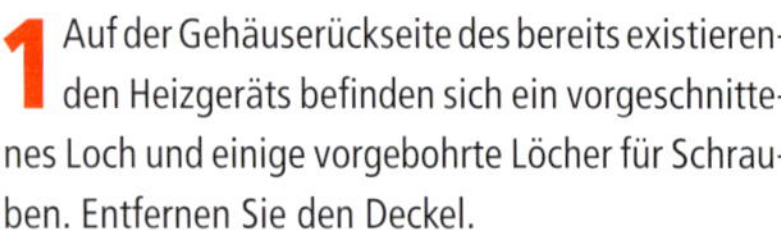

1 Auf der Gehäuserückseite des bereits existierenden Heizgeräts befinden sich ein vorgeschnittenes Loch und einige vorgebohrte Löcher für Schrauben. Entfernen Sie den Deckel.

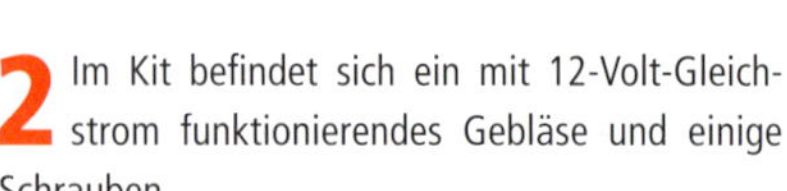

2 Im Kit befindet sich ein mit 12-Volt-Gleichstrom funktionierendes Gebläse und einige Schrauben.

3 Das Gebläse transportiert die Warmluft in Rohren durch den Wohnwagen. Wenn deren künftiger Verlauf feststeht, schneidet man die entsprechenden Löcher durch Möbelpaneele. Dazu verwendet man eine Lochsäge mit 65 mm.

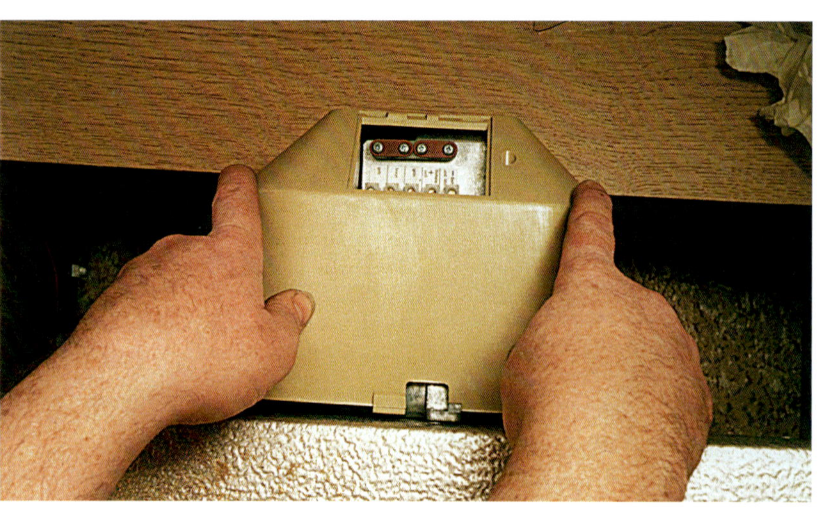

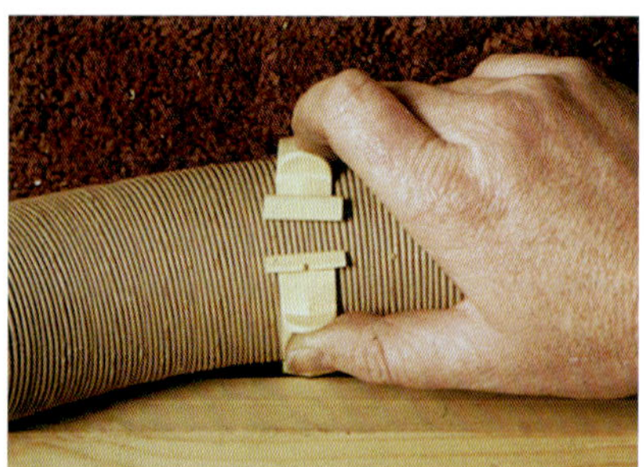

4 Die Rohre werden an Ort und Stelle verlegt und mithilfe der mitgelieferten Klammern an den Seitenteilen der Möbel befestigt.

5 Die Warmluft gelangt über Ausströmer am Boden in den Wohnwagen. Über die Lage dieser Öffnungen entscheiden Sie. Mit dem 65-mm-Lochschneider schneiden Sie die entsprechenden Löcher, montieren die Ausströmer und Rohre.

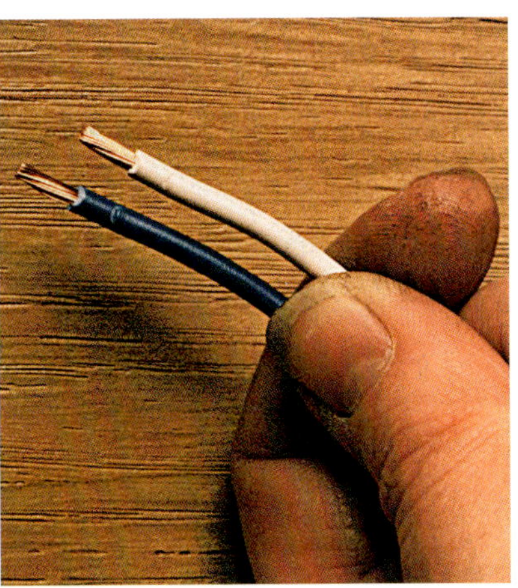

7 Klemmen Sie die Pole der Wohnwagenbatterie ab und verbinden Sie die positiven und negativen Pole des Gebläses mit einer externen 12-Volt-Stromquelle. Zur Sicherheit schalten Sie eine 10-Ampere-Sicherung dazwischen.

6 Für die Steuerung des elektrischen Gebläses wird eine Kontrolleinheit mitgeliefert. Man montiert sie in der Regel an der Seite des Garderobenschranks. Vergessen Sie nicht, auf der Rückseite ein Loch zu bohren, um die Kabel hindurchzuführen.

8 Verbinden Sie nun die positiven und negativen Leiter des Gebläses wie in der Montageanleitung vorgesehen. Schließen Sie die Wohnwagenbatterie wieder an und testen Sie alles.

Sicherheit an erster Stelle!

- *Vor der Inbetriebnahme sollte ein Elektriker die Installationen und Verbindungen überprüfen.*

Einbau einer Gebläseheizung

Die kompakte Gasheizung Heatsource von Propex läuft mit Flüssiggas. Sie ist leicht, beansprucht wenig Platz und stellt eine nützliche Zusatzheizung für größere Wohnwagen dar. Eine Versorgung aus dem öffentlichen Netz ist nicht notwendig. Die 12-Volt-Verkabelung und die Gasanschlüsse sind dabei die Aufgabe eines Fachmanns.

Wir befestigten die Heizung in einem Bettkasten unseres winzigen Wohnwagens der Marke Freedom.

1 Die mitgelieferte Schablone zeigt, wo die beiden Löcher für das Ein- und Auslassrohr zu bohren sind. Wesentlich ist dabei, dass man Leitungen, Schläuche und Versteifungen des Chassis unter dem Boden nicht beschädigt.

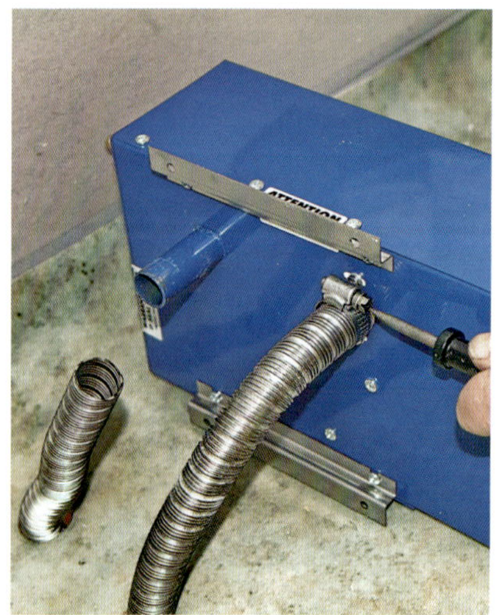

2 Die Schläuche aus rostfreiem Stahl werden durch die Löcher gestoßen und mithilfe der mitgelieferten Schellen an den Stutzen des Heizelements befestigt.

3 Es ist ganz wesentlich, dass ein Gasabzug am Boden dort montiert wird, wo sich ein gasbetriebenes Gerät befindet. Diese Stutzen bekommt man in verschiedenen Längen und Durchmessern.

4 Wegen der Dicke der Rohrschellen stellen wir das Gerät auf Sperrholz. Eine andere Möglichkeit wären größere Löcher im Wohnwagenboden gewesen.

5 Das Abgasrohr muss in Fahrtrichtung schräg nach hinten gerichtet sein und die Abgase an der Seite des Wohnwagens abgeben – weit von jeder Öffnung entfernt, die ins Innere führen kann.

6 Zurück im Inneren des Wohnwagens bohren wir Löcher für die Warmluftrohre: eines oder zwei für die Auslässe und eines für den zuführenden Schlauch. Ein Lochschneider arbeitet sauberer als eine Stichsäge.

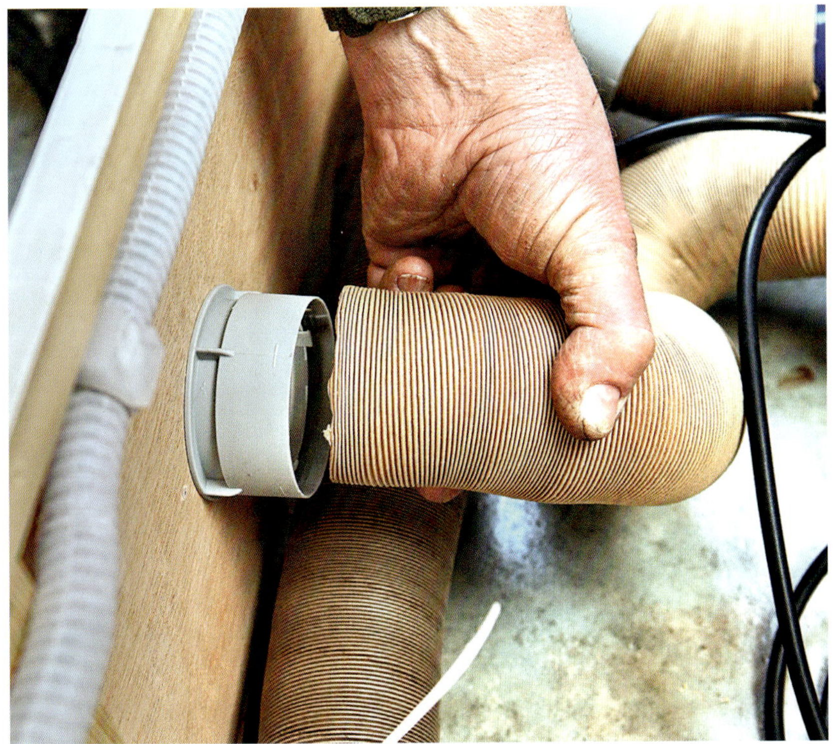

7 Dieser Auslass von Truma besteht aus zwei Teilen und wird an Ort und Stelle montiert. Das Rohr wird einfach hineingesteckt. Es hält an den Riffelungen im Inneren selbst.

8 Es muss nun ein weiteres Gerät mit Gas versorgt werden. Der Installateur baut somit eine weitere Abzweigung neben den beiden bereits bestehenden ein.

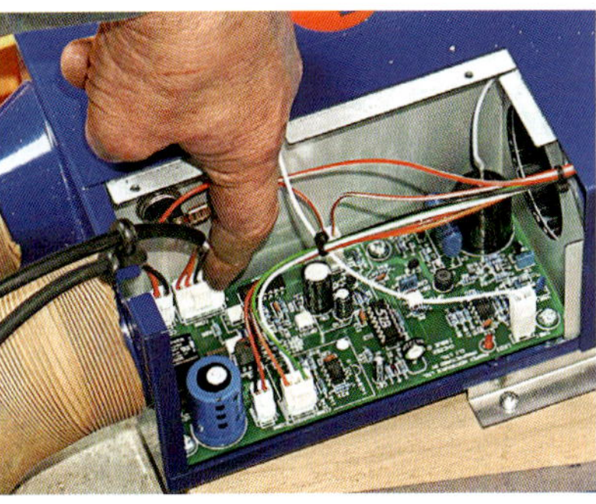

9 Obwohl die 12-Volt-Verkabelungen Sache eines Elektrikers sind, hat man die Heizer-seitigen Enden der Kabel mit Steckern ausgestattet. Die entsprechenden Steckdosen befinden sich in der Einheit.

10 Den Thermostat bringen wir im Wohnbereich an und verbinden ihn mit Kabeln. Die Schrauben verbirgt man mit diesen Knöpfen und der Einstellknopf wird als Letztes angebracht.

Der Heatsource von Propex sorgt fast augenblicklich für Wärme und eignet sich besonders für jene, die gern autark campen wollen. Zündung, Gebläse und Steuerung funktionieren mit 12-Volt-Gleichstrom.

Der einzige Nachteil ist allen Gebläseheizungen gemeinsam: eine gewisse Geräuschbelästigung.

Aber wenn in einem großen Wohnwagen der Schlafbereich an einem Ende liegt und unzureichend beheizt ist, dann könnte der Heatsource von Propex die Lösung sein.

Bitte denken Sie daran: Sie selbst können alle Löcher bohren, alle Rohrleitungen für den Ein- und Auslass legen und den Thermostat montieren. Aber alle anderen Arbeiten im Zusammenhang mit der Strom- und Gasversorgung müssen Sie von einer Fachkraft durchführen lassen.

Verlegung eines Heizungsschalters von Truma

Der Schalter für die Heizung in unserem Bürstner war nur schwer zugänglich. Dazu musste man sich auf den Boden knien und unter den Sitz gucken.

Wenn aber ein Hersteller seinen Schalter in einer schlechten Position angebracht hat, so heißt das noch lange nicht, dass man sich für alle Zeiten damit abfinden muss.

Hier zeige ich, wie ich den Schalter von Truma neu verlegte. Dazu brauchte ich nur einen Lochschneider in einer bestimmten Größe.

1 Hier sieht man die ursprüngliche Lage des Schalters. Er befindet sich oberhalb der Ausströmöffnung und war somit als Thermostat nicht einmal intelligent angebracht: Die Raumtemperatur wird am besten weiter oben gemessen.

2 Die äußere Umrandung des Truma-Schalters entriegelt sich ganz einfach, nur mit den Fingern, ohne Werkzeug. Der Schalter selbst wird auf das Holzpaneel aufgeschraubt.

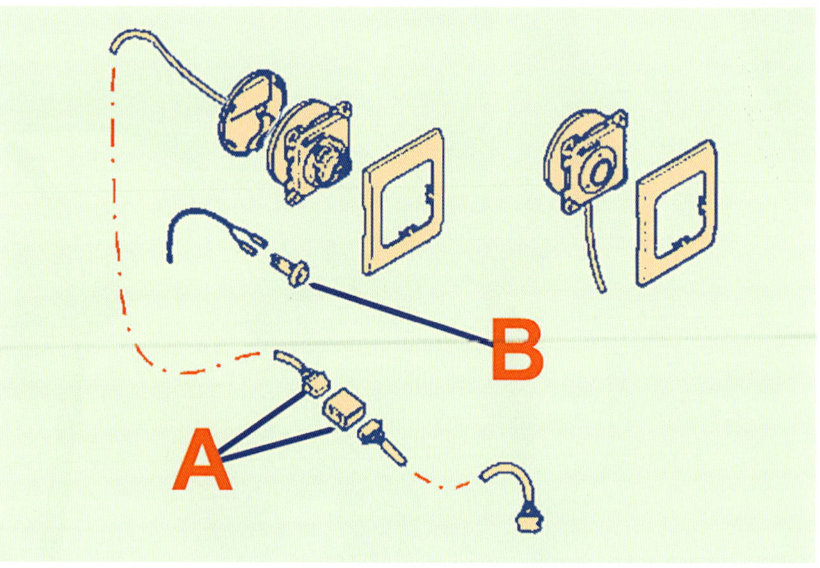

3 In unserem Fall ist das Kabel fest mit dem Schalter (rechts) verbunden, für andere Fälle trifft das nicht zu. Das Truma-Verlängerungskabel (A) lässt sich einfach einstecken. Bei Bedarf steht auch ein weiter entfernter Thermostat (B) zur Verfügung.

4 Das andere Ende des Kabels wird auf die Rückseite der Truma-Heizung gesteckt. Zugang bekommt man oft dadurch, dass man Bodenplatten im Garderobenschrank oder in anderen Möbeln in der Umgebung entfernt.

5 Das Kabel zieht sich durch die Rückseite des Bettkastens und durch die Türschwelle, die auch viele andere Kabel enthält. Man muss aufpassen, dass man den Stecker beim Verlegen nicht beschädigt!

6 Nach längerem Nachdenken entscheide ich mich, den Schalter an der Seite des Kleiderschranks zu montieren. Mit einem Stift markiere ich die Lage und bohre ein erstes Loch.

7 Auf den Akkubohrer setze ich einen Lochschneider auf und gehe auf die kleinste Drehzahl. Kleben Sie ein Stück Karton auf das Paneel: Es schützt vor Kratzern, wenn man abrutscht.

8 Die Lochsäge ist 2 mm kleiner als der Schalter, aber diese Geräte neigen dazu, größere Löcher zu schneiden. Ich muss nur noch etwas feilen. Dann passt der Schalter, wird aufgeschraubt und die Blende wieder eingesetzt.

9 Vom Inneren der Garderobe sieht man, wo der Schalter nun sitzt. Kabelhalter aus dem Schrankinneren wurden wiederverwendet. Aufgenagelte Kabelhalter sind in einem Wohnwagen fehl am Platz …

10 … da viele Paneele zu dünn sind zum Nageln. Die Stelle, wo sich der Schalter früher befand, maskierten wir zuerst mit einem zugeschnittenen selbstklebenden Stück Kunststofffliese. Als sie sich nach einiger Zeit löste, schraubten wir eine Furnierplatte auf, wie man sie in jedem Baumarkt bekommt.

Das bereits vorhandene Standardkabel war lang genug, und den überschüssigen Teil rollten wir sauber auf und verbargen ihn hinter dem Brenner von Truma. Gegebenenfalls kauft man Verlängerungskabel, die man einstecken kann, wie in Bild 3. Das ist viel einfacher als Drähte zu schneiden und aufzuspleißen – sofern man nicht Elektriker ist.

Zündautomat für Truma-Heizungen

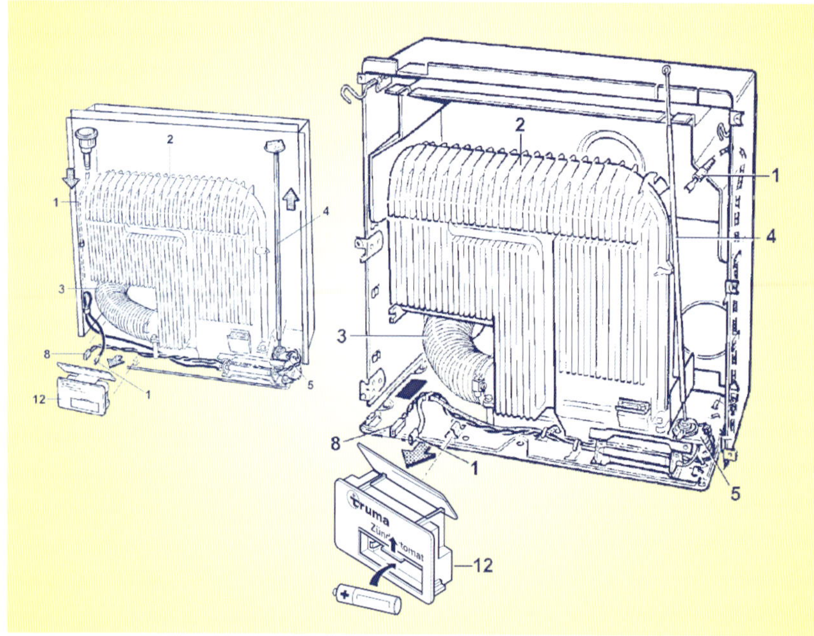

3 Diese Zeichnungen gelten für die Trumatic S3002, während unser Gerät die Bezeichnung S5002 (Anschlüsse auf der entgegengesetzten Seite) trägt. Links ist das Gerät S3002 von 1981 bis 1996, rechts das ab 1996 abgebildet.

Zündautomaten sind so häufig anzutreffen – bei Kühlschränken und Kochern im Wohnwagen und bei vielen Gasgeräten zuhause –, dass wir sie fast nicht mehr zur Kenntnis nehmen. Warum sie nicht auch in alle Heizgeräte eingebaut werden, ist schwer zu verstehen.

Eine Zündsicherung unterbricht die Gaszufuhr, wenn die Zündflamme erlischt, und dies ist nur sehr selten der Fall. Aber wenn Sie noch einen Zündautomaten montieren, bekommen Sie doppelte Sicherheit.

Ich fand seit jeher, dass das Einschalten einer Truma-Heizung mühselig ist. Man muss sein Augenmerk auf das Flammenfenster richten und gleichzeitig den Zündknopf von Hand drücken. Mit der neuen Ausrüstung müssen Sie nur noch einen Schalter betätigen.

In der Theorie besteht der Einbau nur darin, die Frontabdeckung des Truma-Heizgeräts zu entfernen und die Teile des Zündautomaten nach der mitgelieferten Anleitung zu montieren. Doch diese Anleitung war etwas verwirrend …

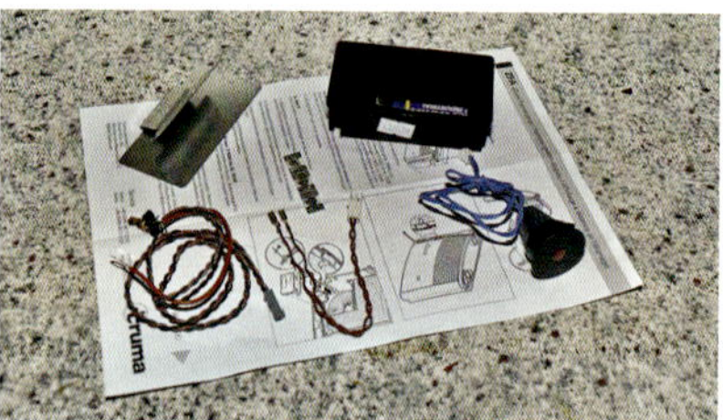

1 Wenn Sie dieses Kit bestellen, müssen Sie die genaue Typenbezeichnung ihrer Truma-Heizung angeben, weil es da einige Unterschiede gibt. Die Sicherheitshinweise in der Montageanleitung sind genau zu befolgen.

2 Rob hebt die vordere Abdeckung ab, unterbricht den Stromkreis und entfernt den Einstellknopf vom Gehäuse sowie dessen Stahlstab (kleines Bild).

4 Rob merkt bald, dass man das Ventil (S5002, links) abnehmen muss. Die Montageanleitung behauptet zwar, man könne die Kabel durch dessen Kappe ziehen …

5 … aber das geht nicht. Sie müssen die Laufrichtung der Leitungen zwischen den Kontaktstellen überprüfen, um zu sehen, ob das Kabel durch die Kappe hindurchgeführt werden kann. Wenn man es …

6 … durch die Kappe ziehen muss, bleibt nichts anderes übrig, als ein Loch zu bohren. Dabei muss man sehr vorsichtig zu Werke gehen und darf sie nicht beschädigen.

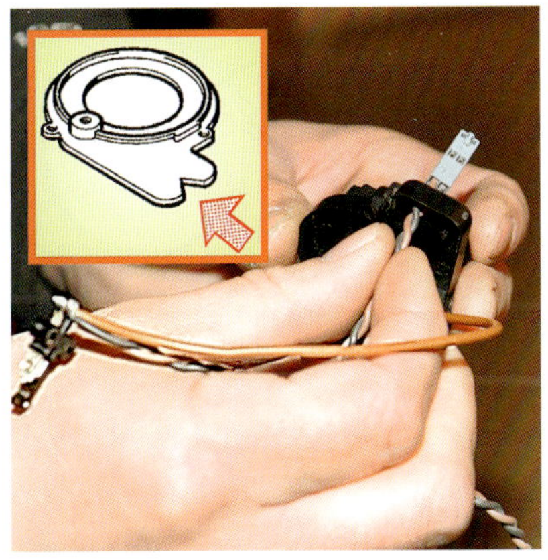

7 Das Kontaktunterbrecherkabel kann nun durch das Loch in der Kappe geführt werden. Läuft das Kabel hingegen nach oben, so muss man stattdessen den Deckel anschneiden (kleines Bild).

8 Man sieht, dass die Kontaktpunkte nur auf die beiden Kunststoffzapfen im Gehäuse drücken. Es ist zu beachten, dass man auch eine geeignete Erdung für das braune Kabel finden muss.

9 Der Zündautomat wird mit seinem angesteckten Hitzeschild in der richtigen Position festgeklipst. Die Batterien können ausgetauscht werden, ohne dass man die Abdeckung des Heizers abnehmen muss.

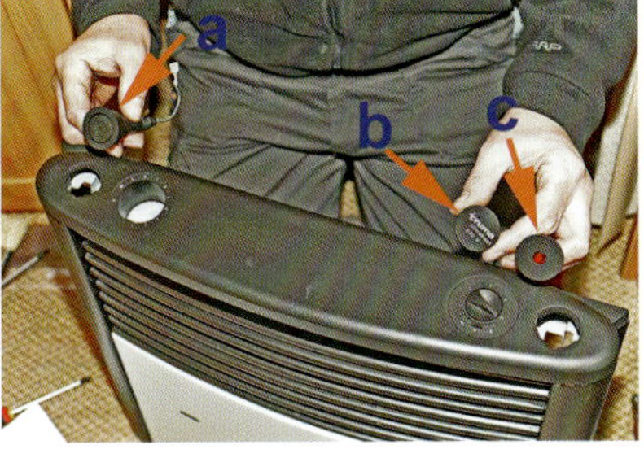

10 Die manuelle Zündung (a) wird durch eine Blindplatte (b) ersetzt. Diese stammt von der rechten Seite des Gehäuses. An deren Stelle wird die Kontrollanzeige (c) montiert.

Obwohl uns einige Montageanleitungen verwirrten, kam Rob dann doch bald auf den Trichter. Insgesamt ist der Zündautomat von Truma ein gutes, leicht verständliches Gerät.

Jedes Kabel hat seine eigene Farbe und alle Anschlussstellen sind bereit, ihr Kabel aufzunehmen. Es werden sogar drei selbstklebende Kabelhalter mitgeliefert, die an der Innenseite des Gehäuses befestigt werden.

Um die Heizung einzuschalten, braucht man nur noch die gewünschte Temperatur einzustellen und auf das Klicken und das Aufflackern der Kontrollanzeige zu warten. Wenn das Klicken aufhört und das Licht erlöscht, brennt die Gasflamme. Das kann man weiterhin durch das Flammenfenster kontrollieren.

Einbau einer Vorzeltheizung von Truma

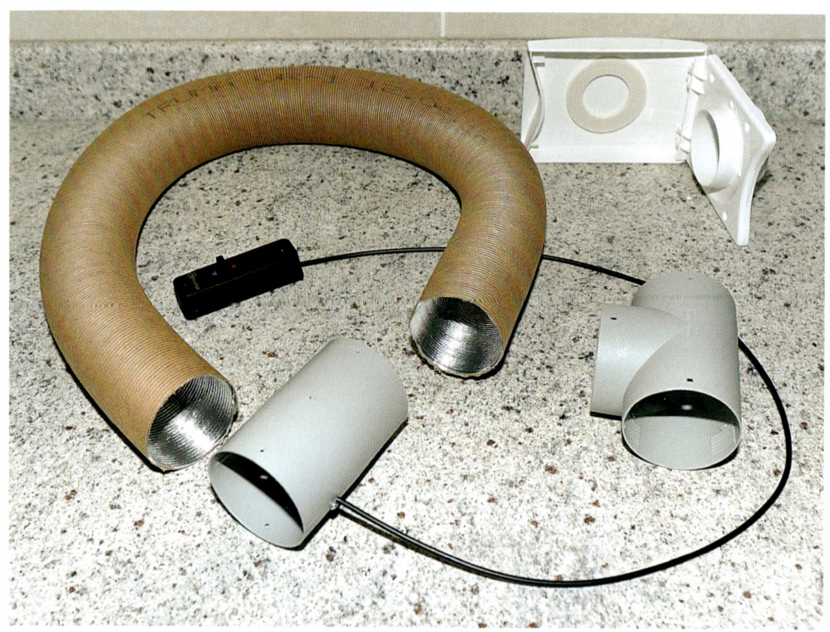

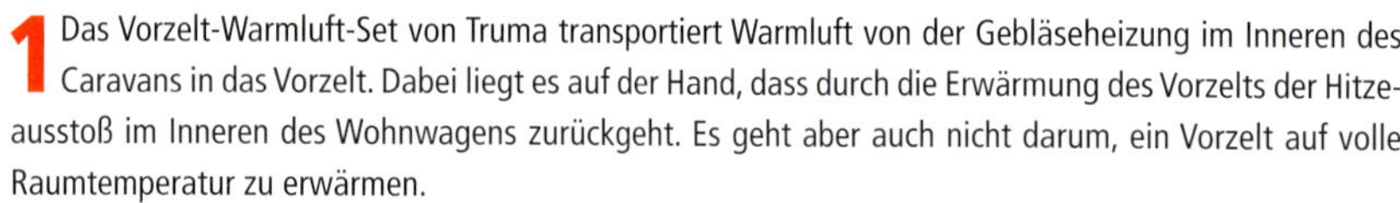

1 Das Vorzelt-Warmluft-Set von Truma transportiert Warmluft von der Gebläseheizung im Inneren des Caravans in das Vorzelt. Dabei liegt es auf der Hand, dass durch die Erwärmung des Vorzelts der Hitzeausstoß im Inneren des Wohnwagens zurückgeht. Es geht aber auch nicht darum, ein Vorzelt auf volle Raumtemperatur zu erwärmen.

Die folgenden Anleitungen wurden etwas verändert aus der Gebrauchsanweisung von Truma übernommen.

Wird nur das Vorzelt beheizt, so empfiehlt Truma, eine zweite Ausströmöffnung zu installieren, sodass die für das Wohnwageninnere bestimmte Luft zeitweilig umgelenkt werden kann. Für eine bessere Wärmenutzung schlägt der Hersteller vor, ein zweites Vorzelt-Warmluft-Set einzubauen.

Wahl der Position

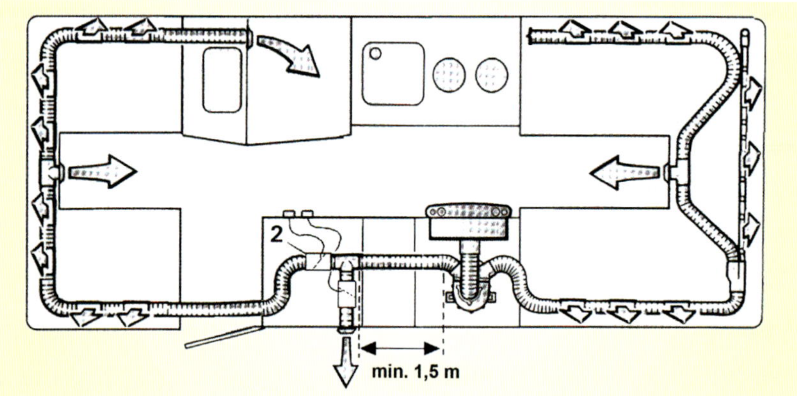

2 Zwischen dem Gebläse der Heizung und der Vorzeltheizung sollten mindestens 1,5 m Rohrleitung liegen, sonst besteht die Gefahr, dass sich diese überhitzt.

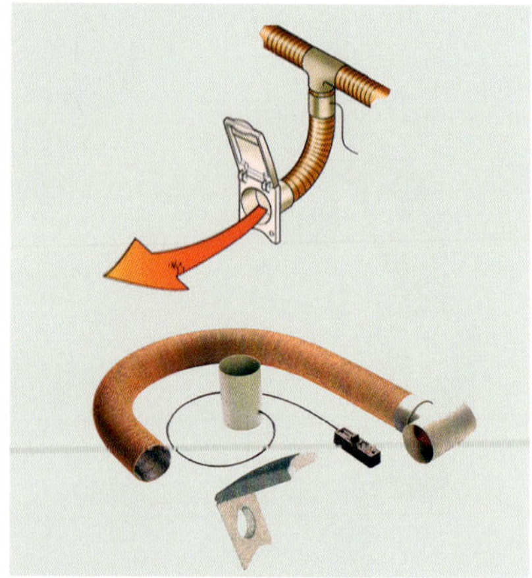

3 Wählen Sie eine geeignete Stelle an einer senkrechten Fläche der Außenwand innerhalb des Vorzelts aus, jedoch nicht zu nahe am Stoff des Vorzelts, in mindestens 1,5 m Abstand vom Heizungsgebläse. Am Auslass auf der Außenhaut sollten keine Dekorelemente vorhanden sein.

Schneiden des Lochs

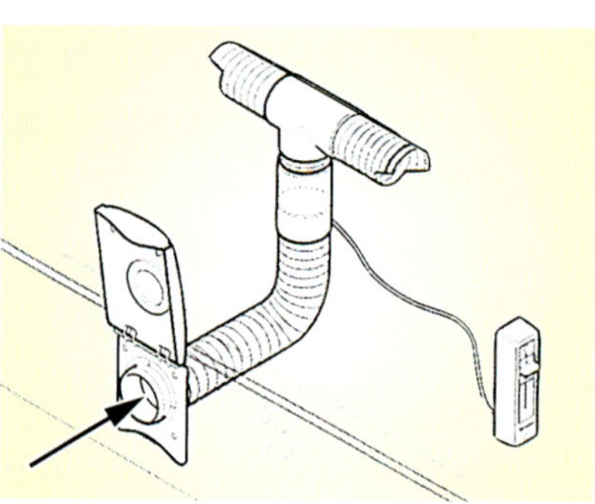

4 Vom Inneren des Wohnwagens bohrt man horizontal ein 2 mm breites Loch durch die Seitenwand. Um Platz für das Gehäuse (Pfeil) zu schaffen, schneidet man um das erste Loch herum einen Kreis mit einem Durchmesser von 76 bis 80 mm aus. Um die Karosserie während dieser Arbeit zu schützen, arbeitet man mit Malerband und deckt einen Bereich von mindestens 150 mm um das vorgebohrte Loch herum ab. Nehmen Sie Verzierungen vorher ab oder sorgen Sie mit Dichtband dafür, dass das Gehäuse flach auf der Außenhaut liegt. Die Schneidkanten innen und außen müssen geglättet werden, sodass keine scharfen Stellen mehr übrig bleiben. Überprüfen Sie den Sitz des Gehäuses.

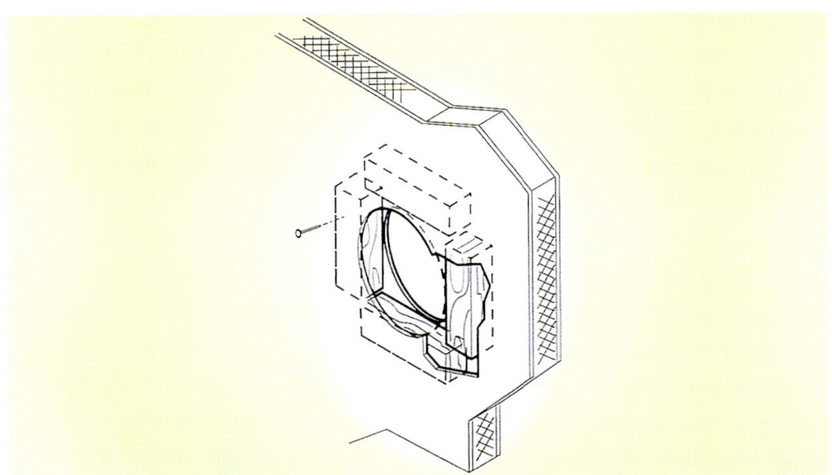

5 Im Idealfall sollte man das Loch zur Verstärkung mit Holz auskleiden. Doch zuvor muss die Isolierung in der gewünschten Breite entfernt werden. Mit einem nicht ehärtenden Dichtmittel – nicht Silikon! – dichtet man die Holzauskleidung gegenüber der Innen- und Außenhaut ab. Dann befestigt man die Holzstücke mit Stahlstiften. Überschüssiges Dichtmittel wird um die Öffnung herum entfernt. Wir überprüfen, ob auch alle Ecken und Kanten abgedichtet sind, sonst kann Wasser eindringen.

Warmluftsystem

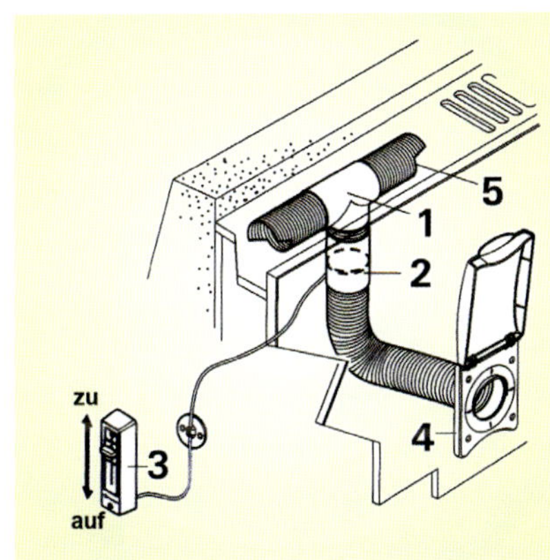

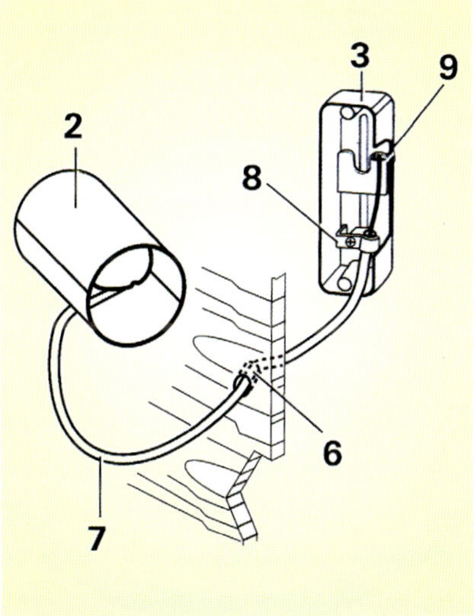

6 Das Vorzelt-Warmluft-Set von Truma wird an 65 mm breite warmluftführende Rohre der entsprechenden Caravanheizung angeschlossen. Bauen Sie das T-Stück (1) mit der Klappe (2) in das bestehende Heizungssystem wie oben gezeigt ein. Die Strangsperre darf dabei nicht geknickt werden. Damit kein Wasser eindringen kann, muss die Luftzufuhr (4) für das Vorzelt nach unten geneigt sein. Gegebenenfalls muss der Hauptstrang (5) höher gelegt werden.
Wählen Sie für den Schieberegler (3) die richtige Position im Inneren des Wohnwagens. Sie können damit die Warmluftzufuhr steuern. Die Strangsperre, ein Bowdenzug, ist 80 cm lang.

7 Bohren Sie ein 5 mm breites Loch (6) in einem Winkel von 45 Grad schräg nach unten. Ziehen Sie den Bowdenzug (7) von dahinter durch das Loch (6). Lösen Sie die Befestigung (8), ziehen Sie den Haken des Bowdenzugs durch den Ring (9). Befestigen Sie den Bowdenzug am Halter (8) und schrauben Sie ihn fest. Befestigen Sie den Schieberegler (3) mit den beiden mitgelieferten Senkkopfschrauben (2,9 x 32 mm).

Seitenwand des Wohnwagens

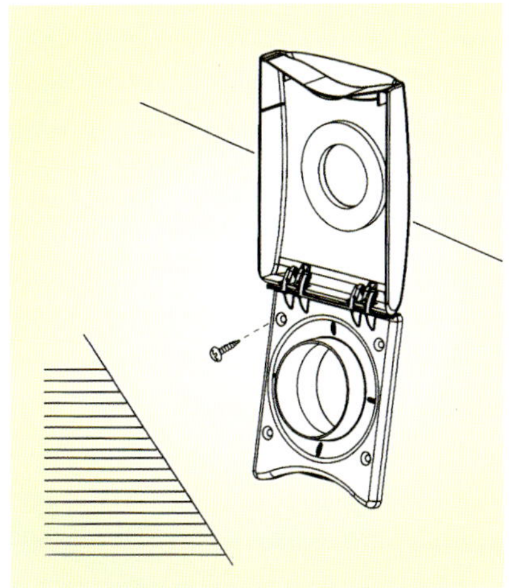

8 Wenn alle Verbindungen zum Heizungssystem fertig sind, schraubt man das Gehäuse an die Außenhaut. Man nimmt die Klappe ab und bohrt an den vier Ecken mit einem 2 mm breiten Bohrer vier Löcher vor. Das Gehäuse muss ganz mit einem nicht korrosiven Kunststoffdichtmittel versehen werden – wiederum kein Silikon!
Mit den vier Senkkopfschrauben befestigt man das Gehäuse und entfernt anschließend ausgetretenes Dichtmittel.

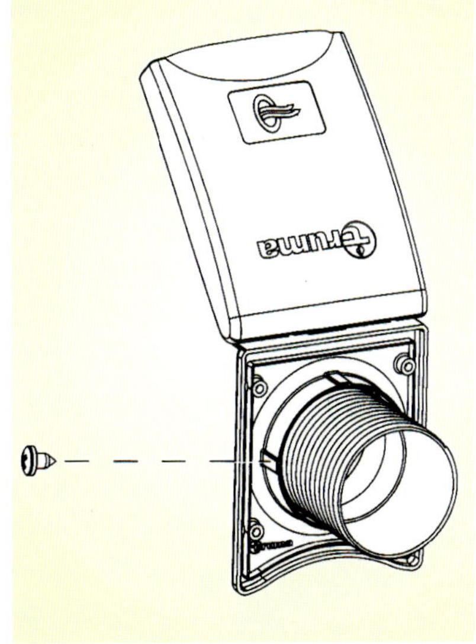

9 Wenn nötig, befestigt man das Verteilungsrohr mit der mitgelieferten Schraube (3,5 x 6,5 mm).

Einbau einer Dunstabzugshaube

Die Firma Dometic ist einer der Marktführer bei Kühlschränken für Wohnwagen. Daneben hat sie auch eine große Vielfalt von hochwertigem Zubehör im Angebot. Darunter sind mehrere Belüftungssysteme, die verbrauchte Luft in der Toilette und der Küche ausleiten.

Es gibt zwei verschiedene Modelle bei den Dunstabzugshauben: das vollständig verdeckte Modell CK 150 und das CK 155 (im Bild), das untergebaut wird und auch den Kochbereich beleuchtet.

1 Über dem Herd in unserem Bürstner befindet sich ein kleiner Schrank mit zwei Leuchten, die eher blenden als beleuchten.

2 Zuerst kappt Ian die Stromversorgung. Dann entfernt er die Eckleiste des Schränkchens und schraubt die Leuchteneinheit ab.

3 Ian dreht die Spannschrauben im Gegenuhrzeigersinn, und der Regalboden kann entfernt werden.

4 Anhand der Zeichnungen in der Montageanleitung markiert Ian, wo auf der Unterseite des Regalbodens der Ventilator befestigt werden soll.

5 Mit der Stichsäge schneidet er ein 105 mm großes Loch aus. Das Malerband hat die Aufgabe, vor Kratzern zu schützen.

6 Er bohrt ein weiteres, viel kleineres Loch für die Stromkabel. Dann montiert er das Abzugsrohr provisorisch, um zu sehen, wo das Gerät auf dem Regalboden liegen wird.

7 Alle Schrauben zur Befestigung der Haube werden leicht angezogen und dann zusammen mit dem ganzen Gerät wieder abgenommen.

8 Ian baut den Regalboden wieder ein und verwendet dazu die originalen Spannschrauben. Er verlegt ein neues Kabelpaar für das Gebläse und verwendet die alten Kabel für die neue Beleuchtung. Viele Wohnwagen würden neue, mit einer Sicherung versehene Kabel benötigen; das Kabel für das Gebläse ist allerdings belastbarer und reicht auch für die Beleuchtung mit ihrer geringeren Leistung aus.

9 Die Position der Dachkuppel wird markiert. Ian bohrt in der Mitte ein kleines Loch, von unten nach oben.

Wichtig!

- *Sie müssen sichergehen, dass an der betreffenden Stelle im Dach keine Kabel verlaufen. Im Notfall müssen Sie das mit Ihrem Wohnwagenhändler abklären.*

10 Mithilfe dieses zentralen Lochs schneidet Ian die Aussparung von außen nach innen in das Dach.

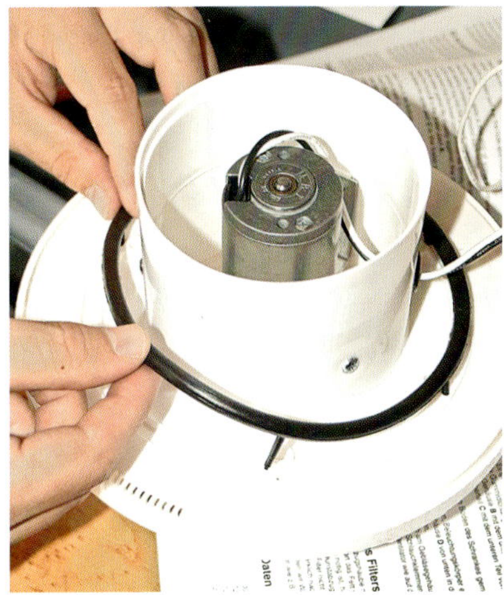

11 Die Dachkuppel hat zwei Dichtungen, die vor der Montage korrekt auf der Unterseite angebracht werden müssen.

12 Ian zieht das Elektrokabel durch das 105 mm breite Loch im Dach und fixiert die Kuppel an Ort und Stelle. Jedes Bohrloch bekommt einen Spritzer nichthärtende Dichtmasse, um das Eindringen von Wasser zu verhindern.

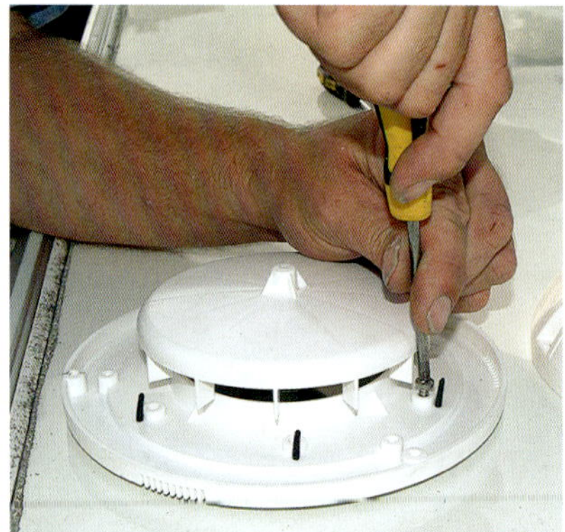

13 Mit den mitgelieferten rostfreien Schrauben befestigt Ian das Innere der Kuppel am Aluminiumdach des Wohnwagens. Vorsicht: Man kann das Gewinde im dünnen Aluminium leicht kaputtmachen.

14 Mit weiterem Dichtmittel an den Schrauben wird auch die äußere Kuppel aufgesetzt.

15 Zurück in der Küche hebt Ian die Dunstabzugshaube mit der Rohrleitung in die richtige Position. Dann schraubt er sie fest, wobei er die bereits vorhandenen Bohrlöcher verwendet.

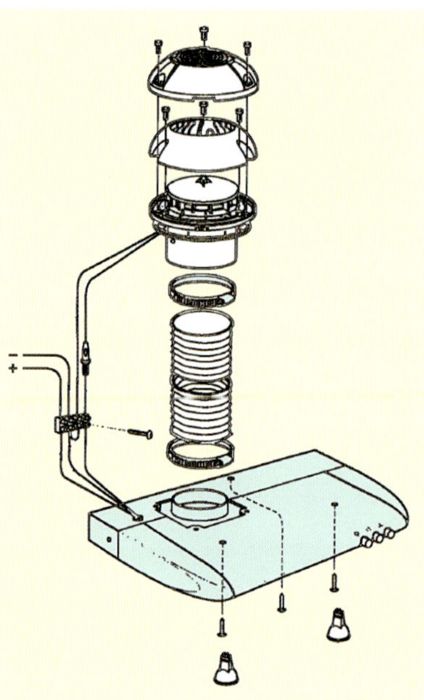

16 Das Diagramm von Dometic zeigt die einfache Verkabelung und eine Explosionsansicht aller Einzelteile.

17 Ian verbindet die Kabel mit den mitgelieferten Lüsterklemmen. Dann baut er das Abzugsrohr ein und verbindet es mit einer Art Schelle am Stutzen. Man beachte, um wie viel leichter es fällt, die Schrauben mit einer kleinen Ratsche anzuziehen anstatt mit einem Schraubendreher.

Sicherheit an erster Stelle!

- *Ein qualifizierter Elektriker sollte die Installation überprüfen und die Verbindungen herstellen, bevor der Anschluss an die Batterie bzw. das öffentliche Netz erfolgt.*

18 Stephen bringt hier die Lampen und die abwaschbare Filterabdeckung an der Abzugshaube an, während Ian schon mal aufräumt.

19 Im täglichen Gebrauch ist die Abzugshaube ein wahrer Segen. Sie beleuchtet einen wichtigen Teil der Küche. Sie arbeitet leise und befreit vom Küchendunst und, was ebenso wichtig ist, vom Wasserdampf. Damit kann sich kein Wasser auf kühleren Teilen des Wohnwageninneren niederschlagen.

Gas-Außenanschluss

3 Zuvor hat Rob allerdings ein Loch vorgebohrt, denn selbst nach genauester Messung muss man absolut sicher sein, dass das Loch innen an der richtigen Stelle erscheint.

Es gibt kaum einen Zweifel daran, dass der Gasgrill die sauberste Art des Barbecues darstellt. Die Außensteckdose macht das Mitführen einer Extra-Gasflasche dafür überflüssig.

Wir zeigen hier, wie der im Umgang mit Gas geschulte Wohnwagenspezialist Rob Sheasby eine solche Außensteckdose von Truma montiert. Sie erlaubt es, beispielsweise den Grill oder ein Heizgerät mit dem Inhalt der üblichen Gasflaschen zu betreiben. Vor der Inbetriebnahme müssen Sie die Installation überprüfen lassen.

1 Wie schon oben erwähnt, ist eine Wasserwaage im Wohnwagen nicht von Nutzen, da das Gefährt nicht gerade steht. Rob markiert deswegen die künftige Öffnung für die Steckdose mithilfe eines Winkelmaßes.

2 Wir stellen eine eigene Schablone aus Karton her. Das Abdeckband dient dem Schutz vor Kratzern. Der Akkubohrer hat genügend Power selbst für einen großen Lochschneider.

4 Große Lochsägen sollten sehr langsam drehen – und mit viel Schmiermittel, um eine Überhitzung zu vermeiden. Rob bohrt auch an den auf der Schablone vorgemerkten Stellen Löcher für die Schrauben vor.

5 Aluminium leistet der Korrosion Widerstand, ist aber nicht dagegen immun, besonders nicht in Kontakt mit Flussstahl. Wegen der Bügelfedermuttern, die später zum Einsatz kommen (Bild 7), setzen wir Hohlraum-Schutzspray von Würth ein.

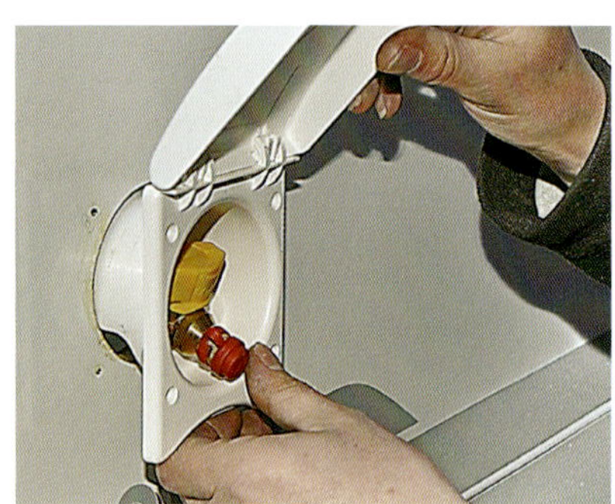

6 Nach allen Schneid- und Bohrarbeiten setzt Rob die Außensteckdose ein und vergewissert sich dabei, dass das Loch groß genug ist. Auch die vorgebohrten Löcher liegen an der richtigen Stelle.

7 Hier sieht man, warum wir der Korrosion vorbeugen müssen. Dünnes Alu reicht für selbstschneidende Schrauben nicht aus. Deswegen setzen wir Bügelfedermuttern aus einer anderen Legierung ein.

8 Rob verdreht ein Butyldichtband zu einer Art Seil, sodass es in einer Vertiefung der Steckdose Platz findet. Damit ist die Dichtung gewährleistet.

9 Truma liefert rostfreie Schrauben mit, und mit ihnen befestigen wir die Steckdose. Um sie etwas fester anziehen zu können, brauchen wir Bügelfedermuttern.

10 Das mitgelieferte Verbindungsstück wird am Gasschlauch des Grills befestigt und kann nun bei Bedarf einfach in die Steckdose eingeführt werden.

Die Außensteckdose von Truma sieht, fertig eingebaut, sehr sauber aus. Für die Verbindung mit der Gasversorgung des Wohnwagens sorgt ein Fachmann.

Der einzige kleinere Nachteil besteht darin, dass man das Verbindungsstück fest an das eine Ende des Gasschlauchs montieren muss. Damit wird es nun schwieriger, den Gasgrill mit einer eigenen Gasflasche zu betreiben.

Wichtig!

- *Die Außensteckdose von Truma darf nur zum Entnehmen von Gas verwendet werden. Es ist nicht gestattet und unmöglich, über sie die Gasflasche zu befüllen.*

Einbau einer Klimaanlage auf dem Dach

Nicht wenige sind der Ansicht, beim Camping gehe es um Minimalismus. Die Vorstellung einer Klimaanlage in einem Wohnwagen geht ihnen gegen den Strich.

Ich für meinen Teil bin dafür, von allen Bequemlichkeiten des modernen Caravanings Gebrauch zu machen – eine Klimaanlage eingeschlossen.

Die Firma Dometic ist seit vielen Jahren führend auf dem Gebiet der mobilen Klimaanlagen. Auf dem Dach angebracht, funktionieren sie am besten, weil dort die Luft ungehindert am Wärmetauscher vorbeiziehen kann. Ein kleiner Nachteil besteht darin, dass das Gerät rund 30 kg wiegt, die auch noch weit oben angebracht werden. Aber eine solche Klimaanlage wird wohl nur in große Wohnwagen eingebaut, deren tiefer Schwerpunkt das Gespannfahren ruhig gestaltet.

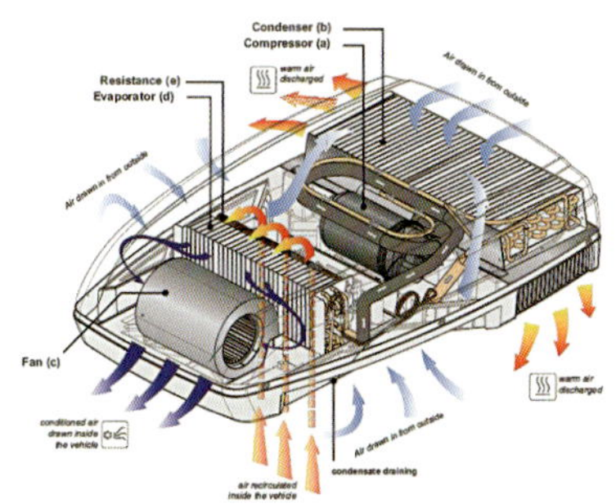

1 Die Klimaanlage funktioniert sehr gut, weil sie auf dem Dach montiert wird. Sie kühlt das Innere von oben.

2 Ian, Installateur von Dometic, berechnet mithilfe der mitgelieferten Schablone die beste Position.

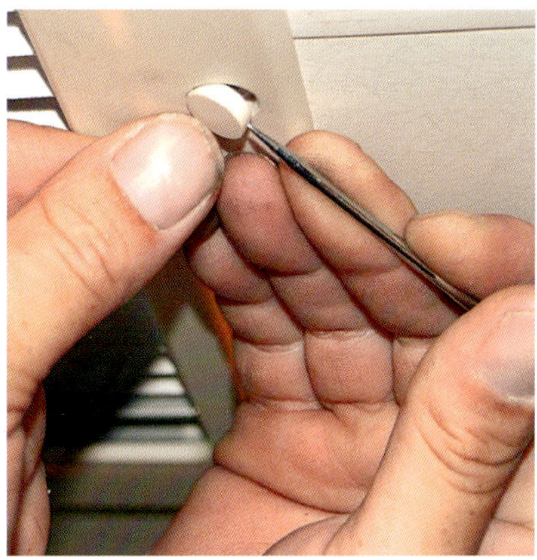

3 Die Abmessungen 400 x 400 mm bedeuten, dass die Anlage an der Stelle einer Standardluke eingebaut werden kann.

4 Ian hebelt zuerst die Schraubkappen ab und löst dann die Befestigungsschrauben der Dachluke.

5 Ian hebt die Luke sorgsam ab, ohne dass sie Schaden nimmt oder das Dach verbeult wird.

6 Befreit vom klebrigen Butyl-Dichtmittel kann die alte Luke im Ganzen abgehoben werden.

12 Darunter verlaufen die Kabel der Herstellerfirma. Es fällt somit nicht schwer, Zugang für weitere Kabel zu schaffen.

7 Ian schabt möglichst viel Butyl-Dichtstoff mechanisch vom Dach ab …

8 … und entfernt die Reste mit einem Lösungsmittel wie Waschbenzin. Einweghandschuhe halten die Finger sauber.

9 Ian installiert Einheiten wie diese so, dass sie den in der Fabrik montierten möglichst nahekommen.

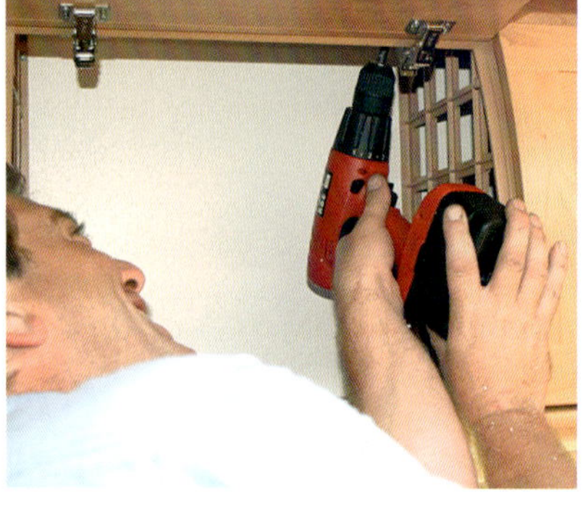

10 Das bedeutet sorgfältiges Bohren von Löchern für Stromkabel, damit diese – soweit möglich – versteckt bleiben.

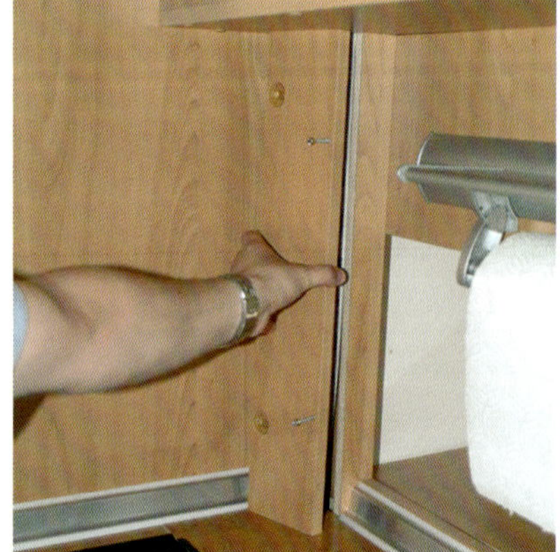

11 Um das Kabel vom Schrank unter dem Dach bis zum tiefsten Punkt zu führen, entfernt er die Abdeckung der Hauptleitung.

13 Das ist ein Kabeleinziehband. Mit diesem steifen Band oder Kabel findet man einen Weg durch Wände und zieht das Stromkabel nach.

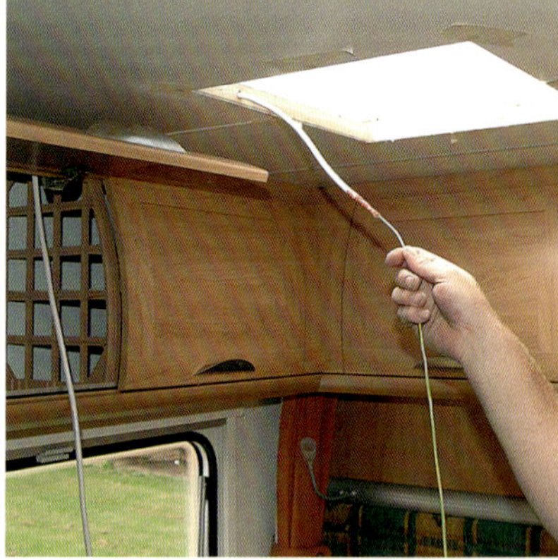

14 Normale Stromkabel sind nicht steif genug, um durch Wände gestoßen zu werden, deswegen braucht man Kabeleinziehbänder.

15 Ian und sein Kollege Stephen verwenden vernünftigerweise ein Gerüst, um die Klimaanlage auf das Dach zu hieven.

16 Bei den meisten Wohnwagen braucht man eine feste Unterlage auf dem Dach.

17 Hier sieht man, warum die beiden so sorgsam mit dem Gerät umgehen: Die eigentliche Klimaanlage befindet sich auf der Unterseite.

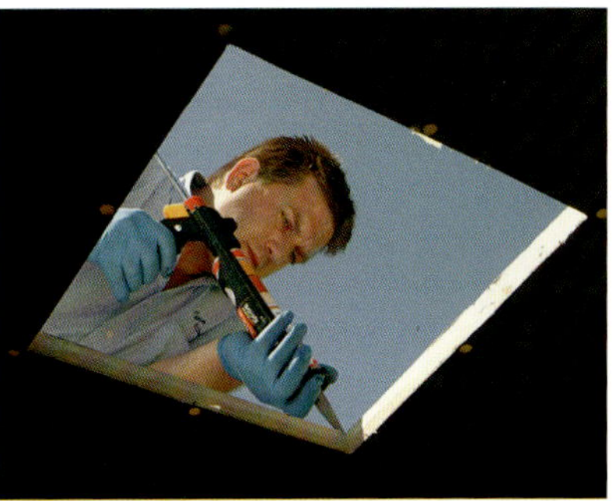

18 Ian trägt ein nichthärtendes Dichtmittel auf das Dach auf, bevor er die Klimaanlage einbaut, obwohl diese eigene Dichtungen aufweist.

19 Die Position wird überprüft, bevor die Klimaanlage in die frühere Lukenöffnung abgesenkt wird.

20 Schwache Dächer kann man mit einer Aluminiumplatte mit Wabenstruktur verstärken.

21 Zuerst schließt Ian die Anlage an, dann befestigt er den neuen Innenrahmen aus Kunststoff.

22 Diese speziellen Bolzen gehen durch den Innenrahmen direkt in die Dachkuppel und sorgen für eine feste Verbindung.

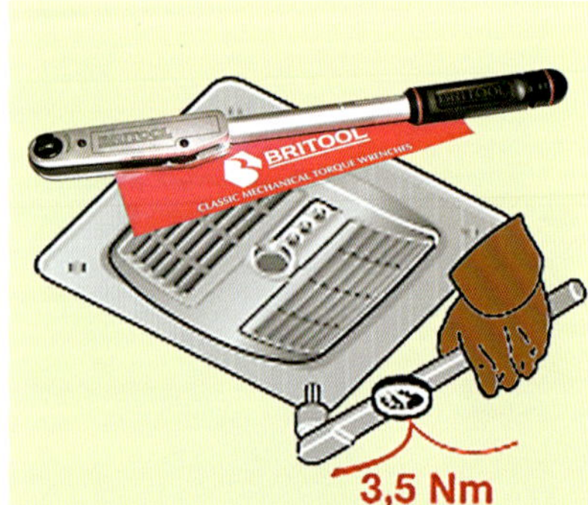

23 Das richtige Drehmoment ist wichtig. Das Modell der Firma Britool arbeitet bei geringen Drehmomenten genauer als die meisten Konkurrenten.

24 Nicht nur das richtige Drehmoment, auch das gleichmäßige Anziehen ist wichtig, wenn die Dichtung richtig funktionieren soll.

25 Ein letzter Schritt. Ian verbindet den neuen Schalter mit der 230-Volt-Stromversorgung.

26 Ian testet die neu eingebaute Einheit. Sie kühlt das heiße Innere sofort auf angenehme Temperaturen herunter.

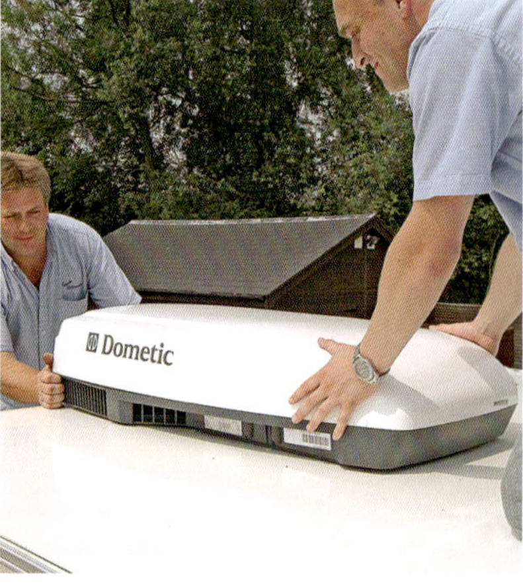

27 Oben auf dem Dach kann die Klimaanlage von Dometic am effizientesten arbeiten.

Einbau einer Klimaanlage unter dem Bett

Ohne Zweifel kann es in einem Wohnwagen mitten im Sommer heiß und stickig werden. Wenn Sie keine Klimaanlage auf dem Dach montieren wollen oder können, sollten Sie ein Klimagerät in Betracht ziehen, das auf dem Boden steht.

Hier zeigen wir, wie man eine Klimaanlage in den Bettkasten Ihres Caravans einbaut.

Einbau der Zentraleinheit

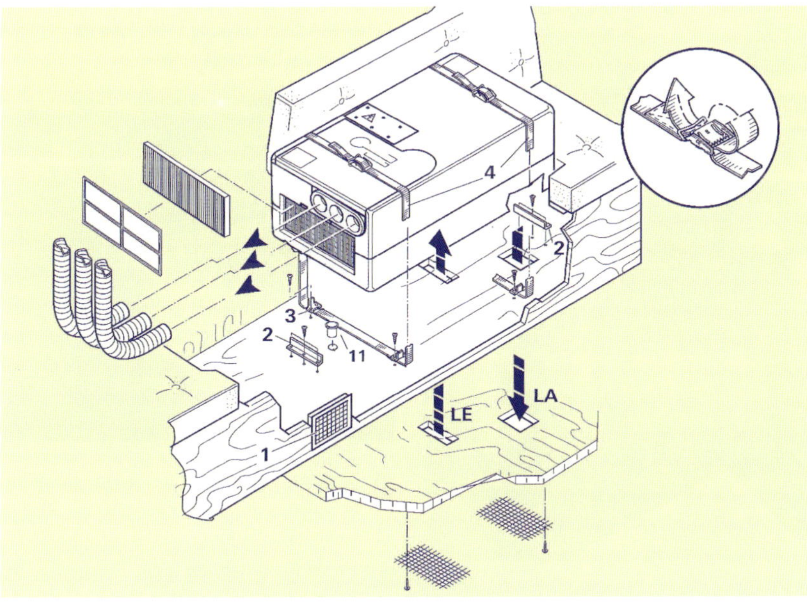

1 Das ist die kompakte Klimaanlage Saphir von Truma. Für ihr Volumen ist sie sehr leistungsstark. Das Gehäuse aus geschäumtem Polypropylen absorbiert Geräusche und sorgt für ein Gesamtgewicht von unter 20 kg.

2 John von der Firma Truma braucht zwei Stunden, um festzulegen, wie alles eingebaut werden soll. Zum Einbauset gehört auch eine Schablone aus Papier. John verwendet allerdings eine aus Sperrholz, um die entsprechenden Markierungen anzubringen.

3 Es ist kein großes Problem, einen Platz im Bettkasten zu finden. John muss aber auch sichergehen, dass die Löcher dazu keine Leitungen oder tragende Teile beschädigen.

4 Nach dem Bohren der ersten Löcher schneidet John mit der Stichsäge die rechteckigen Öffnungen für die Luftzufuhr (rechts im Bild) und die Abluft aus.

5 Die Schablone zeigt auch die richtige Position für die Halterungen. John schraubt sie an den Boden und zieht die Halteriemen unter ihnen durch, bevor er …

6 … das Zentralgerät an der Stelle einbaut. Die Lage unter dem hinteren Bett ist nahezu ideal, da es sich nahe der Mittellinie des Caravans befindet. Man braucht kaum Zugang für Wartungsarbeiten.

7 Alle Klimaanlagen tröpfeln, weil sie Wasser aus der Luft extrahieren. Dafür bohrt John ein Loch und steckt den Abfluss des Saphir hinein.

8 Ein paar Modifikationen sind zu tätigen. John allerdings muss nur eine Stütze des Bettes verschieben. Achten Sie darauf, dass Gepäck nicht die Luftzufuhr zur Klimaanlage behindert.

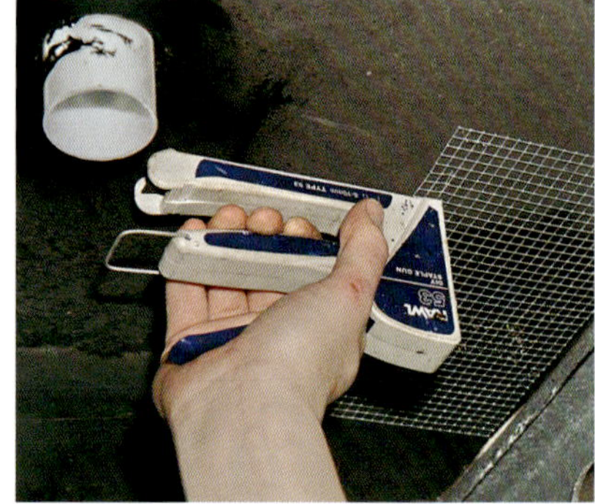

9 Die Kanten aller Löcher werden mit einem Unterbodenschutzmittel versiegelt, der Abfluss mit Dichtmittel befestigt. Das Gitter soll unerwünschte Besucher fernhalten, vor allem Insekten.

10 John zieht die Haltegurte stramm und schraubt das Gerät so fest, dass keine Bewegung in Fahrtrichtung mehr möglich ist.

Es ist möglich, dass die Klimaanlage Saphir in Geschäften mit Caravanzubehör verkauft wird. Aber der Einbau ist nichts für Anfänger. Auf jeden Fall muss man einen Elektriker hinzuziehen, der die Anlage anschließt.

Die Compact-Version der Saphir ist für Wohnwagen bis zu 5,5 m Länge gedacht. Der niedrige Stromverbrauch lässt sie für die meisten europäischen Campingplätze ideal erscheinen. Zu ihren Vorteilen gehört auch, dass man nichts auf dem eher instabilen Dach montieren muss.

Zu den weiteren Pluspunkten zählen: geringes Gewicht, kompakte Form, Pollen- und Staubfilter serienmäßig, Wartungsfreiheit, besonders ruhige »Schlaf«-Funktion und Fernbedienung.

Verteilung der Kaltluft

Der Einbau der Zentraleinheit ist nur eine Teilaufgabe bei der Installation des gesamten Systems. Einen sinnvollen Platz für die Kaltluftrohre zu finden, kann eine viel größere Herausforderung darstellen.

Im Idealfall liegen die Ausströmöffnungen für die Kaltluft weit oben an der Decke. Durch ihre Lage sind sie sehr viel effizienter, machen beim Anbringen aber auch viel mehr Mühe.

1 Die Zentraleinheit wurde in einem Bettkasten hinter der Achse angebracht. John von der Firma Truma beschließt, die Kaltluftrohre unter dem Caravan entlangzuführen und bohrt deswegen sorgsam eine Öffnung.

2 Der Luftschlauch bekommt einen zweiten, widerstandsfähigeren Schlauch als Überzug. Dieses Zubehör von Truma isoliert und verhindert Schäden.

3 Nach einem sorgfältigen Studium des Verlaufs bohrt John ein Loch für die Ausströmöffnung. Serviceleiter Richard wartet auf den Durchbruch. Der Garderobenschrank ist ein guter Ort für eine senkrecht verlaufende Rohrleitung.

4 In unserem Fall versorgt der Schrank das Schlafzimmer, die Küche und den Wohnbereich mit Kaltluft. Vom Schrankinneren wird der innere Teil des Endstücks eingefügt.

5 Richard hält das innere Teilstück, während John das äußere einfügt: ineinanderschieben und dann festdrehen.

6 Als weiteres Zubehör bietet Truma ein rechteckiges verstellbares Lüftungsgitter an. John schraubt die oberste Leiste des Garderobenschranks ab, schneidet mit der Stichsäge ein Loch hinein und baut dort die Klappe ein.

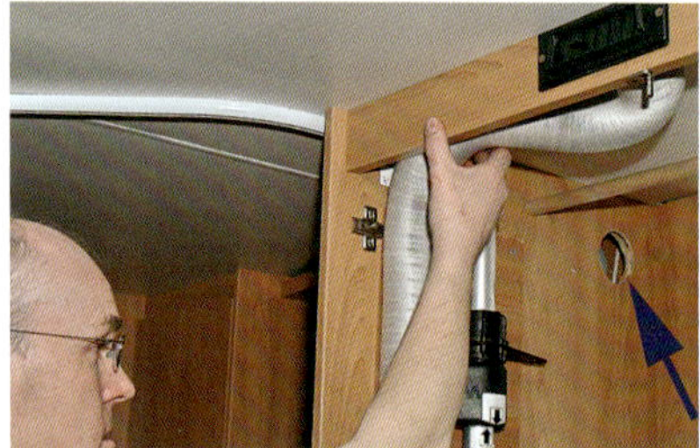

7 John braucht mehr Zeit zum Testen der Rohrleitung und der Lüfterklappe als für den eigentlichen Einbau. Der Pfeil weist auf die Ausströmöffnung im Schlafbereich.

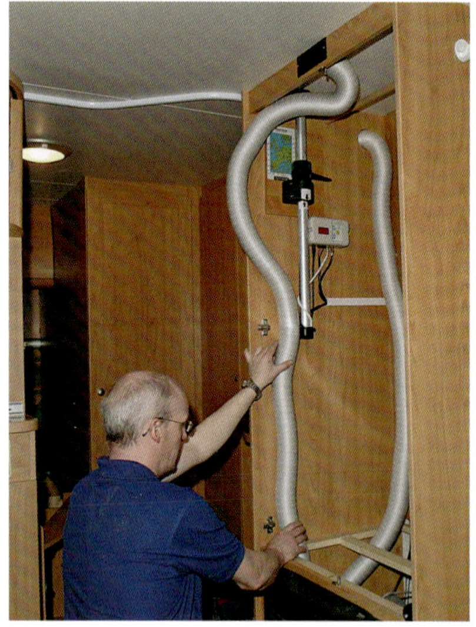

8 John befestigt die drei Kaltluftrohre so an der Wand, dass sie sich Vorsprüngen anschmiegen und möglichst wenig Platz in Anspruch nehmen.

9 Den Anschluss übernimmt ein Elektriker. John baut in der Garderobe einen Trennschalter neben den anderen Netzschaltern ein und verlegt das Kabel unter dem Boden.

10 Der Infrarotsensor (oben links) wird mit der Fernbedienung (kleines Bild) angesteuert. Diese hat eine eigene Halterung. Man braucht ein großes Lüftungsgitter, eingebaut in die Klappe zum Bettkasten.

Truma stellt drei Einbauvarianten zur Wahl:

Eco-Lösung: Alle drei Ausströmöffnungen liegen am Boden. Schnelles und preiswertes, aber verhältnismäßig wenig effizientes System, weil die wärmste Luft an der Decke verbleibt.

Komfort-Lösung: Die Kaltluft wird über Schläuche nach oben – zum Beispiel in einen Schrank – geleitet und verteilt sich dann gleichmäßig im Raum.

Luxus-Lösung: individuelle Belüftung für jeden Bereich, abgestimmt auf die Kundenbedürfnisse, realisiert mit Truma-Zubehör.

Es gibt auch weiteres Zubehör zur Geräuschdämmung. Dieses könnte auf einigen europäischen Campingplätzen von Nutzen sein, auf denen die Verwendung externer, lauter Klimaanlagen untersagt ist.

Vorzelte

Das Vorzelt ist oft der erste größere Kauf nach dem Erwerb des Wohnwagens. Es ist ideal zur Vergrößerung des Wohnraums. Man kann darin auch Gäste schlafen lassen.

Wie der Name schon sagt, ist das Vorzelt eine zeltartige Struktur, die man an die Seite des Wohnwagens anbaut. Es gibt zahlreiche Formen, Typen, Herstellungsarten und Farben. Aber für welches Modell Sie sich am Ende auch entscheiden: Ganz wichtig ist, dass das Vorzelt genau die richtige Größe für Ihren Wohnwagen aufweist.

Die meisten Hersteller haben Listen der geläufigsten Wohnwagen mit den dazu passenden Vorzelten. Aber es besteht immer die Möglichkeit, dass gerade Ihr Caravan nicht darin erscheint, besonders wenn es sich um ein älteres Modell handelt. Deswegen ist es wichtig zu wissen, wie man den Wohnwagen ausmisst, um die richtige Vorzeltgröße zu wählen.

Man braucht dazu ein längeres Stück Schnur oder ein flexibles Maßband. Man beginnt am Boden über der hinteren unteren Ecke der Beifahrerseite, geht erst nach oben, dann der Kederschiene entlang und an der vorderen Kante der Beifahrerseite wiederum nach unten bis zum Boden. Dieses Maß, üblicherweise in Zentimetern angegeben, heißt Umlauflänge. Sie bestimmt über die Größe des Vorzelts.

Wenn Sie seine Größe festgelegt haben, geht es um die Entscheidung, welche Art Vorzelt Sie sich vorstellen. Die Palette reicht von einem einfachen Teilvorzelt bis zu Modellen, die einem Festzelt ähneln. Teilvorzelte dienen vorwiegend der Aufbewahrung schmutziger Stiefel und nasser Kleidung. In den großen Ganzvorzelten finden bis zu 20 Personen Platz.

Es liegt auf der Hand, dass das Gewicht des Vorzelts mit seiner Größe zunimmt. Der Verwalter des Campingplatzes sieht es überdies nicht gern, wenn Ihr Vorzelt auch Teile des Nachbargrundstücks belegt. Es ist auch durchaus möglich, dass Sie dafür extra bezahlen müssen.

Typ

Über den Typ des Vorzelts entscheiden nicht nur Form und Farbe. Es gibt Unterschiede beim Gestänge und beim Material. Diese wiederum entscheiden über Preis, Gewicht und Lebensdauer und letztlich auch über den Erfolg Ihrer Ferien.

Gestänge

Das Gestänge bildet das Skelett des Vorzelts. Ohne dessen stützende Wirkung bleibt Ihnen nur ein großer textiler Haufen, der keinen Zweck erfüllt. Es gibt drei Arten von Gestänge: Glasfaser, Aluminium und Stahl. Jeder dieser Werkstoffe hat seine eigenen Vor- und Nachteile.

Das Glasfasergestänge ist leicht und widerstandsfähig. Rost kann ihm nichts anhaben. Bei korrekter Handhabung hält es sehr lange. Diese günstigen Eigenschaften haben aber ihren Preis. Deswegen sind Glasfasergestänge die teuersten der genannten drei.

Aluminium ist das leichteste Material, und das spielt besonders dann eine Rolle, wenn Ihr Wohnwagen mit Gewichtsproblemen kämpft. Alu ist auch billiger, aber nicht so strapazierfähig wie Glasfaser.

Von den drei Werkstoffen ist Stahl am billigsten und stärksten. Allerdings macht sich das Gewicht negativ bemerkbar.

Material

Wie bei den Gestängen gibt es auch hier drei häufig verwendete Gewebearten. Die Stoffe sind bei der Entscheidung, welche Art Vorzelt Sie am Ende kaufen, wohl der wichtigste Faktor. Sie entscheiden vor allem über den Preis und die voraussichtliche Lebensdauer.

Baumwolle wurde länger als jeder andere Stoff für Vorzelte verwendet. Heute spielt sie keine Rolle mehr. Sie ist luftdurchlässig und verringert damit die Kondensation von Wasser im Zelt. Gleichzeitig ist sie sehr schwer und verrottet, wenn man sie feucht aufbewahrt. Die heutigen Vorzeltstoffe sind synthetischen Ursprungs.

Für das Dach des Vorzelts sind meist beschichtete Stoffe aus Polyester beliebt. Es gibt unterschiedliche Markennamen, etwa Leacril und Dolan. Sie sind beständiger als Baumwolle und halten ihre Farbe sehr gut. Sie verrotten kaum und sind überwiegend atmungsaktiv. Auch diese Gewebe müssen trocken eingelagert werden, sonst droht Schimmelbildung. Für die Seitenteile nimmt man meist leichte Gewebe wie Polyester. Sie haben den zusätzlichen Vorteil, dass sich selbst bei häufigem Auf- und Abbau keine Verschleißerscheinungen – wie Knicke – zeigen.

Aufbau eines Vorzelts

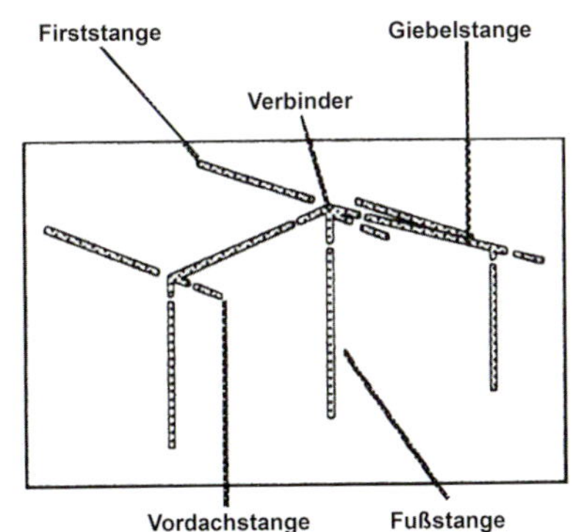

1 Alle Vorzelte werden in ähnlicher Weise aufgebaut. Es gibt aber Variationen von Modell zu Modell. Lesen Sie deshalb aufmerksam die Aufbauanleitung durch. Den ersten Versuch sollte man an einem ruhigen und windstillen Tag wagen. Sehr nützlich dabei sind ein Helfer und eine Trittleiter, um an das Dach des Caravans zu gelangen.

2 Beginnen Sie damit, dass Sie das Gestänge vor dem Wohnwagen auslegen – ungefähr in der Lage, wie die Stangen später eingesetzt werden.

3 Nehmen Sie das Vorzelt aus dem Packsack und legen Sie es hinten auf der Seite der Kederschiene aus.

4 Fädeln Sie die verdickte Kante des Vorzelts, den Keder, in die dafür vorgesehene Kederschiene ein und ziehen Sie das Vorzelt ganz durch. Die höchsten Teile erreicht man am besten mit einer Trittleiter.

5 Ordnen Sie das Vorzelt so an, dass es schön senkrecht herabfällt.

6 Öffnen Sie die Reißverschlüsse aller Türen und Fenster.

7 Im Inneren des Vorzelts verbindet man die Giebelstangen mit dem Mittelteil und ordnet sie im Inneren des Stoffs in der richtigen Lage an, wobei man sich an den Führungsbolzen und Aussparungen orientiert. Nun fährt man das Fußteil unter dem Mittelteil aus oder setzt eine entsprechende Stange ein. Dies wiederholt man mit den Giebelstangen. Dann folgt der Einbau der mittleren Firststange.

8 Außen zieht man die Reißverschlüsse für die Türen und Fenster zu und schlägt die Zeltpflöcke an den Ecken in den Boden. Überprüfen Sie, ob das Vorzelt schön gerade und senkrecht steht. Dann schlagen Sie die anderen Zeltpflöcke ein.

9 Die Vordachstangen werden eingezogen.

10 Zurück im Inneren verlegt man den Zeltboden und bringt die Extras an, etwa Rollos oder Jalousien an den Fenstern.

Wichtig!

- *Der häufigste Anfängerfehler ist die Verwechslung von Innen- und Außenseite beim Einfädeln in die Kederschiene. Überprüfen Sie dies am Anfang lieber zweimal!*

Pflege des Vorzelts

Es ist so wie mit den meisten Dingen: Man muss auch beim Vorzelt Sorgfalt walten lassen. Wenn es schmutzig ist, sollten Sie auf Waschmittel verzichten, weil sie die wasserabweisende Wirkung der Beschichtung beeinträchtigen. Am besten ist nur warmes Wasser oder – in trockenem Zustand – eine kräftige Bürste.

11 Wenn das Vorzelt seine Imprägnierung verloren hat, sollte man sie erneuern. Dazu gibt es zahlreiche Produkte, die man in allen einschlägigen Läden bekommt. Sprühen Sie das Mittel von außen auf und lassen Sie es trocknen.

Wenn Sie Ihr Vorzelt imprägnieren, während es noch schmutzig ist, so wird der Schmutz auf den Fasern versiegelt. In einem solchen Fall ist es besser, die Imprägnierflüssigkeit von innen aufzusprühen.

Vorzelte darf man nicht feucht verpacken, auch nicht für kurze Zeit. Dabei besteht die Gefahr, dass sich Schimmel ansetzt und die Baumwolle zu verrotten beginnt. Wenn man das Zelt feucht mitnehmen muss, rollt man es ein und trocknet es umgehend zuhause.

Normale Zelte

Ein ganz normales Zelt ist durchaus eine Alternative zu einem Vorzelt. Man baut es innerhalb weniger Minuten neben dem Wohnwagen auf, ohne es mit ihm zu verbinden. Solche Zelte sind bei älteren Kindern beliebt: Sie haben hier etwas mehr Platz und verfügen über ihre »eigenen vier Wände«.

Aufbau eines Teilvorzelts

Teilvorzelte laufen nicht über die gesamte Breite des Wohnwagens. Angesichts ihrer geringeren Ausmaße sind sie etwas stabiler. Ihre Form ist eher quaderförmig und bietet viel Nutzraum.

Trotz ihrer geringeren Größe sind sie etwas umständlicher im Aufbau, und man braucht folglich auch etwas länger dazu – besonders wenn man die modernsten Modelle mit glasfaserverstärktem Kunststoffgestänge als Vergleich heranzieht.

Wir entschieden uns aufgrund des Preis-Leistungsverhältnisses für ein Zelt der Firma Pyramid. In der Regel bekommt man genau das, wofür man bezahlt. Die Kostenersparnis im Vergleich mit anderen Teilvorzelten ist in diesem Fall aber so groß, dass wir eigentlich nichts falsch machen konnten. Die Stangen bestehen aus preiswertem und leichtem Aluminium. Die Qualität der Seitenwände und der Zugluftsperre, die den Boden abschließt, könnte zwar besser sein, aber die Verbindung zwischen den Wohnwagenseiten und den Stangen funktioniert gut und die Arretierungen der Stangen sind erstklassig.

1 Die erste Aufgabe besteht darin, das stützende Gestänge zu sortieren. Welches Zelt Sie auch haben: Die Stangen sind nummeriert, aber vergessen Sie die Montageanleitung nicht zu Hause. Legen Sie die Stangen des Daches in ihrer richtigen Lage auf dem Boden aus. Sie werden vorerst aber noch nicht miteinander verbunden. Später können Sie sich so die gerade benötigte Stange direkt holen.

Top-Tipp

- *Laminieren Sie die Montageanleitung ein und legen Sie sie beim Einpacken zu den Stangen. So geht sie nicht verloren.*

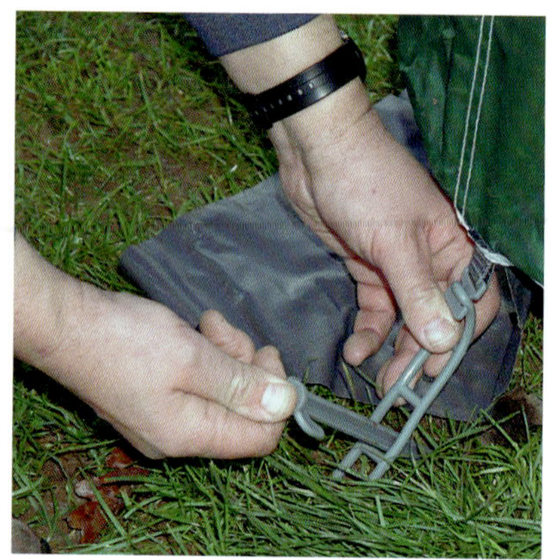

2 Legen Sie das Vorzelt auf dem Boden aus, sodass Sie oben und unten unterscheiden können. Denken Sie daran: Wenn man nicht genau aufpasst, kann man den Keder umgekehrt in die vorgesehene Schiene einfädeln. Bevor Sie das Vorzelt ganz durch die Kederschiene ziehen, sollten Sie überprüfen, dass sich alle exponierten Nähte im Stoff auf der Innenseite befinden.

3 Überprüfen Sie die Kederschiene vor dem Einfädeln. Am besten arbeitet man auf einer Trittleiter: So kann man den Keder beim Einfädeln fassen und muss nicht am Stoff reißen.

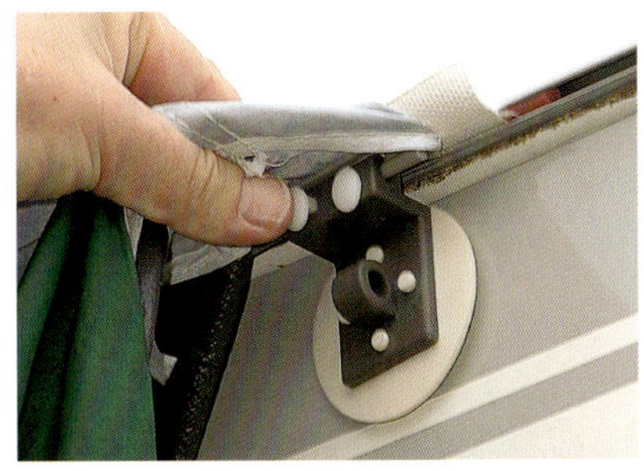

4 Alle Vorzelte haben spezielle Dachstangen-Halterungen für die Wohnwagenwand. Das Verfahren der Firma Pyramid funktioniert gut. Zunächst zieht man die beiden weißen Kunststoffklemmen heraus. Dann gleitet die Halterung entlang der Leine, die in das Vorzelt direkt unter dem Keder eingenäht ist. An der richtigen Stelle drückt man die weißen Klemmen wieder hinein; sie fixieren die Halterung in der richtigen Lage.

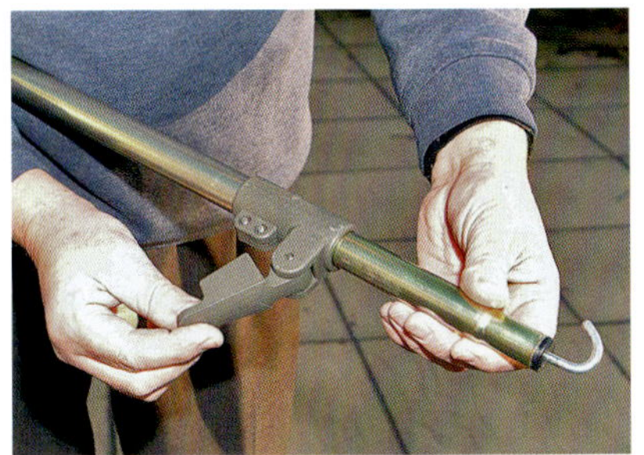

5 Nun muss man die beiden Giebelstangen für das Dach zusammenbauen. Bei diesem Modell ist die Dreiwegverbindung an deren äußerem Ende angebracht. Der Feststellhebel wird entriegelt; auf diese Weise kann man die Länge der Stange einstellen.

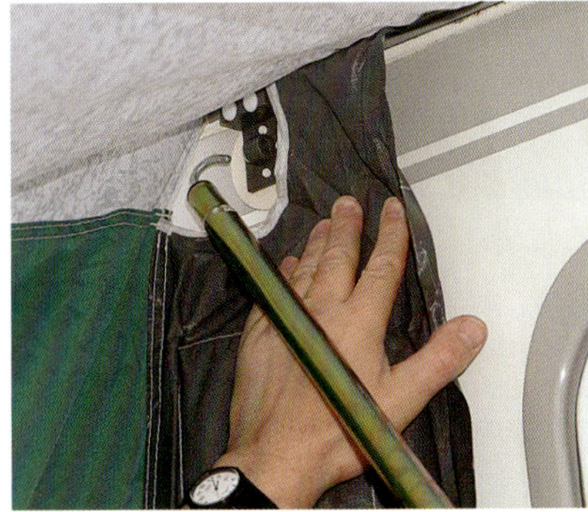

6 Im Inneren des Vorzelts hängt man das hakenförmige Ende der Stange in das Auge der Halterung, die man zuvor fixiert hat.

7 Das äußere Ende der Stange – das mit dem Verbinder – verfügt auch über einen Dorn, den man durch eine in das Vorzelt eingenähte Öse steckt. Damit spannt man das obere Eck des Vorzelts.

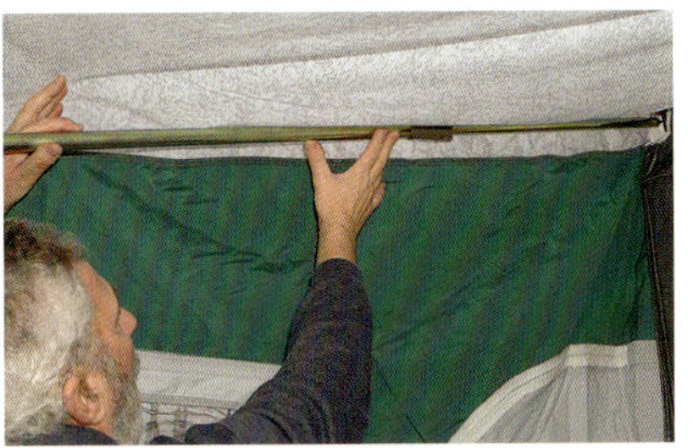

8 Man stellt nun die Länge der Stange ein. Dazu verwendet man die Arretierung über den Hebel. Versuchen Sie in diesem Stadium nicht, die höchste Spannung zu erreichen. Dies ist einem späteren Arbeitsschritt vorbehalten. Die Stange sollte vorerst nur alles an Ort und Stelle halten.

9 Nach der Befestigung der zweiten Giebelstange (es gibt bei dieser Art Vorzelt praktisch nie mehr als zwei) kann man die Frontstange montieren. Wenn man ganz allein ist, wird das eine schwierige Aufgabe. Am einfachsten gelingt es mit je einem Helfer pro Eck.

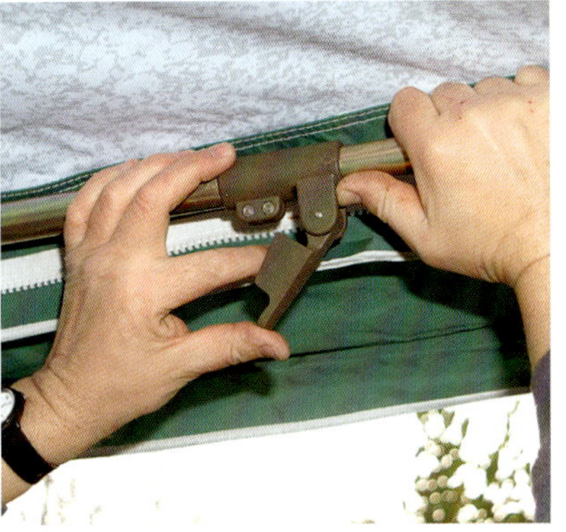

10 Auch die Länge der Frontstange wird zunächst nur provisorisch eingestellt.

11 Nun bereiten wir die senkrechten Eckstangen vor. Achten Sie darauf, dass die Standfüße in das untere Ende der Stangen gesteckt werden, bevor man diese an Ort und Stelle in die Erde steckt. Andernfalls wird das Gewicht des Vorzelts bewirken, dass die Stangen einsinken und mit einem Erdpfropfen verschlossen werden.

12 Wenn die Eckstangen montiert werden, muss man gleichzeitig auch deren Länge anpassen. Schieben Sie die Teile nicht zu weit auseinander. Sie müssen die richtige Länge im Hinblick auf die Geländeneigung ganz am Ende vielleicht noch einmal korrigieren.

13 Die inneren Eckstangen erfüllen einen ganz besonderen Zweck. Sie tragen das Gewicht des Vorzelts, nicht etwa die Halterungen, die in Bild 4 zu sehen sind. Gleichzeitig bewirken sie, dass die Seite des Vorzelts möglichst bündig mit der Wohnwagenwand abschließt.

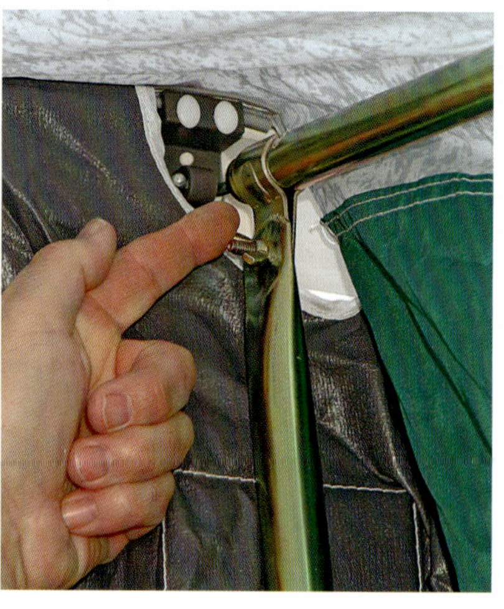

14 Das obere Ende der senkrechten Eckstange muss korrekt in die Giebelstange eingefügt werden. Das war mit diesen Eckstangen nicht möglich. Deswegen nahm ich die Befestigung auseinander und setzte sie wieder zusammen: So umfasst sie das verdickte Ende der Stange, ohne darüber hinwegzugleiten. Es lohnt sich, das zu überprüfen, bevor man mit dem Zusammenbau beginnt.

15 Die innere senkrechte Stange wird ziemlich fest gegen den mit Schaumstoff gepolsterten Saum des Vorzelts gepresst, sodass sie dicht am Wohnwagen anliegt. Dazu muss man sicherstellen, dass der Fuß der Stange fest im Erdreich ruht.

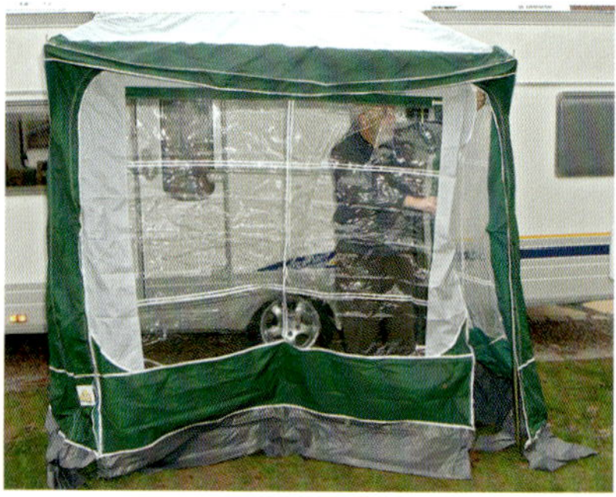

16 Nun schließt man alle Reißverschlüsse, und alle Teile, die entfernt werden können, müssen eingebaut sein. Die Nylonreißverschlüsse des Vorzelts erscheinen beeindruckend stark, doch man kann durch sorglose Behandlung jeden Reißverschluss beschädigen. Achten Sie darauf, dass beide Stoffbereiche ziemlich genau nebeneinander liegen, bevor Sie am Reißverschluss ziehen. Dann können Sie die Spannung an allen Stangen neu einstellen.

17 Diese Spanngurte werden mit dem Teilvorzelt geliefert. Ich liebe sie, weil man sie an die Seiten montiert, wo sie dann verbleiben. Beim ersten Mal kostet das vielleicht ein bisschen Zeit, aber diese Arbeit kann man schon zu Hause erledigen, vor dem ersten Ausflug mit dem Vorzelt. Jedenfalls erlauben sie zusammen mit den Heringen eine große Flexibilität. Vergessen Sie nicht, einen eigenen Hammer und vielleicht sogar einen eigenen Heringzieher mitzunehmen.

18 Für das Vorzelt braucht man auch die richtigen Geräte zum Verzurren, ähnlich wie man sie für normale Zelte braucht. Abspannseile und Metall-Spanner sind vielleicht etwas altmodisch, aber die in diesem Set von Pyramid enthaltenen sind einfach anzuwenden.

19 Nachdem man die Schnallen an den Gurten befestigt hat (die Anleitungen dazu sind ziemlich nutzlos), sucht man sich einen Platz für die Heringe und schlägt sie in einem schrägen Winkel vom Vorzelt weg in den Boden.

20 Die Enden der Gurte mit den daran befestigten Federn werden in den Hering eingeklinkt …

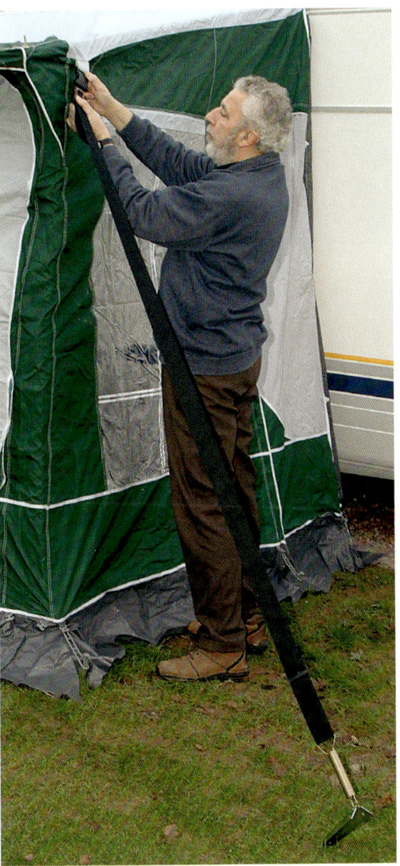

21 … und das obere Ende wird in die Schnalle eingeführt, die am Vorzelt festgenäht ist. Montage und Anpassung sind ein Kinderspiel.

22 Am besten bringt man die Zugluftsperren vor der Montage des Vorzelts an. Ich tat das nicht, konnte es gar nicht tun, weil unser Bürstner unten keine Schiene aufweist. Normalerweise würde man die Sperren in die Schiene einfädeln.

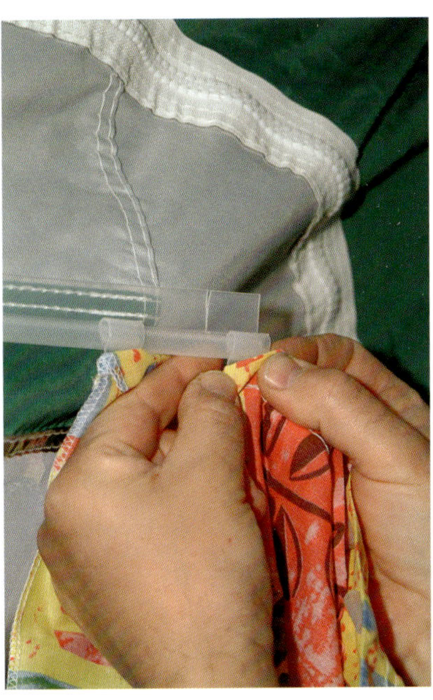

23 Nach den letzten Korrekturen am Vorzelt ist die Zeit gekommen, um die Vorhänge zu montieren. Man fädelt dabei Plastikelemente in eine biegsame Schiene ein, die in das Vorzelt eingenäht ist.

24 Wer in seiner Privatsphäre nicht gestört werden will, sieht sich manchmal enttäuscht; die Vorhänge von Vorzelten schließen oft nicht gut ab. Man kann sich durch Klettverschlüsse helfen, die man selbst aufbügelt. Verschonen Sie damit aber die Wände des Vorzelts, denn der Klebstoff kann permanente Schäden anrichten.

Montage einer Omnistor-Markise

In der Welt der Wohnwagen gibt es eine Handvoll erstklassiger Firmen. Ihre Produkte sind zu einem Inbegriff von Qualität und Zuverlässigkeit geworden. Zu ihnen zählen Dometic, Witter, AL-KO und ohne Zweifel auch der Markisenhersteller Omnistor, der zur Thule-Gruppe gehört. Diese ist vor allem durch ihre Dachträger und Dachboxen bekannt geworden.

Wenn man ein Produkt einer solchen Firma in den eigenen Wohnwagen einbaut, empfindet man ein angenehmes Gefühl der Zuverlässigkeit und Beständigkeit. Die Markise Omnistor 6002 bildet da keine Ausnahme. Es gibt mehrere Arten des Einbaus einer Omnistor-Markise, je nach Modell und Wohnwagen. Für Caravans mit speziell geformten Dächern gibt es eigene Einbausätze.

Eher durch Zufall fügt sich die Omnistor-Markise 6002 an unserem Wohnwagen so ein, dass die Kederschiene nicht beeinträchtigt wird. Man kann also immer noch ein traditionelles Vorzelt verwenden.

1 Das sind die Teile, die mit der Omnistor 6002 geliefert werden, einschließlich des dachspezifischen Montagesatzes.

2 Jannick misst die Dachbreite. Man beachte die Bretter, die sein Gewicht auf dem Dach verteilen.

3 Die Montageschienen werden auf die richtige Länge zugeschnitten – dabei Löcher für Befestigungsschrauben beachten!

4 Nach dem Entgraten mit einer Feile werden die Adapterplattenträger aufgesteckt.

5 Als Nächstes schraubt man die Aufspannplatten mit den mitgelieferten Schrauben an die Schienen.

6 Die Adapterplatten gleiten längs dieser Schwalbenschwanzfeder aus Aluminium und erlauben dadurch eine Anpassung.

7 Jannick hält die Aufspannplatte, die er zuvor montiert hat, und schiebt die Adapterplatte auf ihren Träger.

8 Die Adapterplatte wird am Träger fixiert, indem man verzinkte Käfigmuttern in die Aluminiumkanäle schiebt.

9 Mit Sechskantschrauben verbindet man die beiden Elemente, in diesem Stadium allerdings nur in lockerer Form.

10 Ein paar gestufte Ausgleichstücke werden zur Einstellung des Markisenwinkels eingebaut.

11 Die widerstandsfähigste Stelle für die Befestigung am Dach ist der Wulst oben an der Seitenwand.

12 Nach dem Markieren der richtigen Stellen bohrt Jannick 4 mm große Löcher, sodass die Schrauben gut greifen.

13 Da kein Wasser eindringen darf, schreibt Omnistor vor, dass Dichtmasse in jedes Loch gepresst wird.

14 Wenn die Schiene angehoben wird, kann man sehen, wie die Last auf dem Dach verteilt ist.

15 Weitere Schrauben (5,5 x 32 mm) halten die Schienen auf dem Dach fest.

16 Die Schrauben sind nun auf der einen Dachseite angebracht und Jannick begibt sich auf die andere Seite.

17 Man beachte, dass Schrauben nur an den beiden äußeren Löchern angebracht wurden. Das zentrale Loch wird ebenfalls auf 4 mm gebohrt …

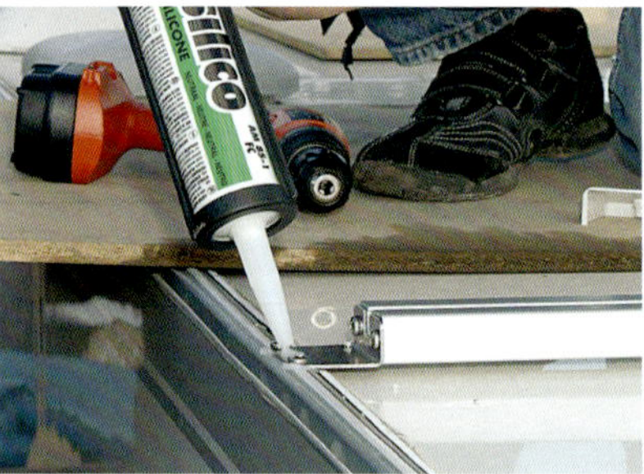

18 … und mit Dichtmasse gefüllt.

19 Dann wird mit einer dritten Schraube die Abschlusskappe befestigt.

20 Zwei Personen mit zwei Leitern müssen die Omnistor-Markise auf das Dach hieven.

21 Beachten Sie das dicke Schaumstoffstück zwischen der Leiter und dem Wohnwagen. Es schützt die Karosserie.

22 Der Markisenkörper passt in diese Schienen. Jannick lockert alle Schrauben, um die Montage zu ermöglichen.

23 Nachdem der Markisenkörper eingerastet ist, werden die Befestigungsschrauben angezogen. Sie halten die Markise fest.

24 Der Winkel der Markise und deren Anordnung werden überprüft, korrigiert und justiert.

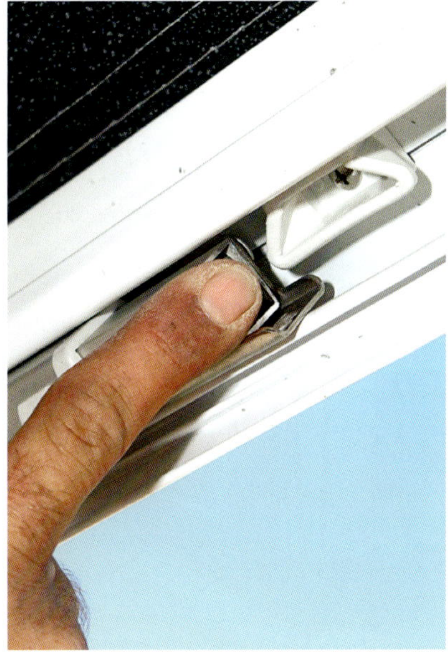

25 In der Frontleiste befinden sich zwei Stützbeine. Wenn man sie entriegelt, klappen sie nach unten.

26 Während die Gelenkarme herausgedreht werden, klappen die Stützbeine nach unten und werden fixiert.

27 Die Gelenkarme sorgen für die variable Breite der Markise und geben ihr Halt und Stabilität.

28 Die Stützbeine fangen das Gewicht der Markise auf.

Die Markisen von Omnistor sind beeindruckend gut konstruiert. Der Einbau einer solchen Markise ist nicht sehr schwierig, doch ich rate Ihnen zu Folgendem:

- Fragen Sie ihren Caravanhändler VOR dem Bohren eines Lochs, wo die besten Befestigungspunkte liegen.
- Falls Sie sich für einen Elektroantrieb entscheiden: Ziehen Sie einen Elektriker zu Rate.
- Überprüfen Sie vor dem Einbau das Gewicht der Markise.

An- und Aufbau einer Zeltmarkise

Der Aufbau eines Vorzelts kann viel Zeit beanspruchen. Die Zeltmarkisen der Marke PDQ von Pyramid sind deutlich leichter und innerhalb kurzer Zeit aufgestellt. Doch zunächst muss man sie am Wohnwagen installieren!

Es gibt zwei Größen dieser Markise, die eigentlich ein Vorzelt ist: Die Standardgröße mit 3,5 m Breite passt angeblich zu 90 und die kleine Markise mit 2,5 m Breite zu 99 Prozent aller Wohnwagen.

1 Tim von der Firma Pyramid empfiehlt, zuerst alle Stangen auszulegen, und zwar in der Ordnung, wie man sie zusammenbaut.

2 Fädeln Sie die Kunstledertasche in die Kederschiene ein und führen Sie sie an ihren Platz. Gegebenenfalls sollten Sie die Schiene zuerst reinigen und mit Seifenwasser rutschiger machen.

3 Sie müssen sicherstellen, dass das verjüngte Ende zuerst eingefädelt wird. Die Vorhangschiene muss auf der Innenseite liegen, das Etikett außen. Eine Trittleiter ist nützlich.

4 Tim zieht die beiden waagerechten Stangen durch die Manschetten, befestigt sie an den Enden der senkrechten Stangen und an den beiden Enden des kürzeren zentralen Stabes. Er setzt die Druckknopf-Verbindung auf die kürzeste Position.

5 Es gibt nur eine Stange zwischen dem Wohnwagen und dem Gestänge außen. Tim befestigt sie auf der Wohnwagenseite und schraubt die Klemme am entgegengesetzten Ende fest. Dann stellt er die Länge ein.

6 Tim hat die Vorhänge schon angebracht. Das Vorzelt wird nun nachjustiert und gespannt, wobei man die Länge der Stangen verändert und die mitgelieferten Heringe und Spanngurte einsetzt. Fertig.

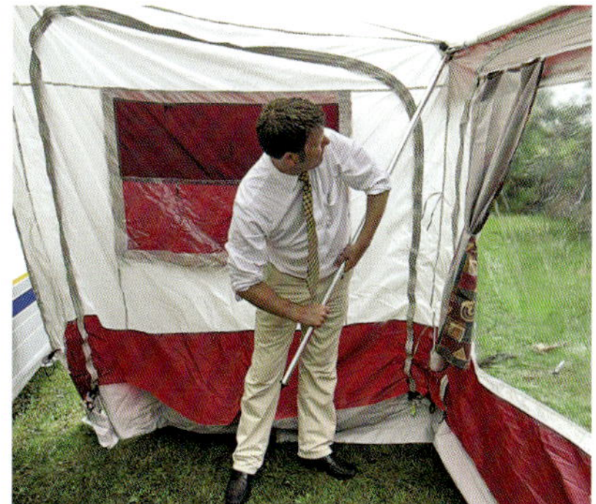

7 Um das Vorzelt wieder abzubauen, entfernt Tim die zentrale waagerechte Stange, die den Wohnwagen mit dem äußeren Gestänge verbindet. Dann schiebt er die Beine ein und faltet sie nach innen.

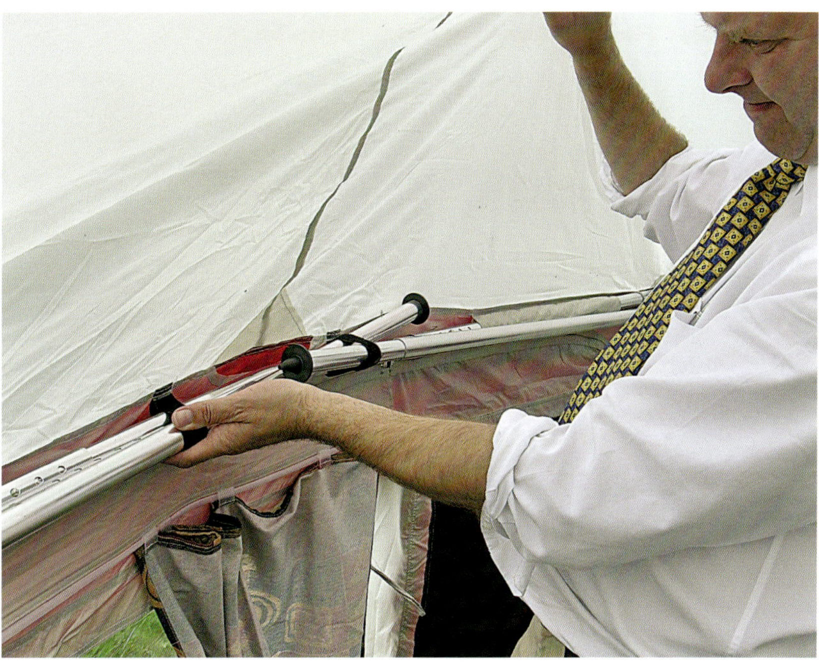

8 Mit langen Klettverschlussbändern, die am Stoff festgenäht sind, bindet Tim die Beine an den waagerechten Stangen fest. Keine muss je wieder entfernt werden.

9 Die Seitenwände des Vorzelts werden im Markisensack mit Gummibändern und Knebelverschlüssen festgemacht. Dann wird das restliche Vorzelt hochgerollt.

10 Man kann das alles allein machen, aber es ist einfacher, wenn eine zweite Person das aufgerollte Vorzelt im Markisensack festhält, während die andere den Reißverschluss zuzieht.

Im Vergleich zu den traditionellen Vorzelten handelt sich dieses um eine erstaunliche Revolution. Das Standardzelt misst auf der Rückseite 3,5 m und vorn 2,5 m. Es verjüngt sich also. Die Tiefe beträgt 2,5 m. Dank der Alustangen wiegt es nur 15 kg.

Und worin liegen die Nachteile? Das PDQ ist nicht als Vorzelt für den Winter gedacht, und bei heftigem Wind muss es wohl abgebaut werden, weil an den Seiten stützende Stangen fehlen. Für die meiste Zeit ist es aber einfach perfekt.

Anbau einer Fiamma-Markise mit Seitenwänden

Wir lieben es, an einem Campingplatz haltzumachen und den Eingangsbereich des Wohnwagens ohne viel Aufwand vor den Elementen geschützt zu wissen. Unter den zahlreichen Lösungsmöglichkeiten ist die Markise Caravanstore eine der schnellsten. Sie stammt von der sehr angesehenen Firma Fiamma. Es handelt sich um eine Markise in einem wasserdichten Sack, die halbpermanent an der Seite des Wohnwagens befestigt ist.

1 Die Markise liegt in einem vollständig wasserdichten Sack. Dazu kommen ein Kit für die Verankerung im Boden und Halterungen für die Stützen.

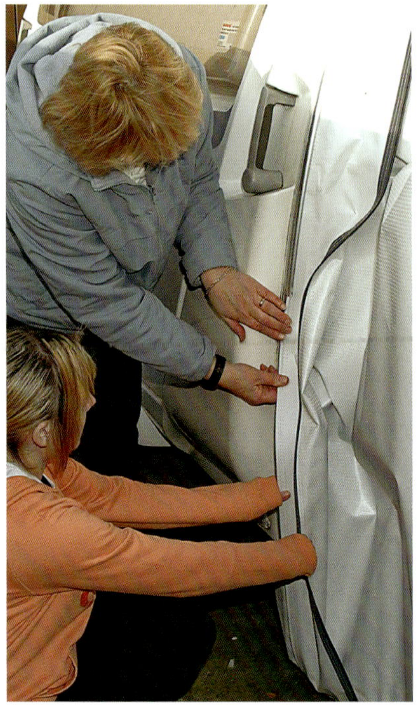

2 Die Kederschiene des Wohnwagens muss zuerst mit einem Silikonspray behandelt werden, das man in den meisten Geschäften für Wohnwagenzubehör bekommt. Die Markise wird vollständig entrollt.

3 Dann fädelt man den Keder in die dafür bestimmte Schiene, die man gegebenenfalls etwas aufbiegen muss, besonders an der Rundung. Mehrere Helfer sind in dieser Phase nützlich.

4 Emily und Dave rollen die Markise auf dem Aluminiumrohr ein. Das ist leicht ohne Faltenbildung möglich, sofern man einigermaßen gleichmäßig einrollt.

5 Die Rolle legen sie zurück in den Sack und befestigen sie dort mit den drei vorhandenen Klettverschlüssen. Der Sack ist nur 15 cm tief und liegt somit weit über der Tür.

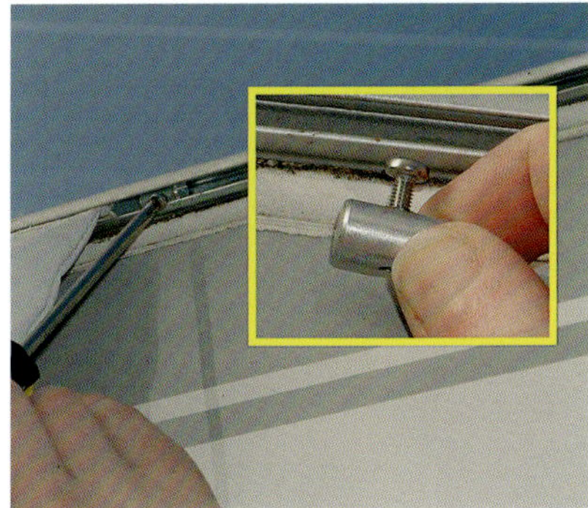

6 Zur Befestigung der Markise an der Kederschiene verwendet man zwei Stopper mit jeweils einer Schraube. Der Sack muss ganz waagerecht an der Schiene liegen und wird dann an den beiden Enden fixiert.

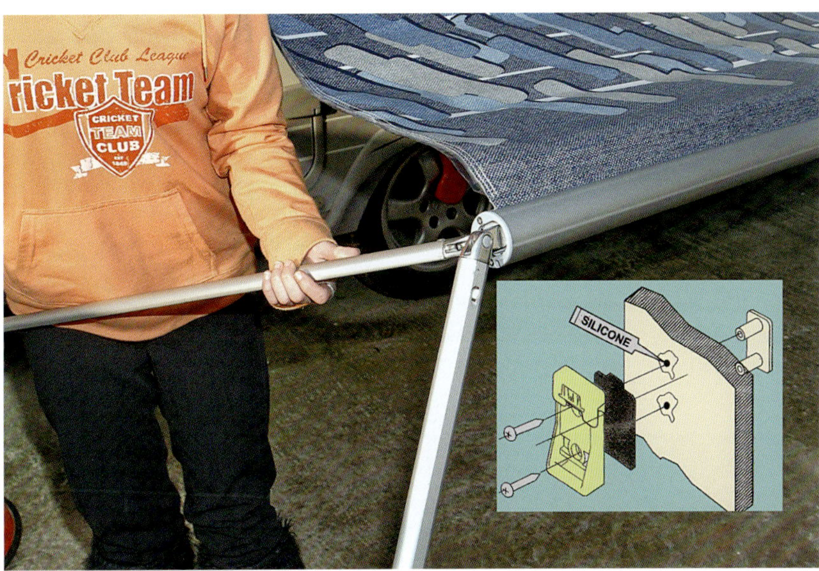

7 Nach dem Ausrollen der Markise zieht man die Stützstreben und -beine aus dem Alurohr und senkt sie ab. Die Seitenstütze wird angehoben, ausgezogen und am Ende in die Kunststoffauflage eingeklinkt. Für die Stützbeine gibt es auch eine Wandhalterung (kleines Bild).

8 Bei der Befestigung der Stützstreben muss man keine Kraft aufwenden. Emily befestigt die teleskopartig ausziehbare Strebe, während Dave das Stützbein hält.

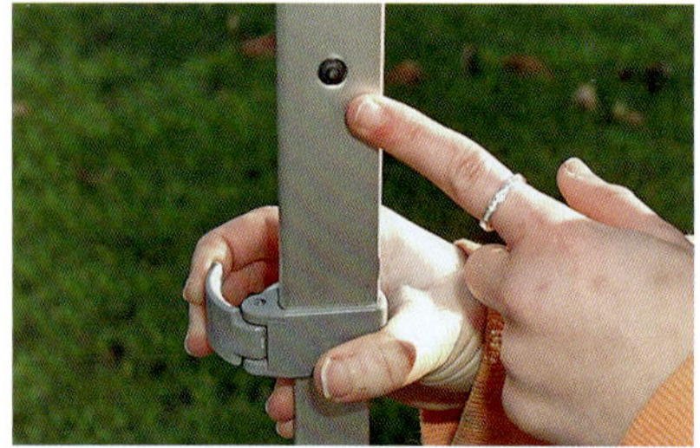

9 Die Höhe der Stützbeine lässt sich leicht in beliebiger Höhe einstellen und mit einem Kunststoffhebel fixieren. Das ist alles sehr gut durchdacht.

10 Am Ende des Abspannseils sind Steckstifte aus Aluminium befestigt, die man in die entsprechenden Öffnungen oben an den Stützbeinen einklinkt. Die Spannseile führen zu Erdnägeln.

Vielleicht haben Sie es schon einmal mit einer herkömmlichen Markise versucht. Diese sind oft sehr massiv und man braucht viel Zeit, um sie aufzustellen. Oder Sie haben schon ein Vorzelt aufgestellt, das Ihnen aber am Ende zu unsolide erschien. Es gibt ferner Markisen zum Herauskurbeln – hübsch, aber sehr schwer! Wir sind sicher, dass die Caravanstore von Fiamma den besten Kompromiss für uns darstellt.

Was aber, wenn die Markise nach Seitenwänden und einer Tür verlangt? Tatsächlich kann die Caravanstore in ein richtiges Vorzelt verwandelt werden, mit Seitenteilen, die man über Reißverschlüsse befestigt und mit Verstärkungen für das Dach, falls das Wetter mal nicht so gut sein sollte.

Anbau von Seitenwänden an die ausrollbare Markise von Fiamma

Die Firma Fiamma bietet als Ergänzung zur Markise Caravanstore Wände mit der Bezeichnung Zip Privacy Room an. Voraussetzung ist zunächst der Einbau der Caravanstore. Wenn man auf dem Campingplatz angekommen ist, rollt man die Markise aus und genießt sofort Schutz. Dann macht man sich daran, die Front- und die Seitenwände aufzubauen. Man braucht ungefähr 20 Minuten, um die Markise in ein Vorzelt zu verwandeln. Und das geht so …

1 Das gesamte Zubehör für das Privacy-Room-Kit hat in einer Tragetasche Platz. Es gibt dabei mehrere Modelle. Mit Ausnahme der größten sind der Spannarm Rafter und das Verzurrkit Tie Down dabei Extras. Die Montage erfolgt an der bereits ausgefahrenen Markise.

2 Zuerst steckt man ein Stangenset zusammen und zieht die senkrechte Stange durch die Schlaufe an der Seitenwand – hier im Bild oben.

3 Das äußere Ende der waagerechten Stange ist zugespitzt, und diese Spitze wird in ein Loch nahe dem oberen Ende des Stützfußes der Markise gesteckt.

4 Wir heben die Seitenwand mit der federbelasteten Stützstange an. Das innere Ende der Stange passt in eine Vertiefung an der Innenseite der Markise.

5 Die Innenkante des Stoffes verfügt über eine gepolsterte Bahn, die den Raum zwischen der Aluminiumstange und der Wohnwagenwand abschließt. Die senkrechte Stange wird in der richtigen Lage fixiert.

6 Die Seitenwand hält nun an der Seite des Wohnwagens und wird nach außen gezogen. Für die feste Verbindung mit dem Rahmen sorgen mehrere Klettverschlüsse.

7 An den Dachseiten befestigen wir die Seitenwand mithilfe der eingebauten Reißverschlüsse. Es ist empfehlenswert, diese Reißverschlüsse mit einem Schmiermittel leichtgängig zu halten.

8 Es kann lästig werden, wenn sich Regenwasser auf dem Dach einer Markise ansammelt. Der Rafter von Fiamma, der nur bei den größten Privacy-Room-Modellen serienmäßig mitgeliefert wird und sonst als Extra zu kaufen ist, hilft, sackartige Wasseransammlungen zu vermeiden.

9 Die Frontwand wird einfach in einen Schlitz in der Aluröhre der Markise eingefädelt. Wir finden es am leichtesten, dabei einen der Stützfüße anzuheben.

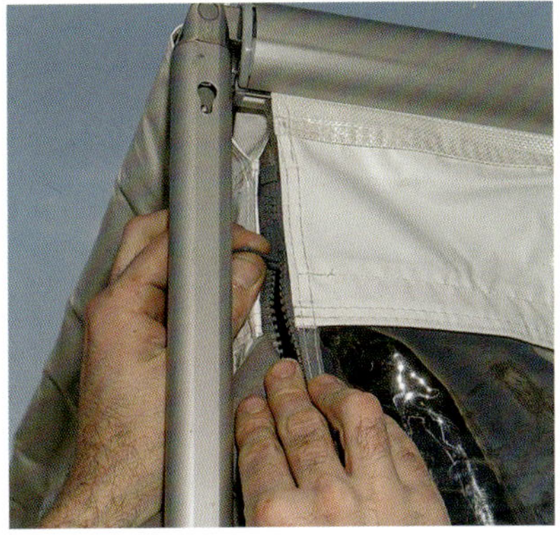

10 Erneut sorgen eingebaute Reißverschlüsse für eine wasserdichte Verbindung zwischen der Frontwand und den Seitenwänden. Bei windigem Wetter sind die mitgelieferten Abspannseile und das gegen Aufpreis erhältliche Tie-Down-Kit von großem Nutzen.

Um den Caravanstore aufzubauen, braucht man nur ein paar Minuten. Weitere 20 Minuten sind vonnöten, um die Seitenwände und die Frontwand aufzubauen.

An diesem System liebe ich mehrere Dinge: Die am Wohnwagen befestigte Markise ist viel leichter als andere Markisen und Vorzelte sowie preiswerter und schneller aufzubauen. Durch die Reißverschlüsse kann man im Privacy Room zur Sommerzeit ohne weiteres schlafen. Die ganze Konstruktion ist auch beeindruckend solide.

Einbau einer Außenleuchte

Die meisten Wohnwagen haben eine 12-Volt-Leuchte an der Außenseite oberhalb der Eingangstür. Sie dient hauptsächlich zwei Zwecken: bei Dunkelheit den Weg zurück zum eigenen Wohnwagen zu finden und für eine gewisse Ausleuchtung eines an der Seite des Caravans angebrachten Vorzelts zu sorgen. Es ist eine ziemlich einfache Aufgabe, eine solche Vorzeltleuchte anzubringen – sofern Ihr Wohnwagenmodell nicht bereits damit ausgestattet ist. Das Verfahren schwankt etwas, je nach Modell. Hier verwenden wir eines der Firma Britax.

Vor dem Beginn der Arbeiten klemmt man die 12-Volt-Batterie des Wohnwagens ab.

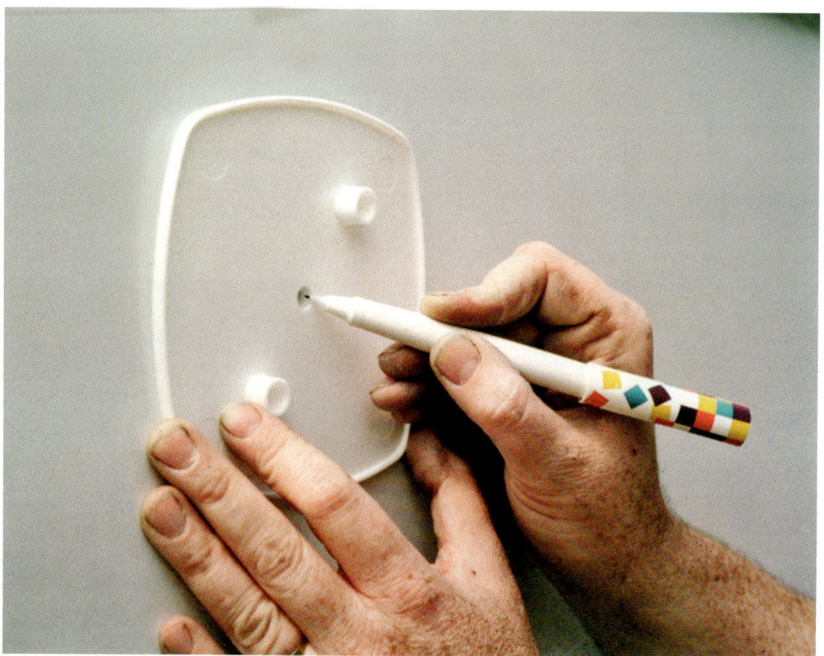

1 Positionieren Sie die Leuchte auf der Außenseite des Wohnwagens dort, wo Sie sie haben möchten. Achten Sie darauf, dass sie das Öffnen und Schließen der Tür nicht behindert. Verwenden Sie die Trägerplatte der Leuchte als Schablone. Markieren Sie deren Umrisse an der Wand und bohren Sie ein 8 mm breites Loch in der Mitte.

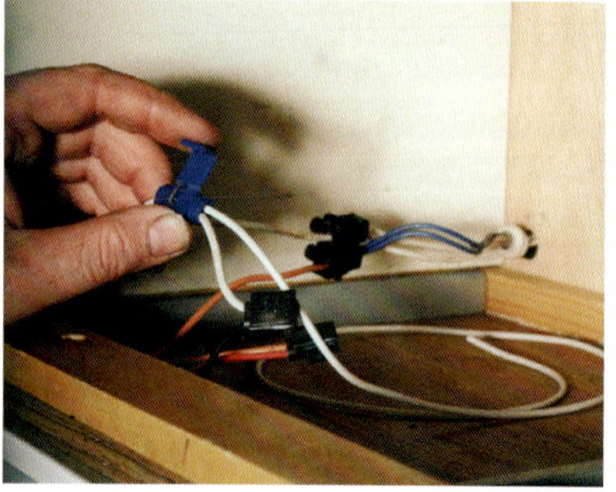

2 Führen Sie die Kabel der Leuchte von innen durch das Loch und verbinden Sie sie mit einer 12-Volt-Energiequelle. Vergessen Sie bitte nicht, eine Sicherung (5 Ampere) mit einzubauen.

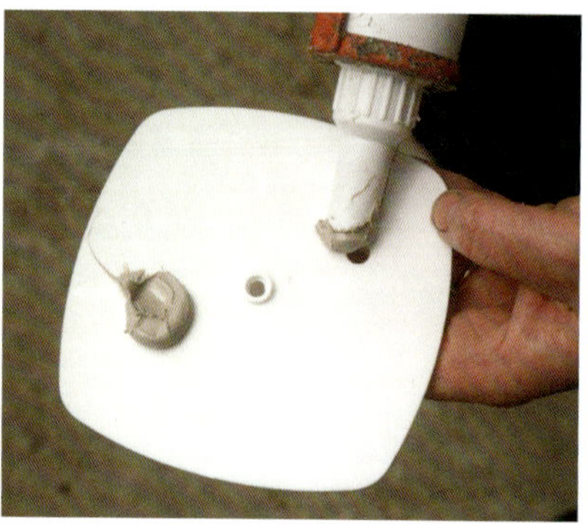

3 Bringen Sie auf der Rückseite der Trägerplatte des Vorzeltlichts nichthärtendes Dichtmittel an.

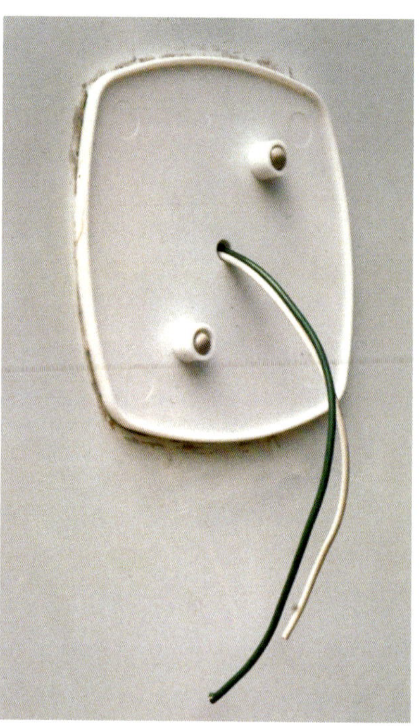

4 Ziehen Sie die Kabel durch das Loch in der Wand und der Trägerplatte, drücken Sie diese fest auf die Wohnwagenwand und verschrauben Sie sie.

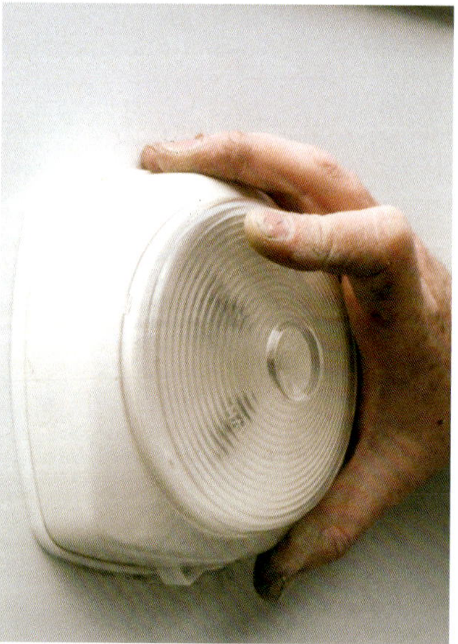

5 Stecken Sie die Leuchte auf die Rückplatte. Verbinden Sie das weiße Kabel mit dem Schalter, das grüne mit der Lampenfassung. Schließen Sie die Batterie Ihres Wohnwagens wieder an.

Einbau einer Außendusche

Eine Außendusche ist ideal, um einen verdreckten Hund oder schmutzige Stiefel sauber zu bekommen. Man reinigt sich damit auch die Füße nach einem Besuch am Strand. Der Einbau umfasst drei größere Phasen: Ausschnitt aus der Seitenwand, Anschluss an die Wasserversorgung des Wohnwagens, Anschluss an die 12-Volt-Stromversorgung durch einen Fachmann. Und so geht es …

1 Wir verwenden im Folgenden das Swim'N'Rinse-Kit der Firma Whale. Das Kit wurde zunächst für Boote und Camper mit Druckwassersystemen entwickelt.

2 Legen Sie die Position außerhalb des Vorzelts und in einiger Entfernung von Leitungen und tragenden Teilen fest. Allerdings müssen die Leitungen bis dorthin reichen. Ich bohre versuchsweise ein Loch von innen her, bevor Dave die mitgelieferte Schablone auflegt.

3 Dann bohren wir in den Ecken 10 mm große Löcher. Zum Aussägen der Öffnung nehmen wir eine Stichsäge mit Akku. Man beachte das Abdeckband …

4 … auf der Außenseite des Wohnwagens und auf der Fußplatte der Stichsäge. Ohne Band würde die Oberfläche zerkratzt werden. Die Wand besteht hier aus einer Sandwichkonstruktion. Manche Caravanwände haben drei getrennte Schichten.

5 Wir feilen kleine Vertiefungen in die Plastikrahmen, sodass das Ganze am Ende auch an den Sicken der Karosserie fest anliegt.

6 Dave entfernt die Fußleiste und bohrt durch die Basis des Schranks, bevor er Schläuche bis in den Bereich des Waschbeckens verlegt. Die Duschschläuche liegen im Schrank.

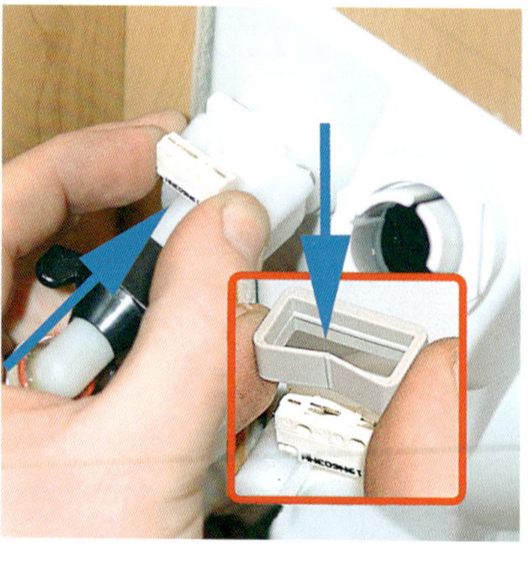

7 Um die für konventionelle Wohnwagen benötigten (und beim Standardkit nicht mitgelieferten) Mikroschalter zu installieren, drückt man auf seine kurzen Seiten.

8 Man braucht auch ein Paar Anschlussstellen (90 Grad zur Platzersparnis) und kleine Flachstecker für die Anschlüsse der Mikroschalter. Kabel werden nicht mitgeliefert. Verwenden Sie ausschließlich Kabel für das 12-Volt-Netz.

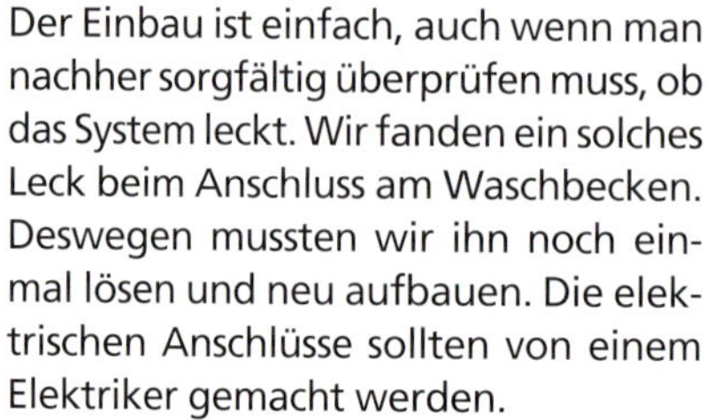

Der Einbau ist einfach, auch wenn man nachher sorgfältig überprüfen muss, ob das System leckt. Wir fanden ein solches Leck beim Anschluss am Waschbecken. Deswegen mussten wir ihn noch einmal lösen und neu aufbauen. Die elektrischen Anschlüsse sollten von einem Elektriker gemacht werden.

Man sollte auch sorgfältig abwägen, bevor man die Öffnung in die Seitenwand schneidet. Diese Arbeit ist zwar nicht schwierig, aber man muss sich ganz sicher sein, dass dies auch die richtige Stelle ist, denn eine zweite Chance gibt es nicht!

Jedenfalls kann man nun Pfoten, Stiefel und Füße nach einem Spaziergang im Freien leicht säubern.

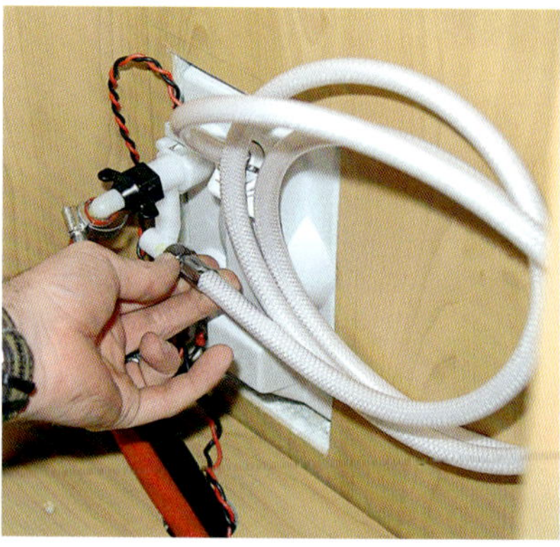

9 Dave verdreht die beiden 12-Volt-Kabel, indem er das eine in den Schraubstock spannt und das andere mit einer langsam rotierenden Bohrmaschine darum herumwickelte. Man muss beim Anschließen der Duschschläuche Dichtungsringe verwenden.

10 Der Wasseranschluss erfolgt in der Nähe des Waschbeckens. Dave macht den Kunststoffschlauch mit einer Heißluftpistole warm, sodass er ihn auf das T-Stück schieben kann.

4 Nützliches

Maßgeschneiderte Abdeckungen für den Wohnwagen

Wenn Sie eine maßgeschneiderte Wohnwagenhülle brauchen, müssen Sie als Erstes ausmessen – und es liegt auf der Hand, dass die Werte stimmen sollten. Wenn Sie einen Fehler begehen, bekommen Sie am Ende ein unansehnliches Bündel Stoff auf Ihr Wohnwagendach. Es gibt ein paar Verfahren, mit denen man sicherstellen kann, dass die neue Schutzhülle fest auf Ihrem Caravan sitzt.

1 The Cover Company ist die einzige mir bekannte Firma, die sich von ihren Kunden eine Schablone von den Ecken des Dachs anfertigen lässt. Die Idee erscheint mir jedoch gut.

2 Chris verwendet die Rückseite einer Tapete, klebt sie mit Tesafilm fest und überträgt die Rundung des Daches mit einem Filzstift auf das Papier.

3 Dann zeichnet er mithilfe eines Maßbands eine senkrechte Linie an einer beliebigen Stelle auf das Papier. Diese Linie muss genau vertikal stehen. Chris richtet sie deswegen …

4 … nach der Seitenkante eines Fensters aus. Wenn das nicht geht, muss man eine Wasserwaage zuhilfe nehmen. Auch für das Heck wird eine solche Schablone angefertigt.

5 Die erste Messung erfolgt zwischen den beiden senkrechten Linien. Dazu braucht man Hilfe. Messen Sie oben und unten. Wenn sich keine identischen Werte ergeben, sind die Linien nicht genau senkrecht.

6 Alle Messwerte, die Sie liefern müssen, sind auf dem umfassenden und übersichtlichen Bestellformular der Firma verzeichnet.

7 Bei Aufbauten auf dem Dach ist es wichtig, dass man von imaginären Linien ausgeht, die im rechten Winkel zu den Wohnwagenseiten stehen. Wer keinen Anschlagwinkel hat, hält ein selbstgemachtes Rechteck …

8 … aus einer Faserplatte an die Kante des Wohnwagens und ermittelt die genauen Positionen mit einem Maßband, einem Gliedermaßstab oder einer Messlatte.

9 Auch die Maximalhöhe jedes Aufbaus ist zu ermitteln. Größere Aufbauten brauchen eine eigene Tasche, während kleinere keine solchen Maßnahmen erfordern.

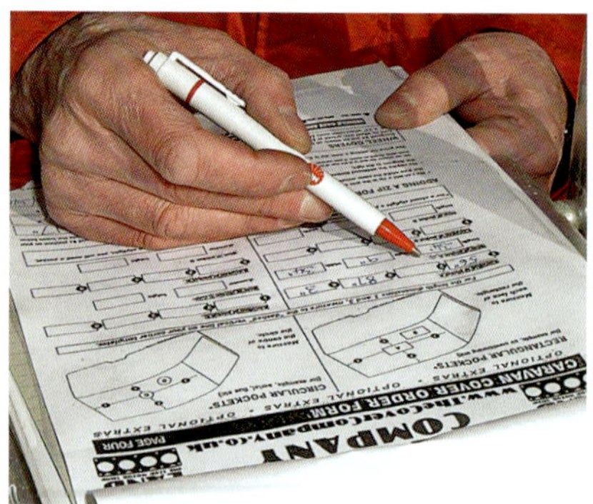

10 Nach dem Eintragen der Maße in das Bestellformular der Firma The Cover Company sollten Sie die Werte noch einmal mit Ihren Aufzeichnungen vergleichen.

Eine maßgeschneiderte Wohnwagenhülle sieht nicht nur besser aus, sie scheuert auch weniger und verursacht geringere Kratzspuren an Kunststofffenstern, besonders wenn sie fest verspannt ist. Ich kann aber nicht genug betonen, dass Ihre Maßangaben richtig sein müssen. Das beste Verfahren zur Überprüfung besteht darin, alle Maße gegeneinander zu checken. Wenn zum Beispiel die Abstände zwischen Front und Tür sowie zwischen Tür und Heck addiert nicht der Gesamtlänge entsprechen, steckt ein Fehler drin, entweder in den Messungen oder in der Berechnung.

Ein altes Sprichwort sagt: »Miss zweimal, schneide einmal.«

Es gibt eine Vielzahl von unterschiedlichen Anbietern für standardisierte Wohnwagen-Schutzhüllen auf dem Markt. Wenn Sie eine günstigere Lösung als die maßgefertigte suchen, werden Sie leicht fündig.

Für eine noch sicherere Unterbringung des Wohnwagens bietet sich natürlich ein auf Ihrem Grundstück aufgebautes Carport an. Auch hierfür gibt es fertige Montage-Kits, die teilweise bis vor Ihre Haustüre geliefert und auch gleich von Monteuren aufgebaut werden können.

Einbau eines Movers von Truma

Da Wohnwagen immer besser ausgestattet sind, werden sie auch schwerer und sind nicht mehr so leicht zu schieben. Eine Rangierhilfe, auch Mover genannt, löst dieses Problem – und verringert auch die Gefahr, dass beim Ankuppeln das Zugfahrzeug oder der Caravan beschädigt werden.

Ein erfahrener Bastler kann ohne Weiteres den Mover von Truma montieren. Nur die Verkabelung sollte ein Elektriker übernehmen.

1 John, Ingenieur bei Truma, legt die Quertraverse und die Antriebseinheiten (Pfeil) provisorisch an Ort und Stelle. Diese kann man vor oder hinter den Rädern platzieren, je nach verfügbarem Platz.

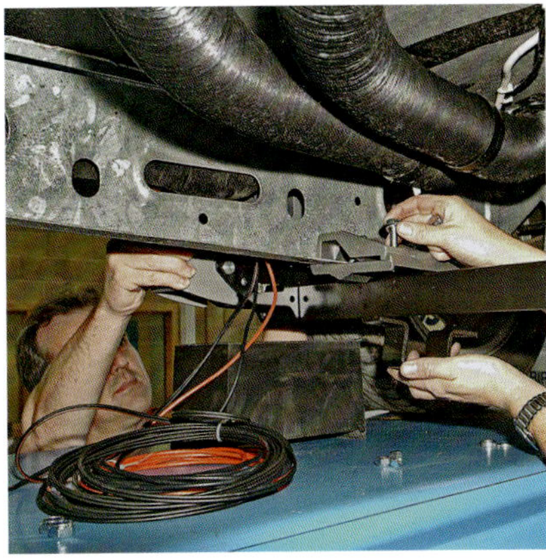

2 Andy hilft mit, die Antriebseinheiten korrekt auszurichten, während John die U-Profile anbringt.

3 Keine der Bügelschellen wurde bislang angezogen. Damit kann sich die gesamte Einheit noch entlang dem Chassis bewegen, wenn man sie mit einem Gummihammer ausrichtet. Für die Entfernung zwischen Antriebsrolle und Reifen wird ein Abstandshalter mitgeliefert.

4 Es gilt, eine strikte Ordnung bei der Befestigung einzuhalten. Zuerst werden die Schrauben zur Befestigung am Chassis (Pfeil) angezogen. Dann folgen die Schrauben des U-Profils und der Quertraverse.

5 Es ist wichtig, dass die Stromkabel für jeden Motor gleich lang sind, sonst hätten geringe Spannungsunterschiede zur Folge, dass der Wohnwagen stets einen Bogen fährt.

8 Die Steuerungseinheit (hier mit abgenommener Abdeckung) findet in einem Bettkasten Platz. Je nachdem, ob sich der Antrieb vor oder hinter dem Rad befindet, gibt es unterschiedliche Anschlüsse.

9 Die Firma Truma legt Wert auf die Feststellung, dass sie trotz des einzigartigen Getriebes auch preiswertere Versionen anbietet.

6 Es muss ein eigener 13-poliger Stecker eingebaut werden. Dieser hängt an zwei Schellen aus rostfreiem Stahl. Für die Verkabelung gibt es einen Schlitz auf der Rückseite.

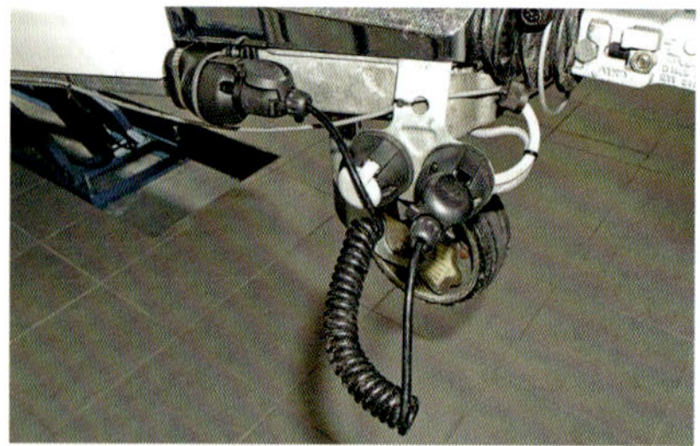

7 Diese Sicherheitseinrichtung bewirkt, dass Sie Ihren Mover erst einsetzen können, wenn das Kabel angeschlossen ist. Er kann also nicht zufällig mit der Fernbedienung vom Wageninneren aus eingeschaltet werden, während man mit dem Gespann fährt.

10 John beendet seine Arbeit, indem er den Wohnwagen mithilfe des Movers wieder zum Zugfahrzeug fährt. Das Soft-Start- und Soft-Stop-System macht die exakte Positionierung per Fernsteuerung zu einem Kinderspiel.

Der Truma-Mover verfügt über ein einzigartiges für diesen Zweck konstruiertes Getriebe, das unter dem Wohnwagen viel Platz lässt. Und der Mover ist um 15 Prozent leichter als andere Rangierhilfen.

Die elektronische Steuerung ist sehr einfach: Man drückt zwei Knöpfe an der Fernbedienung ein paar Sekunden lang, und die Antriebsrollen sind eingerastet. Nach getaner Arbeit zieht man die Feststellbremse, drückt erneut die beiden Knöpfe, und der Mover ist deaktiviert.

Truma hat für ein- und doppelachsige Wohnwagen unterschiedliche Modelle im Angebot. Einachsige Modelle können sich mit dem Mover sogar um die Achse drehen.

Einbau einer Ersatzradhalterung

Überraschend wenige Wohnwagen werden mit einem serienmäßig installierten Ersatzrad verkauft. Es gibt zwei Stellen, wo ein solches aufbewahrt werden kann: auf dem Chassis vor dem Gaskasten oder unter dem Wohnwagen, in einer eigenen Halterung zwischen den Holmen. Die erstgenannte Stelle beschränkt den Stauraum und kann dazu führen, dass die zulässige Stützlast überschritten wird. Deswegen empfiehlt sich für Bastler der Einbau einer Unterflurhalterung.

1 Die am weitesten verbreitete Ersatzradhalterung stammt von der Firma AL-KO, die sich auf Chassis und Fahrwerke spezialisiert hat. Für sie sind im Chassis hinter der AL-KO-Achse bereits Löcher vorgestanzt. Unter gar keinen Umständen dürfen aber in andere Chassis Extralöcher gebohrt oder geschnitten werden, weil das die Tragkraft des Chassis entscheidend verändern könnte.

2 Die Ersatzradhalterung von AL-KO funktioniert mit Teleskoparmen. Sie müssen also nur so weit ausgezogen werden, bis sie in die Löcher einrasten und mit Schrauben befestigt werden können. Das erleichtert den Einbau.

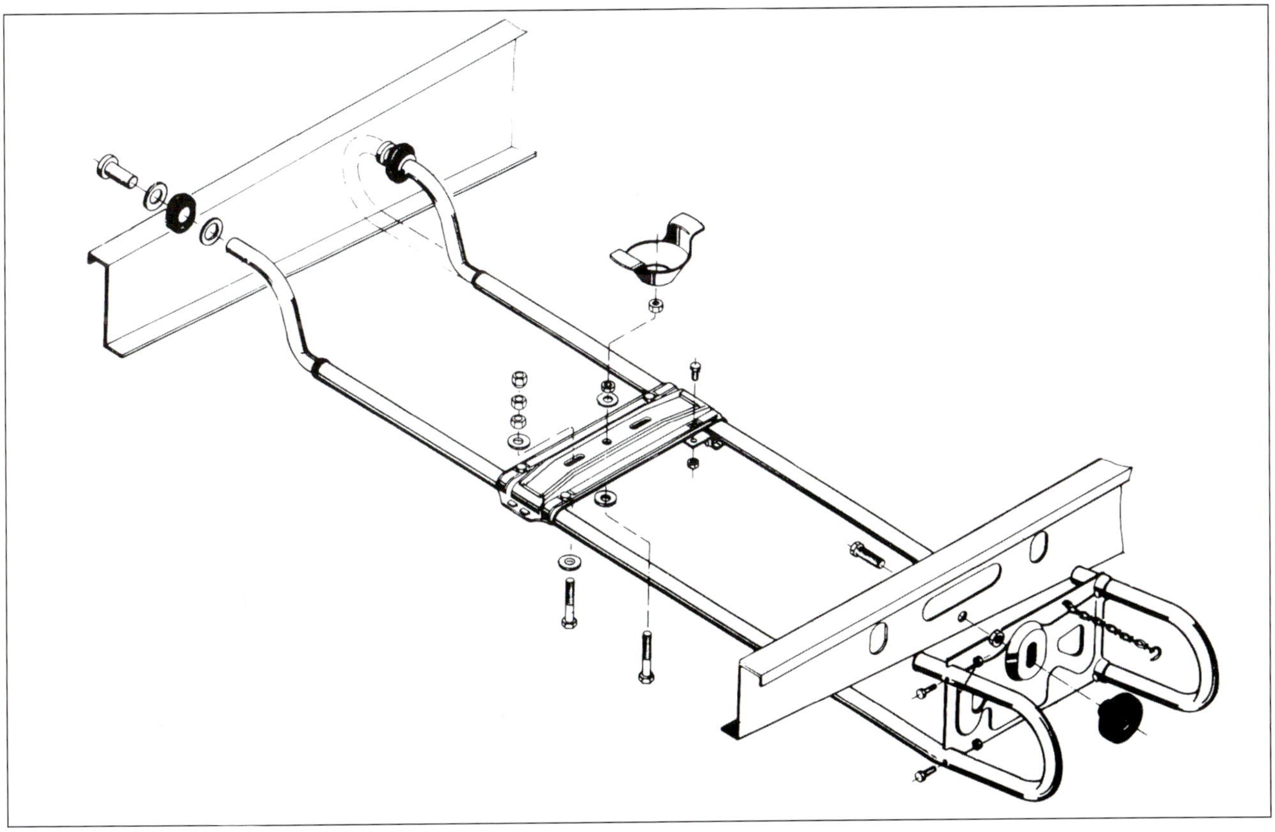

Wagenheber-Anbausatz von AL-KO

Die Gebrauchsanweisung für den Wagenheber-Anbausatz von AL-KO ist so gut verständlich, dass wir nicht in allen Details darauf eingehen müssen. Es ist nur die Bemerkung sinnvoll, dass es mehrere verschiedene Konfigurationen gibt. Man kann damit die meisten Chassistypen und -formen anheben, sofern das Gesamtgewicht nicht mehr als 1600 kg beträgt.

1 Der Wagenheber von AL-KO ist speziell für Fahrgestelle dieser Marke konzipiert, kann aber auch bei anderen Chassis verwendet werden. Er muss stets hinter der Achse befestigt werden. Wie bei allen anderen Wagenhebern gilt auch hier: Er darf nur eingesetzt werden, wenn der Wohnwagen am Zugfahrzeug angekoppelt ist und wenn das Rad auf der Gegenseite in beiden Richtungen sicher blockiert ist. Der Anbausatz ist in einer Tragetasche enthalten.

4 Der Wagenheber von AL-KO sticht die herkömmlichen Scheren- und Teleskopwagenheber durch die Art und Weise aus, wie er in die Halterung hineingesteckt wird (auf diesem Foto stützt der Radkeil nur den Wagenheber ab). Dadurch wird er viel sicherer und kann beim Hochheben nicht seitlich abrutschen. Auf weichem Grund braucht man eine breite Unterlage, um das Gewicht zu verteilen.

2 Es werden Halterungen für den Wagenheber am Chassis befestigt. Man steckt sie in bereits vorhandene Taschen und schraubt sie am Caravanboden fest.

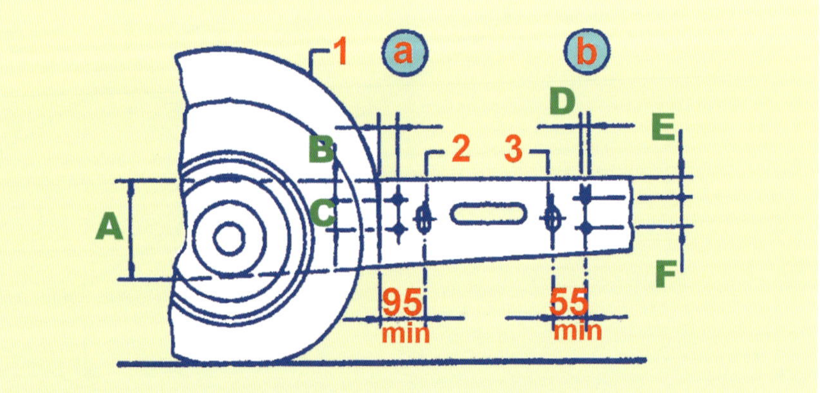

3 Die Position (a) zeigt die Lage am AL-KO-Chassis ohne Ersatzradhalterung (Befestigungsloch 2). Die Position (b) ist eine weitere Möglichkeit. Wenn man neue Löcher in ein AL-KO-Chassis bohren muss, darf dies nur in Übereinstimmung mit den Instruktionen dieser Firma geschehen. Diese Löcher sollte man dann mit einer zinkhaltigen Farbe behandeln (kalte Galvanisierung).

Einbau einer manuellen Einstiegsstufe

Die einschlägigen Fachhändler bieten einige ausklappbare Einstiegshilfen an, die in der Regel in Wohnmobile eingebaut werden. Es gibt sogar elektrisch betriebene Modelle, bei denen man sich nicht die Hände schmutzig machen muss.

Eine Einstiegsstufe ist sicherlich einer tragbaren Trittstufe vorzuziehen. Und sie ist geradezu ideal, wenn Sie genug davon haben, dass eine lose Trittstufe dauernd in Ihrem Wohnwagen hin- und herfällt. Auch kann diese Einstiegshilfe niemals umkippen, wenn man darauf steht. Allerdings müssen Sie sicherstellen, dass der Boden Ihres Wohnwagens stark genug ist, um das Gewicht einer einsteigenden Person aufzunehmen. Die Montage muss sauber durchgeführt werden, sonst wird der Boden beschädigt.

Wenn Sie eine solche Einstiegsstufe montieren wollen und Ihr Wohnwagen noch neu und dessen Garantiefrist noch nicht abgelaufen ist, dann sollten Sie die Arbeit von einem Profi ausführen lassen, am besten bei Ihrem Wohnwagenhändler.

1 Dave kommt uns zu Hilfe und beginnt damit, dass er den Tecno-Step unter die Tür hält, um zu sehen, ob es irgendwelche Hindernisse gibt. Dabei steht der Caravan sicher auf Achsstützen.

2 Wir finden heraus, dass wir einige Kabel und das Warmluftrohr der Heizung neu verlegen sowie Dichtmittel entfernen müssen.

3 Dave verwendet Abdeckband auf der Unterseite des Bodens, um die drei Befestigungslöcher für die Einstiegshilfe schwarz zu markieren.

4 Nach der Überprüfung der Oberseite bohrt Dave durch den Boden vor. Wer die Köpfe der Schrauben später nicht sehen will, muss zuvor den Bodenbelag anheben.

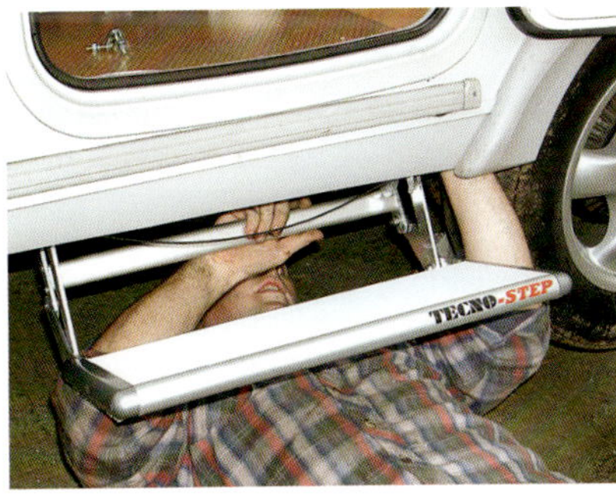

5 Dave steckt eine Schlossschraube pro Seite durch den Boden, hebt die Einstiegsstufe an und schraubt sie provisorisch fest.

6 Nach der provisorischen Befestigung überprüft Dave die richtige Position. Dann bohrt er die restlichen Löcher und hält dabei wiederum die Stufe hoch.

7 Dann steckt er drei Schlossschrauben von innen nach außen. Die Muttern der beiden äußeren Schrauben kann er festziehen. Die mittlere Schraube hingegen drückt den Boden zusammen.

8 Die drastische Antwort auf dieses Problem: Ich baue einen Hilfsrahmen aus Stahl und schraube ihn an die stabilen Bodenteile. An den vier mit Pfeilen gekennzeichneten Stellen schrauben wir die Einstiegsstufe an.

9 Der äußere Bodenrahmen ist massiv, und man bekommt Zugang zu ihm, indem man die Abdeckung direkt an der Tür anhebt. Ich verwende breite flache Platten unter den äußeren Schraubenköpfen, um die Last zu verteilen.

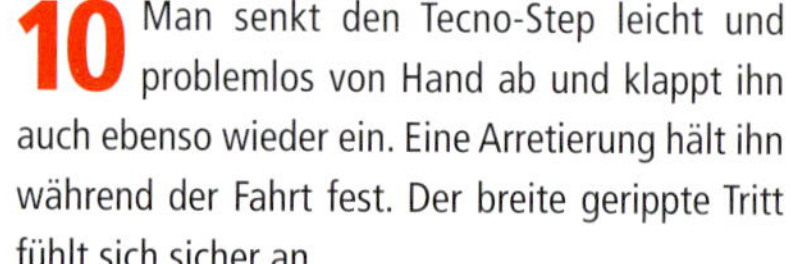

10 Man senkt den Tecno-Step leicht und problemlos von Hand ab und klappt ihn auch ebenso wieder ein. Eine Arretierung hält ihn während der Fahrt fest. Der breite gerippte Tritt fühlt sich sicher an.

Der Tecno-Step aus galvanisiertem Stahl ist eine gut durchdachte Einstiegshilfe. Er hält sehr lange der Korrosion stand und enthält einen eingebauten Mikroschalter. Wohnmobilbesitzer können einen Summer einbauen, der sie warnt wegzufahren, bevor die Stufe eingezogen ist. Wir schraubten diesen Schalter ab. Bei einem Wohnwagen ist er nicht notwendig. Natürlich macht man sich die Hände schmutzig, wenn man die Einstiegsstufe nach einer Fahrt im Regen ausklappt. Auf der nächsten Doppelseite erfahren Sie deswegen, wie man die manuelle Stufe mithilfe eines Umbaukits in eine elektrisch betriebene umwandelt.

Einbau einer elektrisch betriebenen Einstiegsstufe

Wer die manuelle Version des Tecno-Step (siehe Seite 131) eingebaut hat, besitzt die Möglichkeit, später ein Upgrade für den elektrischen Betrieb vorzunehmen. Danach muss man sich nie wieder die Hände schmutzig machen!

1 Die Gebrauchsanleitung ist italienisch, aber immerhin verstehen wir so viel, dass wir diesen Drehzapfen entfernen müssen. Um leichter Zugang zu bekommen, entfernen wir die ganze Einstiegsstufe. Der Wohnwagen steht derweil auf Stützen.

2 Der Ersatzzapfen hat einen am Ende viereckigen Querschnitt (roter Pfeil). Seinen Hebel verschraubt man im vorgebohrten Gewinde (blauer Pfeil) im Arm der Stufe.

3 Das große Zahnrad hat ein viereckiges Loch und wird auf den Zapfen im Inneren der Stufe aufgesetzt. Die Toleranzen sind eng, aber alles geht sehr gut.

4 Eine Kopfschraube geht durch den Zapfen und das Zahnrad. Die mit dem Kit mitgelieferte Sicherungsmutter wird gerade so viel angezogen, dass kein Spiel mehr vorhanden ist, ohne aber zu klemmen.

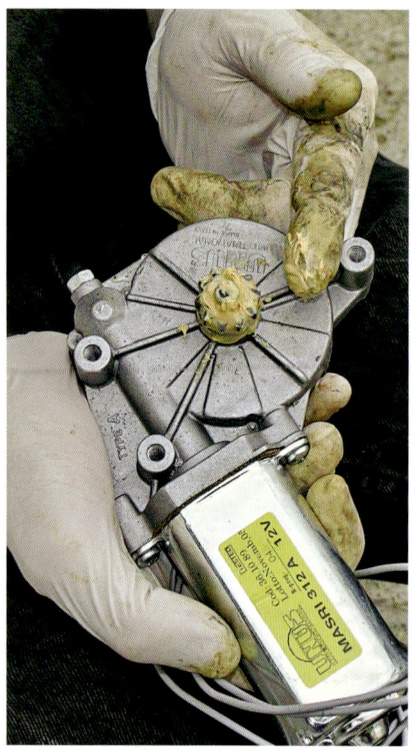

5 Das antreibende Zahnrad am Motor wird mit reichlich Fett eingeschmiert. Die Kabel gehen durch den Metallrahmen. Deswegen setzen wir eine Gummidichtung ein, um das Risiko eines Kurzschlusses zu verringern.

6 Mit zwei weiteren langen Schrauben und einem Paar Abstandshalter fixieren wir den Motor und dessen Schutzhaube an Ort und Stelle. Die Schrauben stecken in vorgebohrten Gewinden im Motor.

7 Wir bohren ein Extraloch zur zusätzlichen Befestigung der Abdeckung mit einer Schraube. Ebenso fügen wir weitere Abstandshalter ein, um die Abdeckung vom Mechanismus fernzuhalten.

8 Die manuelle Einstiegsstufe wird eingeklappt von diesem Riegel festgehalten. Die motorisierte Version benutzt den Motor, um die Stufe geschlossen zu halten. Deswegen entfernen wir den Riegel. Wäre er festgeklemmt, so würde der Motor kaputtgehen.

9 Die Stufe ist schon wieder befestigt und wir schrauben die Abdeckung zum letzten Mal fest. Dabei müssen wir weitere Abstandshalter einsetzen.

10 Den Schalter bauen wir ein, nachdem ich mit einem Cutter ein Loch in die Seitenwand der Garderobe geschnitten habe. Ich nehme nicht einmal, nicht zweimal, sondern sogar dreimal Maß, bevor ich das Messer ansetze!

Voraussetzung für die Montage des hier gezeigten Umrüstsatzes für den Tecno-Step ist, dass man bereits die manuelle Einstiegsstufe besitzt. Erst in einem zweiten Schritt, wenn die Finanzen es erlauben, kann die Umrüstung erfolgen.

Denken Sie daran: Die Elektrokabel muss ein Elektriker verlegen. Bitten Sie ihn, die Sicherung zu versetzen, sodass sie nicht mehr an der Stufe angebracht ist, sondern nahe an der Batterie und somit der gesamte Stromkreis geschützt ist.

Einstiegshilfen für den Wohnwagen

Bei den traditionellen Einstiegshilfen gibt es ein reichhaltiges Angebot an Werkstoffen und Konstruktionstypen. Hier zählen wir einige allgemein gebräuchliche auf:

Aluminium-Doppeltritt

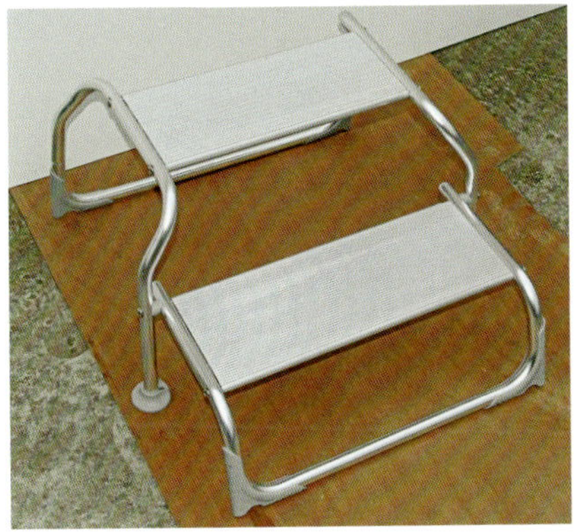

Die gerippten Aluminiumstufen bieten vorzüglichen Halt. Hervorragende Gesamtstabilität.

Das einzige mögliche Problem besteht darin, dass die Füße sich zu tief in weichen Untergrund bohren könnten, besonders wenn ihre Abdeckkappen verlorengehen. Die untere Stufe ist drehbar und klappt sich schön ein. Damit sparen wir Platz.

Aluminium-Doppeltritt mit Kufen-Füßen

Drei der vier Seiten der Basis liegen auf dem Boden auf. Damit können in der Theorie nur die hinteren Ecken in den Boden einsinken, und das nur auf sehr weichem Untergrund. Die Stabilität und der gesamte Aufbau erscheinen sehr gut. Es muss nichts montiert werden.

Die geriffelten Aluminiumstufen könnten in feuchtem und schmutzigem Zustand rutschig werden. Es gibt eine ganze Reihe unterschiedlich großer Modelle mit entsprechenden Preisen.

Kunststoff-Hocker

Dieser Einzeltritt ist buchstäblich überall zu sehen und zu bekommen. Fast jedes Geschäft für Wohnwagenzubehör führt ihn. Es ist der leichteste Tritt in unserer Auswahl. Durch die Löcher in den Füßen kann man ihn mit Heringen befestigen. Die Oberfläche der Stufe ist gerippt und durchbrochen, damit Wasser abfließen kann.

Wie alle Trittstufen kann er in weichem Untergrund einsinken. Aber er kippt nicht leicht. Es gibt ihn in diversen Farben von vielen Herstellern. Das Preis-Leistungs-Verhältnis ist meist ausgezeichnet.

Aluminium-Doppeltritt mit Kunststoffstufen

Dieses Modell drängt sich jenen auf, die mit wenig Geld einen Doppeltritt kaufen wollen. Die Stufen sind griffig und Wasser fließt sofort von ihnen ab.

Die Verarbeitung bei unserem Exemplar war nicht besonders gut, auch wenn der Stahlrahmen recht solide erscheint. Einige Schraublöcher waren nicht genau an der richtigen Stelle und wir mussten noch etwas nachbohren. Dies ist der tiefste und zweitschwerste Tritt. Er lässt sich nicht zusammenklappen. Dafür ist er sehr preiswert.

Einbau einer Stützlastwaage

Wer eine Waage in sein Deichselrad einbaut, weiß jederzeit, welche Stützlast gerade anliegt. Die Firma AL-KO produziert mehrere solcher Geräte. Der Einbau des analogen Modells ist eine der einfachsten Aufgaben für einen Bastler. Da man die Kurbel abnehmen kann, lässt sich die Hecktür bei manchen Fahrzeugen leichter öffnen.

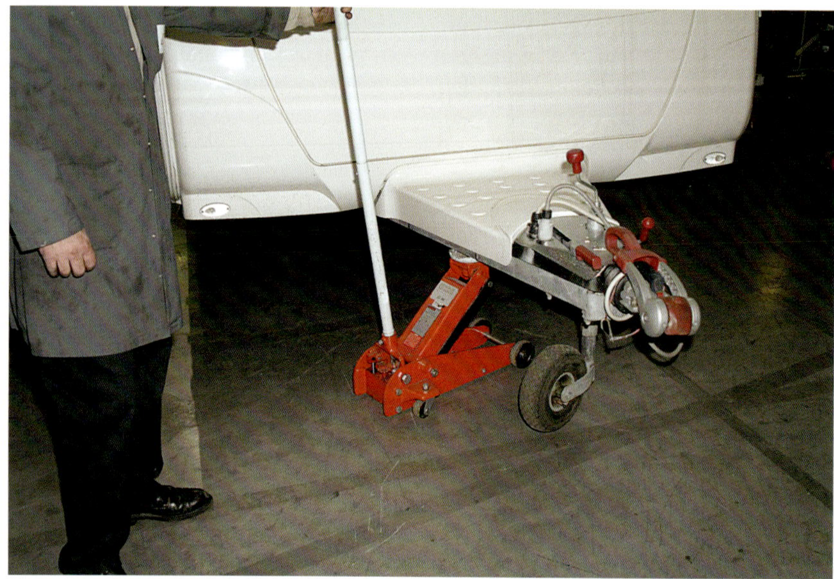

1 Zuerst zieht Kelvin von AL-KO die Bremsen fest und legt Keile unter. Dann hebt er die Front des Wohnwagens an der Deichsel.

2 Die Deichsel muss genügend angehoben werden, um nach dem Abschrauben der Kurbel die beiden Hälften des alten Stützrades entfernen zu können. Man sollte dabei die Verkleidungsteile nicht beschädigen.

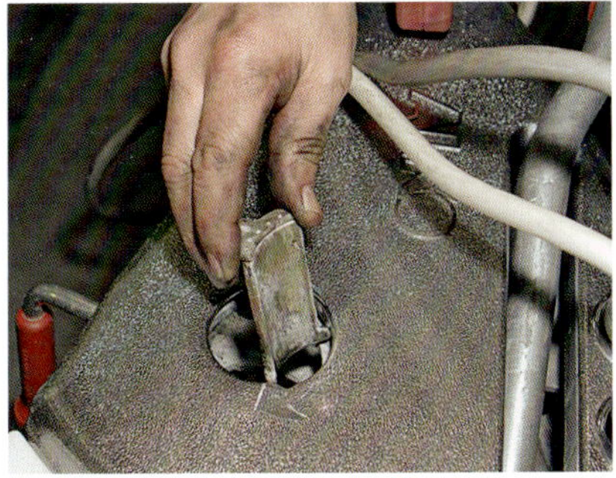

3 Im Inneren des Stützradgehäuses befindet sich ein loser Block, der gegen das Stützradrohr drückt. Lassen Sie ihn nicht fallen und verlieren Sie ihn nicht. Reinigen Sie ihn gegebenenfalls und fetten Sie ihn ein.

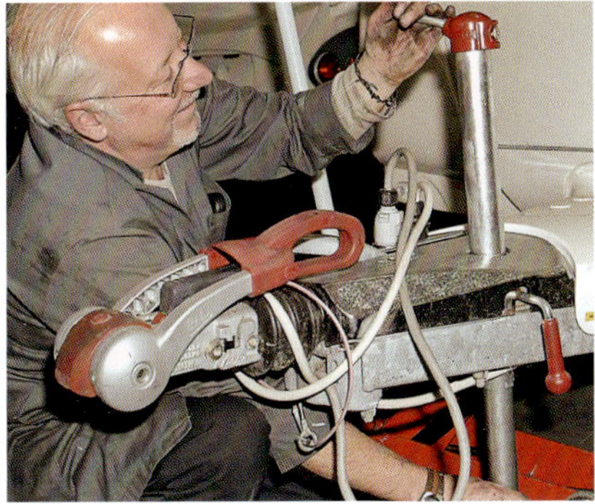

4 Nach dem Wiedereinsetzen des Spannblocks führt Kevin den unteren Teil des Stützrades unten am Gehäuse ein, dann den oberen Teil von oben und verschraubt beide.

5 Ein besonderes Merkmal dieses Zubehörteils ist, dass man das Stützrad sehr leicht abnehmen kann. Das könnte man als Maßnahme gegen Diebstahl einsetzen. Fetten Sie die abnehmbare Achse ein, bevor Sie sie wieder einsetzen.

6 Die Achse wird von einem leicht zu bedienenden Schnappverschluss gehalten. Man beachte die Breite des Stützrads, damit es auf weichem Grund nicht einsinkt.

7 Sie werden bemerkt haben, dass der Wert auf der Waage nicht der eigentlichen Stützlast entspricht. Vielmehr misst man den Abstand von der Mitte eines Rads …

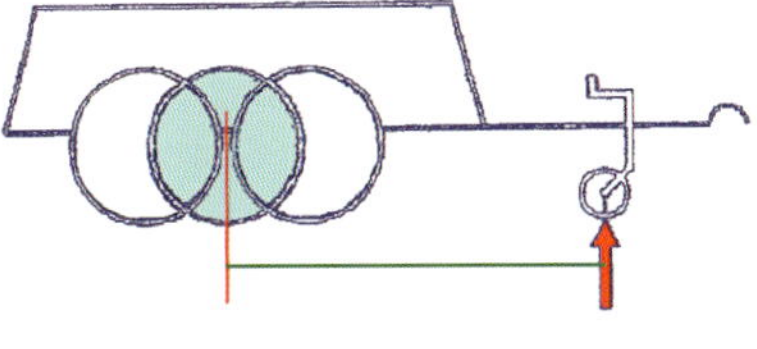

8 … oder bei Zweiachsern der Mitte zwischen den beiden Rädern bis zur Mitte des Stützrades (W) sowie den Abstand vom Zentrum des Rads bis zur Mitte der Wohnwagenkupplung (C).

9 Wenn man den Wohnwagen belädt, liest man die Zahl auf der Skala ab. Sie entspricht nicht dem Gewicht in kg, sondern hilft uns nur, später dieses Gewicht zu berechnen.

10 Die Kurbel wird leicht entfernt, indem man den Dämpfer (hier rechts) herauszieht und sie herausgleiten lässt.

Die Waage misst nicht das reale Gewicht. Zuallererst muss man den höchstmöglichen Ablesewert (R) festlegen:

1. Ermitteln Sie die maximale Stützlast (L) an der Wohnwagenkupplung. Werden mehrere Werte angegeben, so ist der niedrigste der sicherste.
2. Multiplizieren Sie L mit C und teilen Sie alles durch W. Siehe dazu Bild 8.

Die Zahl, die Sie ermitteln, sollte die größtmögliche sein, die Sie auf der AL-KO Stützwaage ablesen, wenn Sie losfahren.

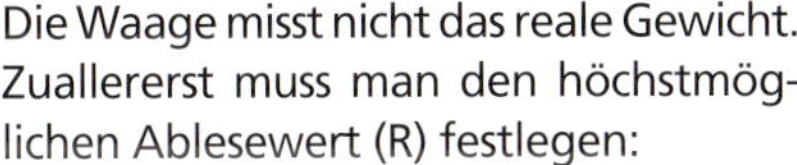

Sicherheit an erster Stelle!

- *Kommen Sie dem Maximum so nahe wie möglich, aber überschreiten Sie es nicht.*

Unterlegkeile für den Wohnwagen

Unterlegkeile und anderes Zubehör sorgen dafür, dass Ihr Wohnwagen waagerecht und fest dasteht. Wir stellen hier beispielhaft die gängigsten Systeme, gestufte und ungestufte Keile, vor.

Milenco Froli High Quality Adjustable Level

Dieser aus Deutschland stammende Unterlegkeil ist ziemlich kompakt und zugleich der schwerste und teuerste. Trotz der nur galvanisierten Stahldrehzapfen hervorragende Qualität. Dies ist der höchste aller Keile. Jedes Niveau liegt waagerecht mit einer gerundeten Auflagefläche für die Reifen. Deswegen braucht man auch keine zusätzlichen Halter. Die Maximalhöhe setzt ein kräftiges Zugfahrzeug voraus und das Ganze kann auf nassem Gras schwierig werden.
Urteil: mein persönlicher Favorit
Hersteller: Milenco
Länge/Breite/Höhe: 395 mm/170 mm/155 mm
Gewicht pro Keil: 3,6 kg
Hub: von 50 bis 100 mm, in 10-mm-Schritten

Milenco Levelling Ramp

Diese Keile werden paarweise verkauft. Sie bekommen also viel für Ihr Geld, besonders wenn Sie ein Wohnmobil oder einen doppelachsigen Caravan besitzen. Die Keile sind breiter als alle anderen, die wir getestet haben. Sie verschaffen mehr Stabilität, brauchen aber auch mehr Stauraum. Jede der drei Stufen hat eine erhöhte Welle am Ende, die als Rampe dient. Wie beim Froli ist deren Wirkung nicht allzu groß. Die Keile sind groß und schwer.
Urteil: sehr einfach, guter Preis
Hersteller: Milenco
Länge/Breite/Höhe: 530 mm/225 mm/120 mm
Gewicht pro Keil: 2,2 kg
Hub: 40, 65 und 90 mm

Pyramid Chockmaster

Die flache Basis verhindert sehr zuverlässig, dass der Keil in weichem Untergrund einsinkt. Keiner der anderen Keile zeigt diese Eigenschaft so ausgeprägt. Wie bei allen wird auch dieser Keil langsam wegrutschen, sofern man die Räder nicht vollkommen blockiert. Die angeklipste Rampe kann schwer zu entfernen sein, besonders bei Regen. Die »Leiter« hilft beim Hinauffahren. Bei Bedarf können sogar mehrere Chockmaster miteinander verbunden werden.
Urteil: preiswertestes Teil
Hersteller: Pyramid Products
Länge/Breite/Höhe: 635 mm/290 mm/130 mm
Gewicht pro Keil: 1,8 kg
Hub: bis rund 95 mm

Einbau einer 12-Volt-Steckdose

Viele elektrische Geräte steckt man in die 12-Volt-Steckdose des Zigarettenanzünders im Auto: Handy, Computerladegeräte, Kompressoren für die Reifenpumpe, Solarladegeräte für die Wohnwagenbatterie, tragbare Fernseher, um nur wenige zu nennen. Doch Wohnwagen haben zwar oft eine zweipolige TV-Steckdose, aber nur in seltenen Fällen einen Zigarettenanzünder-Steckdose. Hier sehen wir, wie man leicht eine solche einbauen kann – allerdings sollte ein Elektriker die entsprechende Verkabelung legen.

1 Die für diese Installation vorgesehenen Komponenten sind: 12-Volt-Steckdose (a), Abdeckrahmen (b), innerer Rahmen (c), Klappdeckel (d). Es gibt auf dem Markt ein reiches Angebot an solchem Zubehör.

2 Wir verwenden einen Lochschneider in unserer Bohrmaschine und schneiden damit ein Loch in die Garderobe, groß genug, um die vorstehenden Teile auf der Rückseite der Steckdose aufzunehmen.

3 Als der Lochbohrer durch die Innenseite der Garderobe bricht, sieht man, warum es so wichtig ist, Maß zu nehmen, Berechnungen anzustellen und das Ergebnis einzuzeichnen.

4 Ein Elektriker sorgt für die Anschlüsse. Mit der Abisolierzange entfernt man zuerst die Isolierung vom Ende des Erdungskabels und verlötet es dann.

5 Die negative Verbindung der Steckdose wird hergestellt, indem wir das abisolierte Ende mit einem genügend dicken, passenden Kabel verlöten. Die Stelle wird dann mit Isolierband geschützt.

6 Die steckdosenseitigen Enden der Kabel bekommen Flachstecker, die in manchen Kits enthalten sind. Sie werden mit einer Crimpzange an den abisolierten Kabelenden befestigt.

7 So sieht die Rückseite der Steckdose aus. Die Flachstecker werden mit Schrumpfschlauch elektrisch isoliert.

8 Als Nächstes führen wir die Steckdose in das Loch im Garderobenpaneel ein und befestigen sie mit zwei kurzen selbstschneidenden Schrauben. Zuvor bohrten wir aber kleine Löcher vor, um Risse zu vermeiden.

9 Dann folgt der innere Rahmen (c in Bild 1). Er wurde mit ähnlich kurzen Schrauben festgeschraubt. Die Schraubenköpfe müssen in das Formteil des Rahmens einsinken.

10 Beide Komponenten rasten an Ort und Stelle ein. Der Abdeckrahmen passt in Schlitze des inneren Rahmens und der Klappdeckel wird von Zapfen festgehalten.

Sie können eine 12-Volt-Steckdose selbst einbauen. Die Verkabelung sollten Sie aber einem Elektriker überlassen. Es mag zwar nur eine 12-Volt-Verbindung sein und eine falsche Verkabelung wird kaum tödlich enden. Aber wenn die Kabel sich zu stark erhitzen, kann ein Brand die Folge sein.

Wenn Sie die Steckdose selbst einbauen, müssen Sie ganz sicher sein, dass keine Leitungen o. ä. beschädigt werden. Sehen Sie zuerst nach, messen Sie dann und zeichnen Sie ein. Bohren Sie erst, wenn Sie alles noch einmal überprüft haben.

Generatoren

Da Wohnwagen immer komplexer werden und immer besser ausgestattet sind, sind sie auch in zunehmendem Maße abhängig von einer Stromversorgung mit 230 Volt. Die meisten Campingplätze bieten eine solche standardmäßig an. Aber es gibt auch Umstände, bei denen man ohne auskommen muss. Das ist oft der Fall auf abgelegenen Plätzen oder wenn man auf Privatgrund campt. Ein Generator stellt eine häufige Lösung für dieses Problem dar. Er liefert an Ort und Stelle genügend Energie für die meisten Geräte im Wohnwagen, die vom öffentlichen Netz abhängen. Die meisten Händler für Caravanzubehör führen Generatoren. In der Regel erfolgt der Betrieb mit Benzin oder Diesel. Generatoren sind einfach zu betreiben und ermöglichen eine hohe Flexibilität bei der Wahl des Ferienstandorts.

Wenn die Entscheidung für einen Generator ansteht, muss man sich zuerst darüber klar werden, wie viel Leistung er abgeben soll. Diese wird in Watt gemessen und erscheint in der Regel in der Bezeichnung des Geräts. Ein kleinerer Generator leistet beispielsweise bis zu 650 Watt. Diese Zahl bezieht sich in der Regel auf die Spitzenleistung, die das Gerät nur für kurze Zeit halten kann. Die Leistung dieses Generators über einen längeren Zeitraum dürfte dann rund zehn Prozent niedriger liegen. Diese »normale« Leistung ist meistens in der Gebrauchsanweisung vermerkt.

Man muss sich beim Kauf eines Generators von vornherein darüber klar sein, welche Geräte er mit Strom versorgen soll. Man addiert die entsprechenden Leistungszahlen und besorgt sich dann einen Generator, dessen Leistung höher liegt. Nach diesen Überlegungen sind zwei weitere wichtige Gesichtspunkte zu berücksichtigen.

Zunächst ist da die Wechselstromfrequenz des Generators, gemessen in Hertz (Hz). Die üblichen Haushaltsgeräte benötigen Wechselstrom mit 230 Volt und 50 Hertz. Einige Generatoren kann man auf eine Frequenz von bis zu 60 Hertz umstellen. Das ergibt eine höhere, aber weniger konstante Leistungsabgabe, was bei gewissen Geräten wie Lampen oder einem Fön von Vorteil sein kann. Aber für empfindliche Geräte wie Fernseher sind 5 Hz unumgänglich. Noch empfindlichere Geräte wie Computer und Spielkonsolen eignen sich nicht dafür, dass sie ihren Strom von Generatoren bekommen, weil deren Output innerhalb gewisser Grenzen schwankt.

Der zweite Gesichtspunkt ist die Anlaufenergie, die einige Geräte benötigen. Ein Mikrowellenherd ist dafür ein gutes Beispiel. Um richtig zu funktionieren, nimmt er vielleicht 1000 Watt Leistung auf. Beim Einschalten braucht er aber kurzfristig bis zu 3000 Watt und diese Zahl liegt weit jenseits der Leistungsfähigkeit der meisten Generatoren, die für Wohnwagen infrage kommen. Alle für Caravans vorgesehenen Generatoren verfügen über einen Überlastschutz: Sie schalten sich ab, wenn der Energieverbrauch die maximale Leistung übersteigt.

Und noch ein Faktor ist zu berücksichtigen, besonders wenn man andere Camper um sich hat: den Lärm. Vergleichen Sie die Dezibel-Werte aller infrage kommenden Generatoren. Und denken Sie daran, dass das Lärmempfinden exponentiell steigt: Eine geringe Erhöhung des Dezibel-Werts bedeutet eine unvergleichlich größere Lärmbelästigung.

Sicherheit an erster Stelle!

- *Bei der Verwendung und beim Transport eines Generators ist wegen des mitgeführten Treibstoffs äußerste Vorsicht geboten. Lagern Sie Treibstoffe immer in dafür vorgesehenen Behältern – fern von offenen Flammen und Kindern. Ähnliche Vorsicht muss bei Treibstoffdämpfen gelten. Ein leerer Behälter, in dem sich zuvor Treibstoff befand, ist noch leichter entzündbar und explosiver als ein gefüllter!*
- *Beim Umgang mit einem Treibstoffbehälter trägt man Schutzhandschuhe und vermeidet, dass die Haut, vor allem Schleimhäute, mit dem Treibstoff in Kontakt kommt. Wenn Treibstoff in die Augen gelangt, wäscht man diese mit reichlich fließendem Wasser aus und sucht sofort einen Arzt auf.*

5 Sicherheit

Einbau einer Alarmanlage

Nach eigenen Angaben ist die Firma Keen Electronics Ltd. Marktführerin für Wohnwagenalarmsysteme in Großbritannien. Sie beliefert Hersteller und Händler. Ihr Alarmsystem 2002 Concept KEL eignet sich für den Selbsteinbau. Vorausgesetzt werden nur einige grundlegende Fähigkeiten.

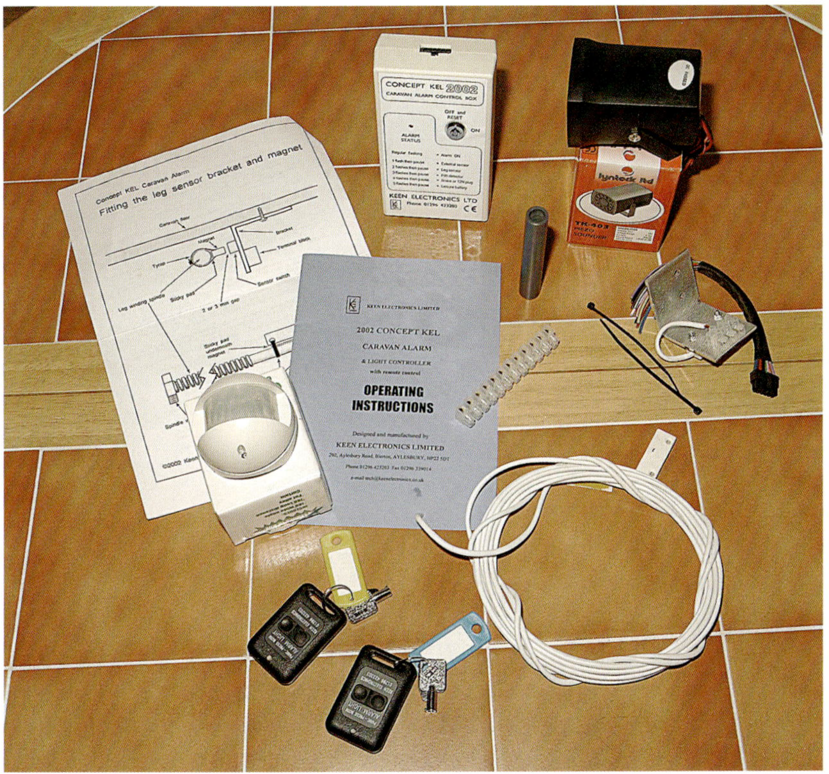

1 Das sind die Komponenten des Alarmsystems mit der Bezeichnung 2002 Concept KEL. Im Uhrzeigersinn, beginnend oben Mitte: Steuerbox mit integriertem 9-Volt-Batterie-Halter sowie Zuführung mit Stecker und Verteiler; Sirene; Eckstützensensor; Kabel (nur für die Verbindung zum Bewegungsmelder – für die Energieversorgung müssen Sie ein eigenes Kabel besorgen); Fernbedienung und Schlüsselanhänger; Bewegungsmelder im Wageninneren; Einbau- und Gebrauchsanleitungen; Schaltschema.

2 Die erste Aufgabe besteht darin, das Schaltschema zu konsultieren und zu entscheiden, wo alles untergebracht werden soll. Das erfordert sorgfältiges Nachdenken. Man möchte die Kabel natürlich, wo immer es geht, im Inneren von Stauräumen verlegen, doch auch dort muss man sie soweit fixieren, dass sie nicht stören. Wir setzen zur Fixierung der Kabel einige selbstklebende Kabelhalter ein.

3 Den Bewegungssensor anzubringen, erweist sich als schwierig. Er muss in Augenhöhe oder knapp darüber liegen und den Wohnwagen auf seiner gesamten Länge überblicken. Im Idealfall sollte der Sensor nicht direkt auf ein Fenster gerichtet sein, weil ihn dabei direktes Sonnenlicht stören könnte. Man muss auch die Lage des Kleiderschranks und anderer größerer Hindernisse in einem langen Wohnwagen berücksichtigen. Wir befestigen den Sensor mit doppelseitigem Klebeband und einer Schraube an der Decke. Das Möbelmaterial in unserem Bürstner ist dick genug für eine solide Befestigung, aber ich will kein Loch in das Holz bohren. Man beachte, dass das Kabel für den Sensor bereits durch den Eckschrank verlegt ist. Es passiert ein vorgefertigtes Loch in der rückwärtigen Trägerplatte des Sensors und muss noch auf die richtige Länge zugeschnitten werden, wenn der Sensor endgültig installiert ist.

4 Den mitgelieferten Instruktionen gemäß wird das Kabel abisoliert und an der richtigen Stelle auf der Rückseite des Bewegungsmelders befestigt. Erst dann schrauben wir den Sensor an seine Trägerplatte.

5 Der Eckstützensensor ist ein hervorragendes Merkmal der Alarmanlage von KEL. Wie er funktioniert, wird in der Zeichnung rechts erklärt. Die Grafik unten zeigt eine typische Eckstütze. Bei einigen allerdings ist das Gewinde vielleicht zu kurz, um den Magnet aufzunehmen. In diesem Fall wird ein mitgeliefertes Stück Plastikrohr auf das Ende der Gewindestange aufgesetzt und der Magnet an dieser Verlängerung befestigt. Das Prinzip des Sensors besteht darin, dass der Schalter eine Bewegung wahrnimmt, wenn der Magnet daran vorbeibewegt wird. Wenn Sie den Sensor an einer der hinteren Eckstützen befestigen, dann wird es extrem schwierig, den Wohnwagen zu bewegen, ohne die Stütze hochzudrehen und dadurch den Alarm auszulösen.

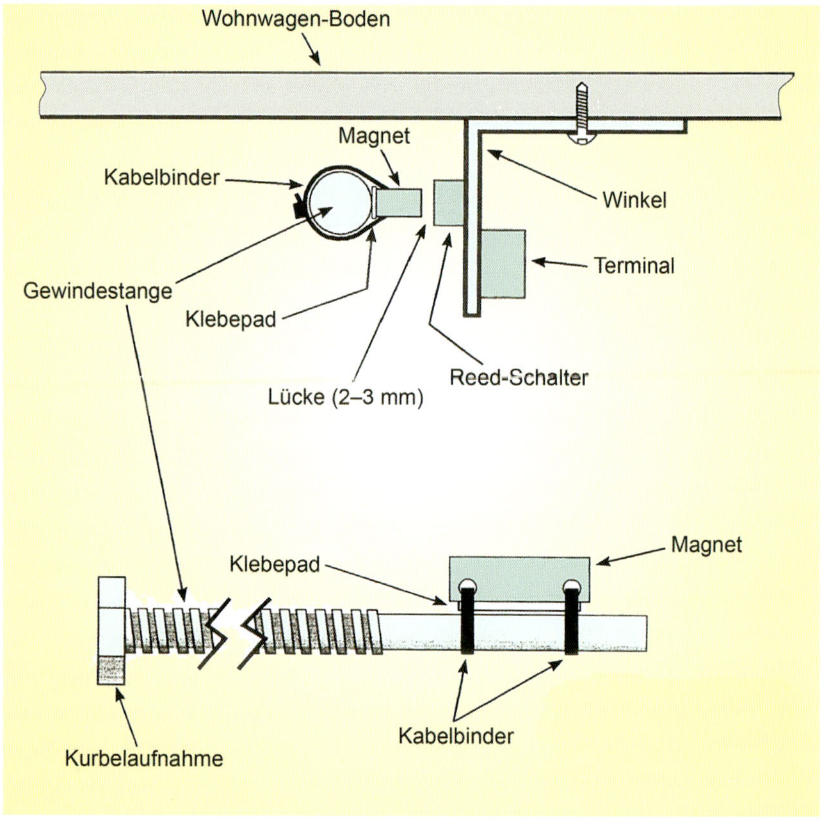

6 Beim Bürstner weist ein großer Teil der Spindel kein Gewinde auf. Dort kann man den Magneten anbringen. Im Bild erkennt man auch den am Boden angeschraubten Winkel mit dem Sensor und dem Verteiler.

7 An diesem Punkt entferne ich den Trägerwinkel vom Wohnwagen und stelle meine eigene Variante her. Ich nehme den Verteiler vom Winkel ab und bette ihn in Epoxidharz ein, wobei ich den Boden einer Plastikflasche als Gussform verwende. Die Kabel habe ich natürlich zuvor angeschlossen. Das bedeutet, dass nie wieder Feuchtigkeit in die elektrischen Verbindungen eindringen und ein Versagen erzeugen kann. Malcolm von Keen Electronics meint zwar, das sei eine Art Overkill und ein Spritzer Silikon hätte gegebenenfalls dieselbe Wirkung. Da ich aber so oft ein Versagen bei exponierten elektrischen Anschlüssen konstatieren musste, überzeugt mich das nicht. Es fiel mir auch auf, dass ein Dieb den Eckstützensensor außer Betrieb setzen kann, indem er die Kabelbinder durchschneidet und den Magneten entfernt. Um das zu verhindern, verklebe ich die beiden Enden des Magneten mit Epoxidharz.

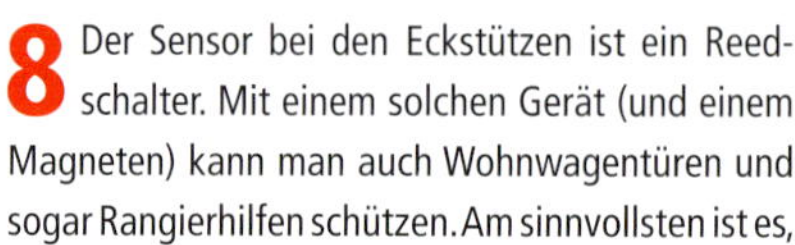

8 Der Sensor bei den Eckstützen ist ein Reedschalter. Mit einem solchen Gerät (und einem Magneten) kann man auch Wohnwagentüren und sogar Rangierhilfen schützen. Am sinnvollsten ist es, einen solchen Sensor in die Tür des Batteriekastens einzubauen. Ein Dieb hätte dann Schwierigkeiten, die Energieversorgung zu unterbrechen. Wenn man aber den 9-Volt-Block mit der Steuereinheit verbindet, führt das Abklemmen der Wohnwagenbatterie zur Auslösung der Sirene. Der Schalter (a) wird so befestigt, dass bei geschlossener Tür ein Abstand von 2 mm zum Magneten (b) besteht. Das Kabel wird in Serie mit dem Kabel des Eckstützensensors geschaltet. Durch das Öffnen der Tür wird der Alarm ausgelöst.

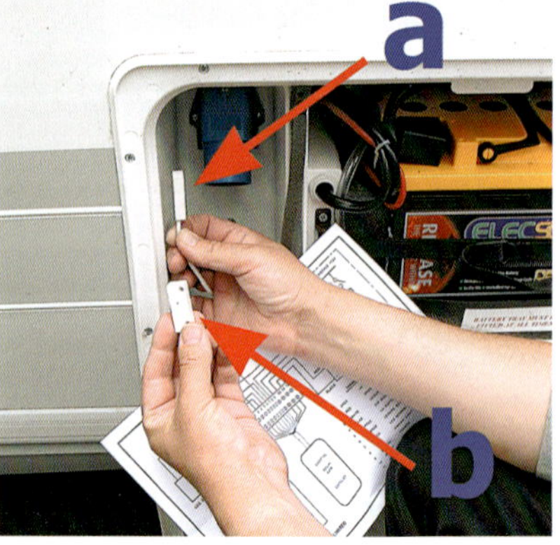

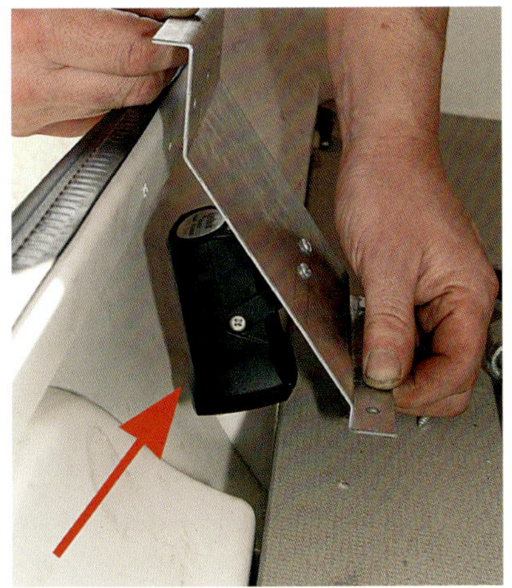

9 Als Nächstes bauen wir die Sirene ein. Wenn ein Dieb leichten Zugang zur Sirene hätte, wäre die Alarmanlage schnell nutzlos. Man muss also die Sirene an einer Stelle befestigen, wo der Schall leicht nach außen dringt, sie aber gleichzeitig vor Spritzwasser und Regen geschützt ist. Und leichten Zugang dazu darf man auch nicht haben! Diese Verstärkungsplatte im Bürstner scheint sehr geeignet, denn ein Dieb müsste zuerst einiges abbauen, um zu ihr zu gelangen. Wie Malcolm meint: »Achten Sie darauf, dass der Schall nach außen gelangt. Es hat keinen Zweck, wenn man ihn nur im Bettkasten hört.«

10 Die Steuerbox bringt man am besten in einem Schrank oder Bettkasten unter. Man befestigt zuerst die weiße Trägerplatte an einem Paneel. Darauf kommt die Steuerbox, die entlang der Trägerplatte gleitet, bis sie einrastet. Die Kabel verbergen wir hinter Leitungsführungskanälen, wie man sie in jedem Baumarkt bekommt. Damit sind sie auch nicht im Weg, wenn man den Schrank oder Bettkasten zur Aufbewahrung anderer Dinge braucht.

11 Die letzte Aufgabe besteht darin, die Alarmanlage an die 12-Volt-Energieversorgung anzuschließen. Man findet die Anschlussstelle in der Regel im Bettkasten hinter dem Batteriekasten. Es muss eine Sicherung eingebaut werden, so nahe wie möglich an der Batterie. In einigen Fällen erfolgt der Anschluss direkt an der Batterie. Dazu bohrt man ein Loch durch den Batteriekasten. Dessen Kanten schützt man mit einer Durchführungstülle, damit die hindurchgezogenen Kabel nicht aufgescheuert werden.

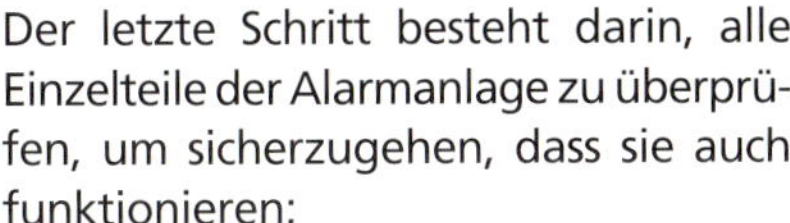

Der letzte Schritt besteht darin, alle Einzelteile der Alarmanlage zu überprüfen, um sicherzugehen, dass sie auch funktionieren:

- Probieren Sie den »Panic«-Modus aus, indem Sie den Alarm scharfmachen (angezeigt durch zwei Sirenenpiepser). Dann beide Tasten am Anhänger einige Sekunden lang gleichzeitig drücken.
- Machen Sie das System scharf und überprüfen Sie, ob der Bewegungsmelder ohne Verzögerung den Alarm auslöst, sobald Sie Ihren Wohnwagen betreten.
- Machen Sie das System scharf und drehen Sie die entsprechende Eckstütze herein. Das müsste sofort den Alarm auslösen.

12 Es gibt auch die Möglichkeit, die Alarmanlage von KEL an eine Außenleuchte am Wohnwagen anzuschließen. Der Schlüsselanhänger kann dann entweder für den Alarm oder die Außenbeleuchtung eingesetzt werden. Ein kleiner Nachteil besteht darin, dass man das Licht im Inneren des Wohnwagens eingeschaltet lassen muss. Nur mit dem Schlüsselanhänger kann man es anschließend ein- und ausschalten. Aber das ist ein kleiner Preis, den man dafür bezahlen muss, dass der Weg zurück zum Wohnwagen beleuchtet wird. Am Anhänger ist auch der Schlüssel befestigt, den man braucht, um die Steuerbox der Alarmanlage ein- und auszuschalten.

- Bei korrektem Einbau wird der Alarm ausgelöst, wenn man den Verbindungsstecker zum Zugfahrzeug benutzt, ihn also einstöpselt oder herauszieht. Bei eingestöpseltem Stecker führt die Betätigung der Fußbremse beim Zugfahrzeug dazu, dass der Alarm ausgelöst wird. Die Firma Keen Electronics empfiehlt, »den Wohnwagen mit dem Zugfahrzeug zu koppeln, damit eine sichere Erdung zwischen beiden besteht.«
- Bei eingebautem 9-Volt-Block in der Steuerbox versuche man, die 12-Volt-Batterie des Wohnwagens abzuklemmen. Das sollte den Alarm auslösen – sofern das System vorher scharfgemacht wurde. Die Energie dazu stammt nun von der Batterie in der Steuerbox.

Einbau eines Ortungssystems

Versicherungen für Wohnwagen sind nicht gerade billig – einfach, weil Caravans so leicht zu stehlen sind. Die beste Garantie für eine Wiederauffindung bietet ein Ortungssystem der Firma Cobra. Mit Satelliten- und Handytechnologie findet es einen gestohlenen Wohnwagen sofort.

Das System wurde speziell für Wohnwagen entwickelt. Man muss einen monatlichen Beitrag entrichten und bekommt dafür eine Satelliten- und Handyortung in ganz Europa. Man kann die Position des eigenen Caravans von jedem Ort mit Internetzugang überprüfen.

Hier beobachten wir Sicherheitsspezialisten beim Einbau eines Ortungssystems von Cobra.

1 Das ist das Herz des Systems, die Black Box von Cobra. Natürlich weiß der potenzielle Dieb nichts von einem Einbau: Das System funktioniert ohne sein Wissen.

2 Die GPRS-Einheit wird im Inneren des Wohnwagens installiert. Sie sorgt neben der Satelliteneinheit für eine zweite Ortungsmöglichkeit, was bei Produkten anderer Firmen oft nicht der Fall ist.

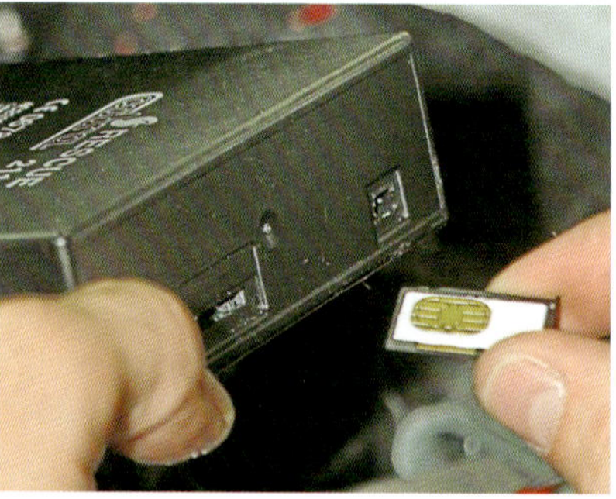

3 Eine SIM-Karte wird in die Steuereinheit eingeführt und teilt die Position des Wohnwagens über ein Handynetz mit – aus diesem Grund wird eine Gebühr fällig.

4 Wer mit der GPS-Satellitennavigation vertraut ist, kennt dieses Teil, das so in den Wohnwagen eingebaut werden muss, dass es Satelliten »sehen« kann.

5 Man muss ein bisschen arbeiten, um die Steuereinheit zu verbergen. Für die Satellitenortung, die Sensoren des Handys und deren Energieversorgung müssen zusätzlich einige neue Leitungen gelegt werden.

6 Beim Einbau in ein Auto löst der Zündschlüssel ein Signal an den Kontrollraum von Cobra aus. Es zeigt, dass das Fahrzeug bewegt wird. Bei einem Wohnwagen muss das manuell per Schalter durchgeführt werden.

7 Nach den Bohrarbeiten für den Einbau lötet Jason die Kabel an die Rückseite des Schalters.

8 Jason zieht die Kabel durch das Paneel. Er verwendet nur gelötete elektrische Verbindungen. Dazu braucht man zwar etwas mehr Geduld, aber sie gehen im Lauf der Zeit auch viel seltener kaputt als andere Verbindungen.

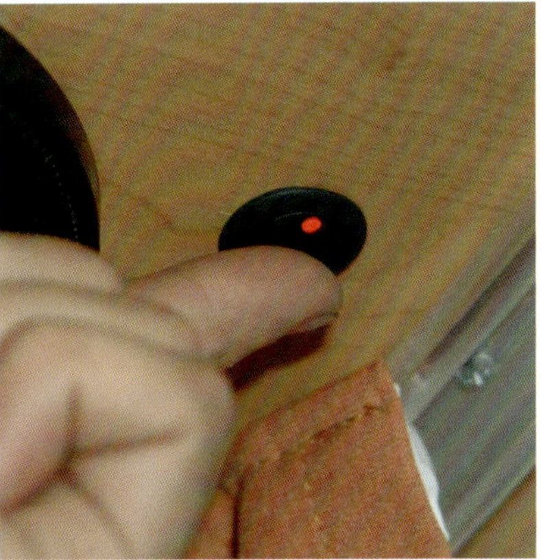

9 Die Steuereinheit, die Sensoren für die Satelliten und das Handynetz werden mit dem Kabelbaum verbunden. Wenn der Schalter aufleuchtet, ist der Wohnwagen im Reisemodus. Wenn das Licht nicht brennt, wird er von Cobra überwacht.

10 Mit dem Connex-Service können Sie online die Position Ihres Wohnwagens verfolgen, wie Julian hier demonstriert. Die FIN und der Code des Ortungssystems sind bei Cobra registriert.

Das Cobra-System empfiehlt sich, weil es komplett überwacht ist und für ganz Europa gilt.

Und so funktioniert es: Wenn ein Diebstahl gemeldet wird oder wenn Cobra von einem Sensor im Caravan alarmiert ist, nimmt der Kontrollraum von Cobra Kontakt zum Besitzer auf. Wird der Diebstahl bestätigt, wird der Wagen im Kontrollraum geortet. Auch die Polizei wird eingeschaltet.

Schlösser für Anhängerkupplungen

Solche Vorrichtungen verhindern den Zugang zur Anhängerkupplung – und damit zum Zugfahrzeug des potenziellen Diebs. Man sollte sie nebst einer Radkralle als zusätzliche Sicherheitsmaßnahme einbauen. Allein für sich sind sie gelegentlich nicht effizient: Es sind Fälle bekannt, bei denen Diebe ein Seil über die Kupplung und das Schloss legten und damit den Wohnwagen wegzogen.

Wenn Sie ein Schloss für Ihre Anhängerkupplung installieren, so sollten Sie darauf achten, dass die Vorrichtung auch die Schrauben abdeckt, die die Anhängerkupplung mit dem Chassis verbinden. Sonst löst ein Dieb einfach diese Schrauben, fügt eine zweite ungesicherte Kupplung hinzu und macht sich mit Ihrem Wohnwagen auf den Weg.

Viele Caravans werden gestohlen, wenn man sie für kurze Zeit unbeaufsichtigt auf einem Parkplatz stehen lässt, auch an einer Autobahnraststätte. Manche Schlösser sind so konzipiert, dass sie den Wohnwagen in stationärem Zustand mit dem Zugwagen so verbinden, dass er nicht unbefugt entfernt werden kann.

Unter keinen Umständen darf aber eine solche Vorrichtung während der Fahrt angebracht bleiben.

Einige Versicherungsgesellschaften bestehen auf Schlössern für Anhängerkupplungen. Lesen Sie in Ihrer Police die Bedingungen nach.

1 Das Safety-Kit von AL-KO ist nur für Kupplungen dieser Firma gedacht. Es lässt sich leicht mit dem entsprechenden Schlingerschutz kombinieren. Man legt das Kit auf die Kupplung, fügt den Zapfen in die Nut der Kupplung und schiebt dann das Safety-Kit nach vorn. Das ist nur bei geöffnetem Schloss möglich, wie hier im Bild.

2 Nur wenn der Schlüssel im Zylinder steckt, lässt sich das Safety-Kit abnehmen. Man muss dabei ein bisschen ruckeln, damit der Zapfen freigegeben wird. Es gibt für jede Anhängerkupplung von AL-KO ein eigenes Safety-Modell.

3 Der Safety-Ball ist ein preiswertes, aber wesentliches Zubehör. Man setzt ihn ein, bevor man das Schloss schließt. Er besetzt die Kugelkupplung.

4 Wenn die Anhängerkupplung geschlossen ist und das Safety-Kit sich an Ort und Stelle befindet, kann ein möglicher Dieb selbst mit einer kleineren Anhängevorrichtung nicht ankoppeln. Der dreieckige rote Griff zeigt deutlich die Präsenz des Safety-Balls an.

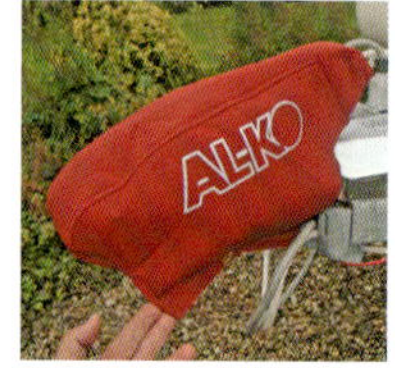

5 Der gepolsterte Wetterschutz (für AKS 2004/3004, eigene Version für AKS 1300) passt perfekt über die Anhängerkupplung mit dem Schloss. Eine Öse erlaubt das Anbringen eines Vorhängeschlosses. Sonst erfolgt die schnelle Befestigung über Klettverschlüsse.

Sicherheitsstützen

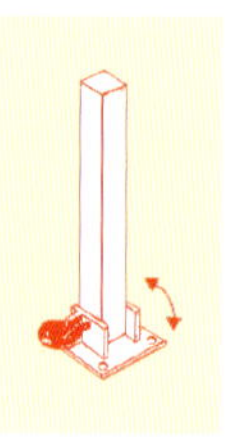

Vorn am Wohnwagen angebrachte Sicherheitsstützen verhindern wirkungsvoll, dass ein Wohnwagen einfach weggefahren wird. Die sinnvollsten sind mit Schlössern ausgestattet. Solche Wegfahrsperren sind allerdings nur so gut wie die Schlösser, die sie an Ort und Stelle halten. Als Werkstoff kommt somit nur hochwertiger Stahl infrage.

Schlösser für die Eckstützen

Wenn eine oder gar mehrere Eckstützen blockiert sind, wird es schwierig, einen Wohnwagen zu stehlen. Allerdings ist Vorsicht geboten, wenn man nur auf diese Art der Sicherheit baut: Ein Dieb kann die Eckstützen einfach absägen.

Überprüfung des Reifenluftdrucks

Es leuchtet sofort ein, dass die Räder und Reifen von Wohnwagen eine noch größere sicherheitskritische Funktion haben als beim Auto. Der Fahrer spürt aufkommende Probleme nicht, und ein Ausfall führt oft zum Platten – und damit nicht selten zur Katastrophe. Dagegen hilft eine gewissenhafte Wartung, wenigstens teilweise.

Hier kümmern wir uns um den Reifendruck und die richtige Radmontage. Beides ist wichtiger als man auf den ersten Blick denken könnte.

1 Der Reifendruckmesser ergibt übereinstimmende Ergebnisse, wenn man es erst einmal gelernt hat, das Gerät schnell und entschieden auf das Ventil zu pressen.

3 Akku-Luftpumpen wie diese gibt es zahlreich von verschiedensten Herstellern. Man kann damit fern von jeder Stromquelle Reifen bequem aufpumpen.

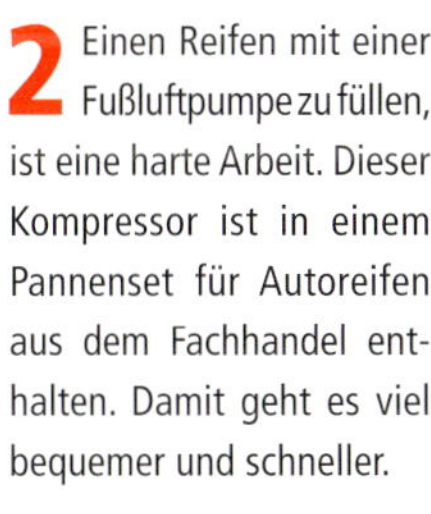

2 Einen Reifen mit einer Fußluftpumpe zu füllen, ist eine harte Arbeit. Dieser Kompressor ist in einem Pannenset für Autoreifen aus dem Fachhandel enthalten. Damit geht es viel bequemer und schneller.

4 Reifendruck-Überwacher wie diese kosten pro Rad keine 5 Euro. Übrigens schaut man bereitwilliger auf eine Ventilkappe wie diese statt auf einen Reifendruckmesser.

5 Diese nützlichen Zubehörteile werden für einen bestimmten Druckwert gekauft. Wenn er fällt, zeigen sie erst orange, dann rot an. Sie sind nicht so genau wie echte Druckmesser, geben aber sofortige Sicherheit.

6 Einige meinen, Stickstoff in den Reifen sei nicht der Mühe wert. Doch Formel-1-Teams und Flugzeugingenieure verwenden ihn. Er kostet wenig, und der potenzielle Nutzen ist einen Versuch wert.

7 Die Luft wird abgelassen, dann wird Stickstoff hineingepumpt. Die Reifen halten das Gas länger. Das funktioniert recht gut. Das Fehlen von Sauerstoff verhindert außerdem Korrosion im Inneren der Felge.

8 Schmieren Sie keine Gewinde von Radschrauben. Sie können sie dann nicht mehr mit dem nötigen Drehmoment anziehen. Doch Kupferpaste am Sitz der Schraube, wo sie auf eine andere Legierung trifft, verhindert Korrosion und erleichtert das Lösen zum Radwechsel.

9 Es besteht durchaus die Gefahr, dass sich Radschrauben von Wohnwagen lösen und die Räder abspringen. Lockern Sie in regelmäßigen Abständen alle Schrauben. Dann ziehen Sie sie mit einem Drehmomentschlüssel wieder fest an.

10 Stellen Sie den Schlüssel auf das richtige Drehmoment ein. Wenn die Schraube korrekt angezogen ist, klickt der Schlüssel und Sie hören auf. Vorsicht: Wenn Sie trotzdem weiter anziehen, kann es zu Schäden kommen.

Wenn man Felgen und Reifen nicht richtig wartet, werden sie unweigerlich Schwierigkeiten machen. Zu Reifenpannen kommt es vor allem bei schlecht gewarteten Reifen mit zu geringem Luftdruck. Sie können bewirken, dass sich der Wohnwagen überschlägt. Wenn sich Räder lösen, sind meist lockere oder zu stark angezogene Schrauben die Ursache.

Viele Wohnwagenbesitzer meinen, es reiche aus, alle Schrauben »richtig« anzuziehen. Zu stark angezogene Radschrauben oder -muttern können dabei gefährlicher sein als lockere. Sie scheren oft plötzlich ab, und das Rad geht sofort verloren. Man überprüft ihren Sitz stets mit einem Drehmomentschlüssel.

Radkrallen

Radkrallen für Wohnwagen gibt es in großer Vielfalt. Alle dienen ungefähr demselben Zweck: den Wohnwagen immobil zu machen. Sie sollten gut sitzen und dürfen sich auch bei einem Platten nicht lösen. Überprüfen Sie, dass man das Schloss nicht einfach entfernen kann, indem man mit einem Meißel hineinhämmert. Das mag zwar unwahrscheinlich klingen, aber es sind zu viele Geschichten über Diebe im Umlauf, die eine Radkralle angeblich in weniger als 30 Sekunden entfernen können …

Spurstabilisatoren

Stabilisatoren sind ein großer Sicherheitsgewinn beim Gespannfahren. Sie werden in die Anhängerkupplung oder an die Deichsel montiert, um Schlinger-, Wank- und Nickbewegungen des Wohnwagens zu dämpfen. Diese treten bei starkem Wind, beim Kurvenfahren oder während Lastwechseln auf. Zusätzlich stellt man immer sicher, dass der Caravan korrekt beladen ist. Er sollte in gutem technischem Zustand sein, über ein gut gewartetes Zugfahrzeug verfügen und die Räder des Gespanns sollten den richtigen Luftdruck aufweisen.

Man sollte sich nie allein auf Stabilisatoren verlassen, um die Charakteristik eines in sich instabilen Gespanns zu verbessern.

Wichtig!

- *Es wird dringend empfohlen, das Gespannfahren erst einmal ohne Stabilisator zu versuchen, um ein Gefühl dafür zu bekommen, wie es ist, wenn »der Schwanz mit dem Hund zu wackeln versucht«. Der Stabilisator führt zu einem viel sichereren Fahrgefühl, doch jede inhärent vorhandene Instabilität wird dadurch bei höheren Geschwindigkeiten erneut auftreten.*

Einbau eines Stabilisators AKS 3004 von AL-KO

Die meisten modernen Wohnwagen haben eine Kupplung von AL-KO mit eingebautem Stabilisator. Das bedeutet, dass das Ankuppeln nicht mehr ganz so einfach ist wie früher. Man unterscheidet heute einen Kupplungs- und einen Stabilisierungsgriff.

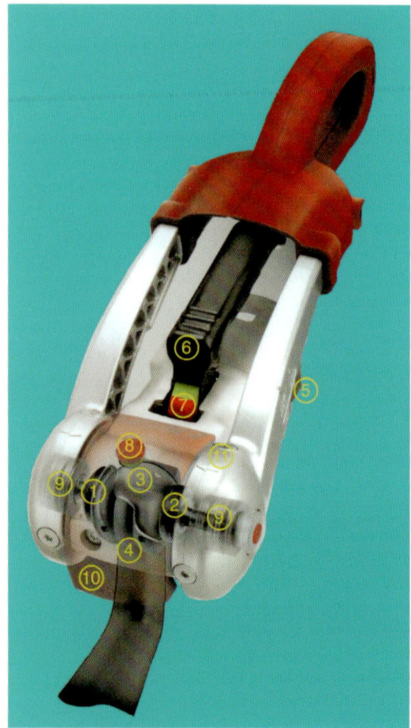

1 Die Anhängekupplung AL-KO 3004 ist ein beeindruckendes Stück Ingenieursarbeit. Es enthält Sicherheitselemente im konventionellen Teil und vier Reibbeläge zum Dämpfen von Schlinger- und Nickbewegungen. Sie funktionieren nach demselben Prinzip wie die Reibungsstoßdämpfer von Vorkriegswagen und der frühen »Ente«.

1 Linker Reibbelag
2 Rechter Reibbelag
3 Hinterer Reibbelag
4 Vorderer Reibbelag
5 Verriegelungsaufnahme für AL-KO-Safety-Diebstahlschutz
6 Kupplungsgriff
7 Verschleißanzeige für den vorderen und hinteren Reibbelag und den Kupplungsmechanismus
8 Sicherheitsanzeige
9 Unterlegscheiben
10 Integrierter Soft-Dock
11 Verschleißanzeige für den linken und rechten Reibbelag

2 Bei einem derart schweren Zugfahrzeug wie diesem Land Rover Discovery sind Schlingerbewegungen kein sehr großes Problem. Trotzdem macht der Stabilisator von AL-KO einen deutlichen Unterschied aus, sowohl bei Wank- wie Nickbewegungen. Man muss den Stabilisator aber richtig einsetzen.

Sicherheit an erster Stelle!

- *Beladen Sie Ihren Wohnwagen stets richtig. Die Stützlast sollte immer nahe dem niedrigsten von den drei Werten liegen, die für das Zugfahrzeug, den Kugelkopf am Zugfahrzeug und für die Kupplung am Wohnwagen angegeben werden. Sie unterscheiden sich in der Regel voneinander, sodass man alle drei überprüfen muss.*
- *Versuchen Sie nicht, Ihren Stabilisator als Ausgleich für eine fehlerhafte Beladung einzusetzen. Damit erhöhen Sie nur die Geschwindigkeit, bei der unkontrollierbare Schlingerbewegungen beginnen: Das Risiko steigt dann.*

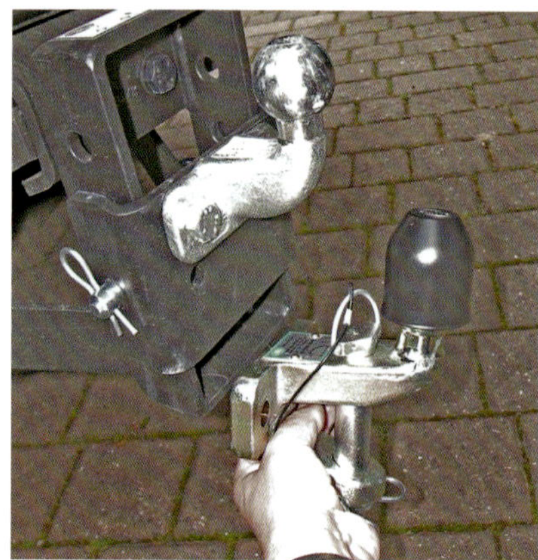

3 Sie können den standardmäßigen Kugelkopf von Land Rover nicht verwenden. Er ist nicht groß genug und ragt zu wenig hervor. Stattdessen brauchen Sie den speziellen schwarzen AL-KO-Kugelkopf (Bild 4), der mit dem Stabilisator mitgeliefert wird.

4 Der schwarze Kugelkopf, der mit dem Stabilisator mitgeliefert wird.

Wichtig!

- *AL-KO weist darauf hin, dass einige Hersteller verchromte oder anderweitig galvanisierte Kugelköpfe für die Verwendung mit AL-KO-Stabilisatoren einbauen. Doch solche Köpfe sollte man nicht verwenden. Die galvanisierte Schicht wird schnell abgetragen und führt beim Gespannfahren zu knarzenden Lauten. Am Ende wird der Stabilisator beschädigt. Also: Stets nur den speziellen Kugelkopf von AL-KO verwenden!*

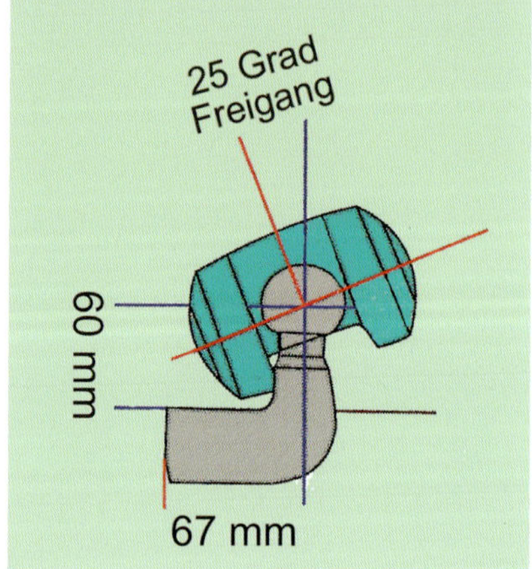

5 Das sind die erforderlichen Maße für einen Stabilisator von AL-KO: 60 mm Abstand zwischen der Mitte des Kugelkopfs und der ihn tragenden Struktur; 67 mm Abstand zwischen der Mitte des Kugelkopfs und der Fläche der Trägerplatte oder dem Fahrzeug selbst. Wenn man einen Stabilisator von AL-KO nachrüsten will, dann ist es nicht notwendig, dass die Kupplung mehr als 25 Grad Freigang hat.

6 Ein solcher schwanenhalsartiger Kugelkopf ist in der Regel akzeptabel für einen Stabilisator von AL-KO.

8 Die Annäherung des Zugfahrzeugs an den Wohnwagen geschieht auf herkömmliche Art. Während ich einweise, fährt Shan langsam rückwärts.

Top-Tipp

• *Bevor wir fortfahren, noch einmal die Hauptregel: Entfernen Sie jede Spur von Fett und Farbe vom Kugelkopf, bevor er mit einem Reibungsdämpfer in Berührung kommt. Vor allem Öl und Fett machen die Reibbeläge wirkungslos. Farben und galvanische Überzüge bewirken, dass der Kugelkopf knarzende Geräusche von sich gibt. Nach der Entfernung von Ölresten entfernt man mit Stahlwolle jegliche Beschichtung.*

9 Als sich das Zugfahrzeug der Anhängerkupplung nähert, drehe ich das Deichselrad so weit nach oben, dass die Kupplung nahe dem Kugelkopf liegt. Der Stabilisierungsgriff ist nach oben gezogen und somit geöffnet. Der Kupplungsgriff wird hochgezogen, bevor die Kupplung auf die Kugel aufgesetzt wird.

10 In diesem Stadium kommt eine besondere Charakteristik des Discovery zum Einsatz, die höhenverstellbare Hinterradfederung. Hier wird das Auto abgesenkt. Das ist nicht nur zum Ein- und Aussteigen leichter, sondern auch, um einen Wohnwagen anzukuppeln.

11 Als die Kupplung genau über dem Kugelkopf liegt, senke ich den Wohnwagen mit dem Deichselrad ab. Dabei rastet die Kupplung am Ende ein.

12 Die Sicherheitsanzeige zeigt an, wenn der Kugelkopf richtig verbunden ist. Dann erscheint der grüne Zylinder.

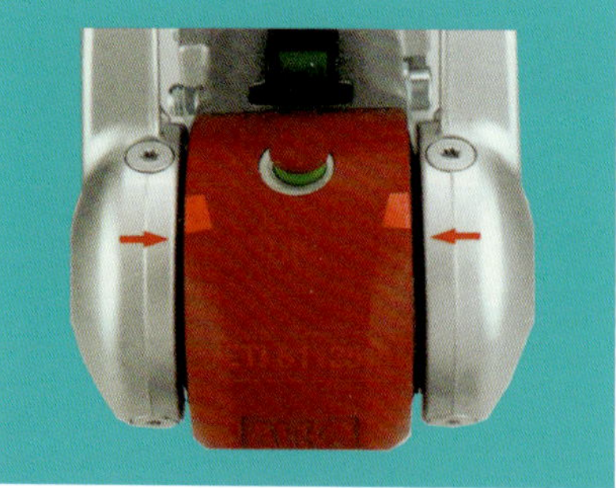

13 Die Pfeile müssen sich in dieser Position befinden, wenn der rechte und der linke Reibbelag noch in Ordnung sind. Die Verschleißanzeige (siehe Bild 1, Punkt 7) muss ebenso grün zeigen, sonst sind der vordere und der hintere Reibbelag, der Kupplungsmechanismus oder der Kugelkopf abgenutzt.

14 Bei dieser Stellung der Pfeile sind der vordere und der hintere Reibbelag abgenutzt und müssen ersetzt werden.

15 Achten Sie darauf, dass die Haltearme beim Hochdrehen in die Schlitze im Rohr einrasten. Das verhindert, dass sich das Deichselrad während der Fahrt dreht und absenkt.

16 Wenn das Zugfahrzeug über eine 13-polige Steckdose verfügt, brauchen Sie eventuell einen Adapter für den Stecker des Wohnwagens (oder umgekehrt).

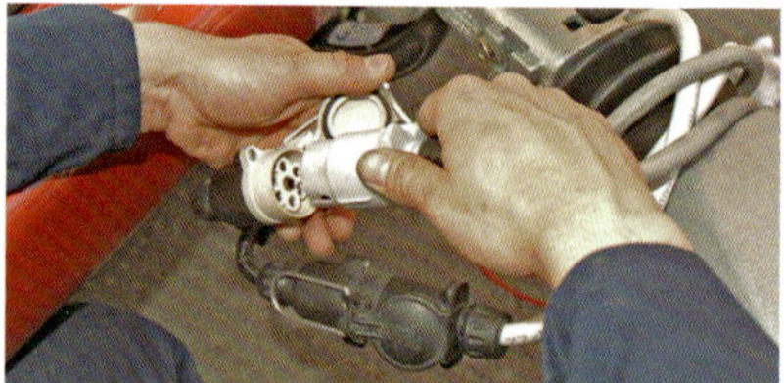

17 Kabel dürfen nicht auf dem Boden schleifen. Wenn sie zu lang sind und man sie um die Kupplung wickelt, muss man darauf achten, dass sie die Auflaufbremse nicht beeinträchtigen. In engen Kurven brauchen Sie auch noch genügend Spiel.

18 Alle mit einer Bremse ausgestatteten Anhänger, und somit auch Wohnwagen, müssen über ein Abreißseil verfügen. Es verbindet das Zugfahrzeug mit dem Anhänger und hat die Aufgabe, bei einem möglichen Lösen des Anhängers während der Fahrt die Bremsen zu schließen.

AL-KO ATC Trailer Control (Antischleuder-System)

Das Antischleuder-System ATC der Firma AL-KO ist ein Riesenschritt in Richtung sicheres Gespannfahren. Wir erklären hier, wie es funktioniert und wie es nachgerüstet werden kann.

Vom Modelljahr 2008 an werden viele Wohnwagen schon werksseitig mit der Trailer Control ausgestattet. Man kann sie auch in Caravans mit einem AL-KO-Chassis nachrüsten. Diese Arbeit übernimmt eine spezialisierte Werkstatt.

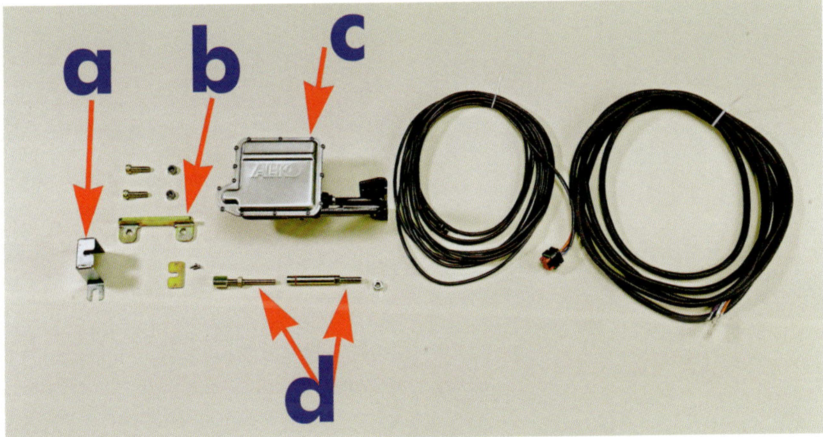

1 Das Nachrüstkit umfasst: (a) Halterungen für die Kontrollleuchten, (b) Träger für die Montage, (c) Steuereinheit, (d) Bremsstangen. Die Verkabelung muss durch einen Fachmann erfolgen. Das ist keine Arbeit für einen Bastler.

2 Zuerst wird eine Bremsstange an der Steuereinheit befestigt. Diese enthält die Sensoren für seitliche Bewegungen und den Auslöser des Bremsvorgangs. Es gibt sieben verschiedene Modelle für alle Wohnwagengrößen.

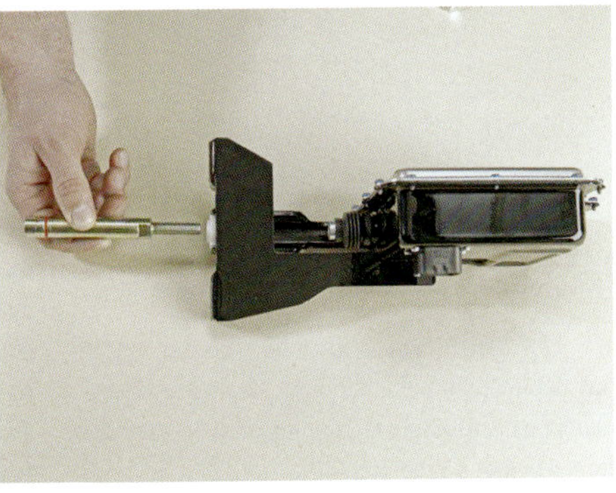

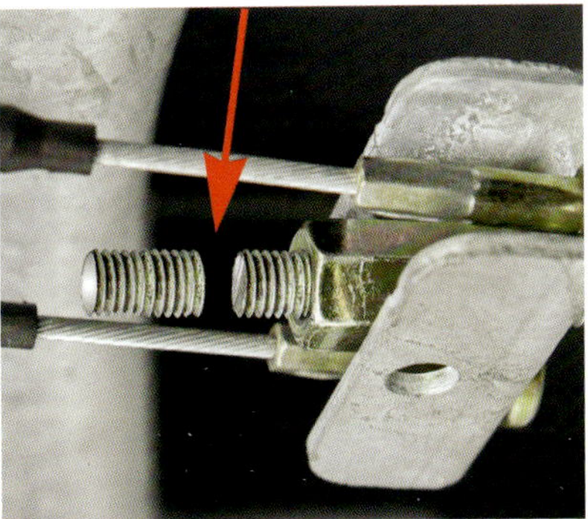

3 Auf der Achse unter Ihrem Wohnwagen befindet sich der Bremslastausgleich. Er überträgt Kräfte von der Kupplung zur Bremse an jedem Rad. Das Gewinde der Einstellstange muss gekürzt werden.

4 Nach dem Kürzen wird die Einstellstange des Kits aufgeschraubt und festgezogen. Dadurch vergrößert sich deren Länge.

5 Die Steuereinheit wird hochgehoben und in Position gebracht. Die verlängerte Einstellstange kann eingeschoben werden, indem man bei Bedarf die Bremsen des Wohnwagens sachte betätigt.

6 Die Steuereinheit wird an dieser Halterung (Pfeil) befestigt. Diese selbst wird an der normalen Bremshalterung des Wohnwagens fixiert, angeschweißt an das Rohr, das die Achse enthält. Dafür sind keine neuen Bohrlöcher erforderlich.

7 Die letzte mechanische Arbeit besteht im Einstellen der Bremsstangen. Diese Arbeit wird nur einmal durchgeführt, und für die gesamte ATC ist keine weitere Wartung mehr erforderlich.

8 Eine Leuchtdiode sagt Ihnen, ob das System Strom hat und funktioniert. Sie wird an die Verkleidung der Anhängerkupplung montiert. Hier sind Bohrarbeiten notwendig.

9 Je nach Modell befindet sich die Leuchtdiode an einer Stahlhalterung, die am Fahrwerk festgeschraubt wird, oder an einer Halterung, die im Inneren der Deichselverkleidung liegt.

10 Der Kabelstrang des Systems muss richtig mit dem Wohnwagen verbunden werden. Dann geht es nur noch darum, den Stecker in die Steuereinheit zu stecken.

Wer je selbst das Schleudern eines Wohnwagens erlebt hat, kann nachempfinden, dass dies eine der größten Gefahren des Gespannfahrens ist. Auch wer als nicht direkt Beteiligter das Schlingern sieht oder an einem umgestürzten Caravan vorbeifährt, kann die schrecklichen Konsequenzen ermessen.

Die ATC Trailer Control von AL-KO nimmt mithilfe von Sensoren seitliche Wankbewegungen wahr, noch bevor der Fahrer sie bemerkt. Es leitet radweise Bremsungen des Wohnwagens ein, wodurch er automatisch zum Geradeauslauf zurückfindet – gerade in extremen Situationen ein hervorragend funktionierendes System!

Einbau einer Sicherheitsanzeige von AL-KO

Die einfachsten Ideen sind oft die besten. Diese Aussage trifft ohne Zweifel auf die Sicherheitsanzeige für Anhängerkupplungen von AL-KO zu. Seit 1993 wird sie in den meisten Wohnwagen verbaut.

Sie besteht aus einem Knopf oberhalb der Stelle, die den Kugelkopf aufnimmt. Ist korrekt angekuppelt, wird der rote Knopf ein Stück herausgedrückt, sodass an der Basis ein grünes Segment sichtbar ist.

1 Die Sicherheitsanzeige gibt Auskunft darüber, ob der Wohnwagen korrekt an sein Zugfahrzeug angekuppelt ist. Sie lässt sich in jeden Caravan einbauen, der über eine Kupplung von AL-KO verfügt. Die entsprechenden Umrüstungskits bekommt man im Internet.

2 Zur Sicherheit muss die Handbremse des Wohnwagens vor dem Beginn der Arbeiten gezogen sein. Entfernen Sie die vordere Schraube der Kupplung …

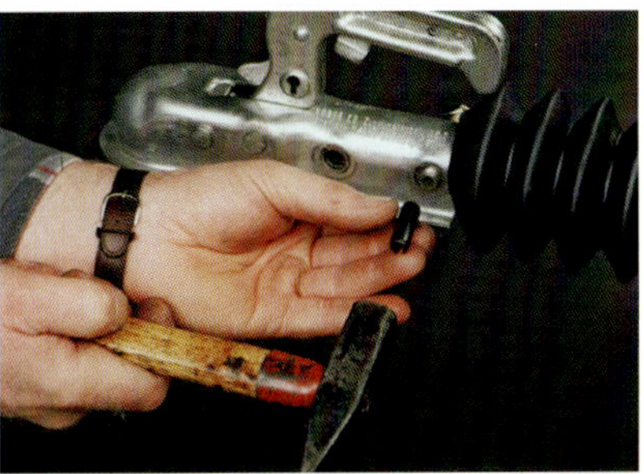

3 … und verwenden Sie den mitgelieferten Haltebolzen, um die hintere Schraube hinauszutreiben. Der Haltebolzen sorgt dafür, dass die Auflaufbremse in der richtigen Position gehalten wird.

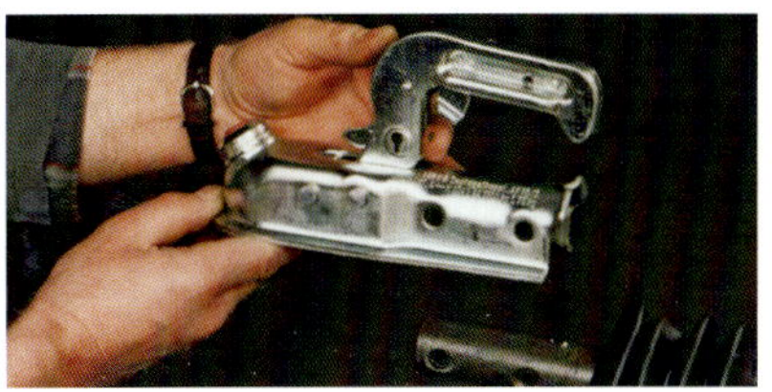

4 Entfernen Sie den Gummibalg vom hinteren Ende der Kupplung und heben Sie diese von der Auflaufeinrichtung ab.

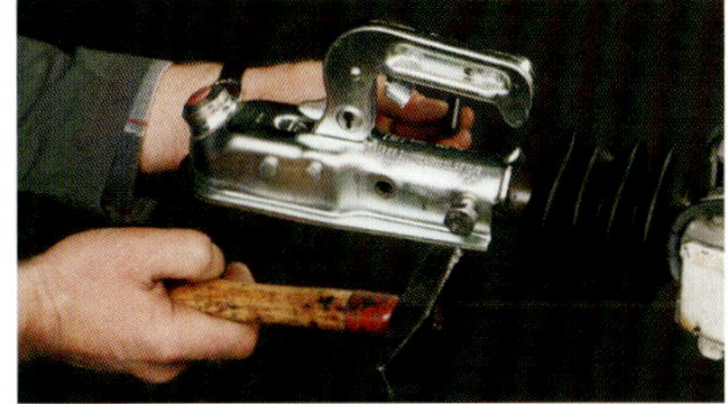

5 Positionieren Sie die neue Kugelkupplung mit der Sicherheitsanzeige so über der Auflaufeinrichtung, dass die Befestigungslöcher übereinanderliegen. Stecken Sie eine der mitgelieferten Schrauben in das vordere Loch und befestigen Sie daran die selbstsichernde Mutter. Mit der zweiten Schraube treiben Sie den Haltebolzen aus und befestigen daran ebenfalls eine Mutter.

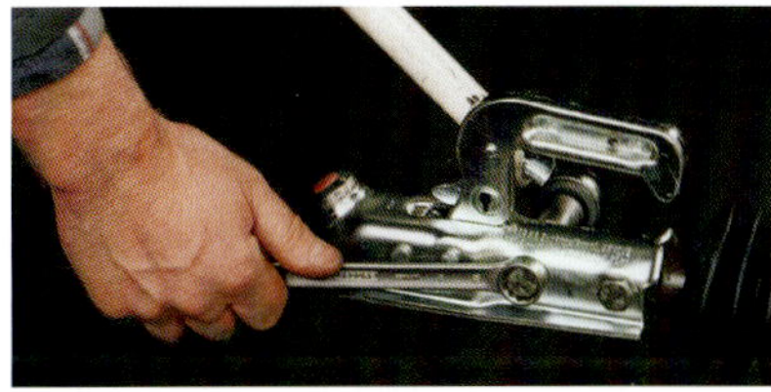

6 Mit dem Drehmomentschlüssel ziehen Sie beide Muttern bis zu dem Wert an, der für Ihr Kupplungsmodell vorgeschrieben ist.

7 Ziehen Sie den Gummibalg wieder über das hintere Ende der Kupplung.
(Alle Fotos: AL-KO Kober Ltd.)

Caravanspiegel

Wenn Sie einen Wohnwagen an Ihr Auto hängen, werden Sie sofort merken, dass Ihre Seitenspiegel praktisch nutzlos geworden sind. Aber für die Sicherheit ist es unumgänglich zu sehen, was neben und hinter dem Wohnwagen vor sich geht, besonders beim Überholen und beim Rückwärtsfahren. Aus diesem Grund müssen zusätzliche Caravanspiegel angebracht werden.

Die deutsche StVZO (Straßenverkehrs-Zulassungs-Ordnung) legt fest, dass man mit den Rückspiegeln alle wesentlichen Verkehrsvorgänge beobachten können muss. Unter bestimmten Voraussetzungen – beispielsweise breites Zugfahrzeug, schmaler Wohnwagen – ist es durchaus möglich, ohne zusätzliche Spiegel auszukommen. In der Regel braucht der Campingfreund aber Caravanspiegel. Es gibt sie in allen möglichen Systemen und Formen. Man kann dabei zwei Arten unterschieden: an der Tür und am Kotflügel montierte Spiegel.

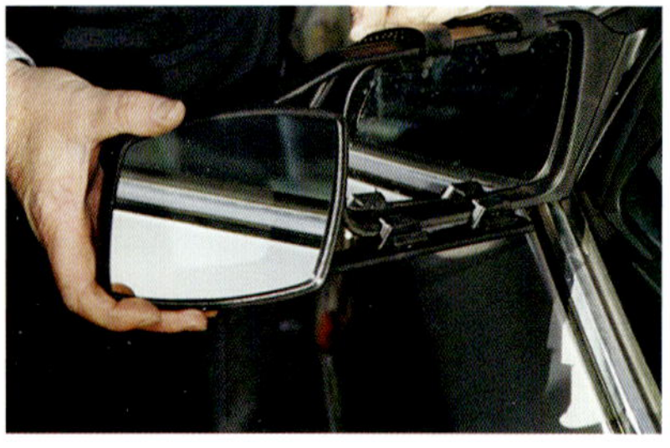

1 An der Tür montierte Spiegel sitzen selten direkt auf der Tür. Die meisten werden auf die bereits bestehenden Seitenspiegel aufgesetzt. Einige darunter schränken deren Sichtfeld ein, gestatten dafür aber einen weiteren Blick nach hinten. Andere beeinträchtigen die Sicht der Standardspiegel nicht.

Fast alle Spiegel dieses Typs werden von verstellbaren Gummibändern gehalten, die auf der Rückseite der Seitenspiegel verlaufen. Diese Bänder sollten so straff wie möglich gespannt sein, damit ein Verschieben während der Fahrt unmöglich ist.

Direkt an der Tür befestigte Spiegel sind meist an der Unterkante der Fenster verankert und werden unten an der Tür mit einem leistungsfähigen Gummiband verzurrt.

Die an der Tür und am Seitenspiegel befestigten Modelle haben den Vorteil, dass man sie vom Fahrersitz aus einstellen kann. Bei den Spiegeln am Kotflügel muss eine zweite Person bei der Einstellung mithelfen.

2 Am Kotflügel befestigte Spiegel haben ihre Verankerung meist im Spalt der Motorhaube. Auch hier spielen elastische Bänder eine große Rolle. Viele Caravanspiegel haben Reflektoren auf der Rückseite, sodass entgegenkommende Verkehrsteilnehmer sie nachts schon von Weitem erkennen.

Caravanspiegel-Typen

Als verantwortungsvoller Campingfreund wünschen Sie sich beim Gespannfahren die bestmögliche Sicht nach hinten. Mit Ausnahme der breitesten Zugfahrzeuge brauchen fast alle ein Paar Zusatzspiegel, die das Sichtfeld vergrößern. Welche aber sind die besten? Die Auswahl ist groß, aber einige machen durchaus Probleme.

Spiegel zum Aufstecken Milenco Easi View

Urteil: niedrigster Preis

Allgemein: Diese Spiegel sind wahrscheinlich das am weitesten verbreitete Modell.

Pluspunkte: gehören zu den Spiegeln, die sich am schnellsten und leichtesten montieren lassen. Sie eignen sich für zahlreiche Automodelle. Schränken die Sicht der Seitenspiegel nicht ein. Preiswert, leicht und leicht aufzubewahren. Größere Modelle für größere Seitenspiegel sind ebenfalls erhältlich.

Minuspunkte: Gehören zu den vibrationsempfindlichsten Spiegeln; bei Autobahngeschwindigkeiten sind Details nicht mehr zu sehen. Lassen sich nicht an größere Seitenspiegel montieren.

Abmessungen: 158 x 117 mm
Glastyp: flach oder konvex
Hersteller: Milenco

Milenco Towing Mirror

Urteil: sehr stabil

Allgemein: ganz anderes Befestigungssystem, weil es am Kotflügel und nicht am Seitenfenster ansetzt. Motorhaube anheben, den unteren Arm beim Radkasten, die beiden oberen Arme am Kotflügel nahe der Motorhaube einhaken.
Pluspunkte: der stabilste aller getesteten Spiegel, mit der geringsten Vibration. Sehr schneller Einbau. Sehr gute Konstruktion.
Minuspunkte: kann nicht an Wagen mit ungewöhnlich geformter Motorhaube angebaut werden, auch nicht an solche mit steil abfallender Front. Der Spiegel lässt sich nicht vom Fahrersitz aus einstellen. Braucht viel Platz bei der Aufbewahrung.
Abmessungen:188 x125 mm
Glastyp: flach oder konvex
Hersteller: Milenco

Spiegel für den toten Winkel

Selbst wenn Ihr Zugfahrzeug fast so breit Wie Ihr Caravan ist, erweist sich ein Zusatzspiegel für den toten Winkel doch als sehr nützlich.

Herkules Profi

Herkules Profi
Allgemein: wird am Gehäuse des Seitenspiegels befestigt
Pluspunkte: exzellente Panoramasicht
Minuspunkte: ziemlich unattraktiv
Abmessungen: 150 x 155 mm

Herkules Medium
Allgemein: wird am Gehäuse des Seitenspiegels befestigt
Pluspunkte: gutes Aussehen
Minuspunkte: bietet nicht viel zusätzliche Sicht
Abmessungen: 65 x 150 mm

Herkules Medium

Einbau einer Rückfahrkamera

Selbst mit Zusatzspiegeln sieht man beim Gespannfahren nicht, wer hinter einem fährt. Die Firma Conrad Anderson entwickelte deshalb zusammen mit Waeco ein Rückfahrkamerasystem speziell für Caravanfreunde. Mit diesem System sieht man nicht nur den Fahrer, der einem folgt, sondern kann den Wohnwagen auch bequem rückwärts auf den Stellplatz bugsieren. Und als Extrabonus hat man nun eine Kamera für das Zugfahrzeug.

Im Folgenden baut die Firma die Kamera ein und verkabelt alles – insgesamt keine leichte Aufgabe für einen Heimwerker!

1 Das Kit im Bild oben umfasst auch eine Option, die Bilder von den Seiten des Wohnwagens aufnimmt. Für welches System man sich auch entscheidet: Kabel müssen auf der gesamten Länge des Caravans verlegt werden.

2 Das ist die Halterung für die Rückfahrkamera von Waeco. Sie wird am Heck des Caravans angebracht. Es gibt auch eine Version mit einem Schutzverschluss, der die Linse sauber hält, wenn sie nicht gebraucht wird.

3 Ich entschied mich für das Waeco-Videosystem mit doppelter Farbkamera in einem Gehäuse. Man hat damit einen Blick auf die nächste Umgebung beim Rückwärtsfahren und gute Fernsicht auf der Straße.

4 Ein weiteres System besteht aus einer Rückfahrkamera, an deren Gehäuse zwei kleine Kameras angebracht sind, um bei Rangiermanövern auch eine Übersicht über die Seiten zu haben.

5 Natürlich müssen auch im Zugfahrzeug Kabel verlegt werden. Hier wird am Heck das für die Rückfahrkamera eingezogen.

6 Die Steuerbox liegt innen im Zugfahrzeug oder dem Wohnwagen, je nach Installation. Ein Schalter am Armaturenbrett erlaubt es, vom Fahrersitz aus zwischen den Kameras hin- und her zu schalten.

7 Conrad Anderson entwickelte einen besonderen Stecker mit Steckdose, um die Kameras im Wohnwagen mit dem Zugfahrzeug zu verbinden. Drahtlose Systeme neigen bei der Fahrt leicht zu Interferenzen und Bildverlust.

8 Die Rückfahrkamera an unserem VW T5 passt gut hierher, nachdem wir das Nummernschild nach unten versetzt haben. Am besten ist eine Stelle oben am Heck.

9 Der 5-Zoll-Monitor wird zur Rückfahrkamera geschaltet. Der Kugelkopf ist deutlich zu erkennen – prima für exaktes Ankuppeln, ohne Schaden anzurichten.

10 Mit dem Schalter am Armaturenbrett und der Fernbedienung erhalten wir das Bild dieses Wagens, der 10 m hinter dem Wohnwagen geparkt ist.

Rückfahrkameras sind ein wesentliches und auch legales Zubehör. Sie haben einige entscheidende Vorteile, nicht nur beim Rangieren. Auf der Autobahn bemerkt man, ob jemand hinter einem beschleunigt – das ist besonders nützlich, wenn man darauf wartet, selbst überholen zu können. Damit geht man jeder Gefahr aus dem Weg.

Ersatz von Seitenmarkierungsleuchten durch LED-Leuchten

Ich entfernte die alten Seitenmarkierungsleuchten unseres Wohnwagens und ersetzte sie durch LED-Leuchten.

Alle Leuchten mit Glühlampen an Wohnwagen neigen zu Lecks. Die LED-Leuchten sind zumindest theoretisch voll abgedichtet. Ihre Dioden sollen angeblich unbegrenzt halten, und sie verbrauchen auch viel weniger Strom. Als Lohn für die Mühe des Austauschs winkt die Aussicht, sie nie wieder in die Hand nehmen zu müssen.

3 Nach dem Entfernen der alten Leuchten bleibt sicher jede Menge Dichtmasse übrig. Dagegen hilft Waschbenzin, aber ich greife am liebsten zum Silikonentferner der Firma Würth.

1 Es gibt viele verschiedene Leuchtenmodelle auf dem Markt. Achten Sie darauf, dass die neuen zu den alten Befestigungslöchern passen. Entfernen Sie die alten Einheiten.

2 Machen Sie sich Notizen von der bereits existierenden Verkabelung. Ich baue mir ein Kartonmodell für die neuen Leuchten und zeichne darauf die bereits existierenden Kabel ein.

4 Ein Akkuschrauber ist beim Betrieb draußen am sichersten, und dieses Modell hat genug Energie für einen Lochschneider. Die beiden sich überlappenden Löcher schaffen Platz für die Kabel …

5 … und erlauben den Überstand auf der Rückseite der Leuchte. Ich verwende Nietmuttern von Würth, wo es keinen Zugang von hinten gibt, und, wo ich von der Seite herankomme, Federmuttern.

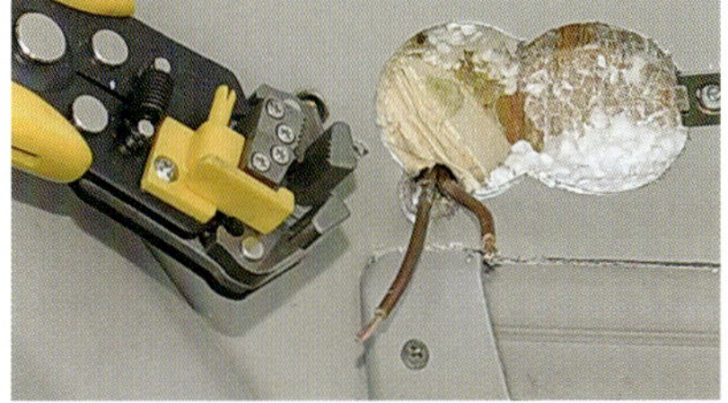

6 Ich entferne überschüssiges Dämmmaterial sowie die alten elektrischen Anschlussstellen und isoliere die Enden der Kabel mit einem geeigneten Werkzeug ab. Das ist schneller und zuverlässiger, weil …

7 … man dabei nicht versehentlich irgendein Kabel entfernt. Ich bringe einen neue weibliche Verbindung am Stromkabel an, am Kabel der Leuchte hingegen ein männliches Anschlussstück.

8 Über einem Ringkabelschuh verbinde ich das Erdungskabel mit der Federmutter in der Wohnwagenwand. Verwenden Sie stets einen weiblichen Anschluss am Stromkabel des Caravans …

9 … damit dieses bei einer Unterbrechung des Stromflusses etwas sicherer ist. Mit einem Streifen Butylkautschuk auf der Rückseite der Leuchteneinheit sorge ich dafür, dass kein Wasser in die Befestigungslöcher eindringen kann.

10 In die Nietmuttern schraube ich rostfreie Schrauben, mit einem Klacks nichthärtenden Dichtmittels (kein Silikon!) unter jeder Schraube, um dem Wasser den Zugang zu verwehren.

Ich rate Ihnen dringend zu einem Markenartikel. Richten Sie Ihr Augenmerk auch auf die Zahl der eingebauten LEDs. Je nach Typ gilt: Je weniger Dioden es sind, umso weniger kostet die Leuchte. Es gibt aber auch teurere Typen mit jeweils nur einer Diode. Ein sorgfältiger Preisvergleich lohnt sich.

Mir sind auch billige LED-Leuchten untergekommen, die so schlecht isoliert waren, dass sich im Inneren Kondenswasser bildete, was deren schnellen Ausfall zur Folge hatte.

Natürlich gelten unsere Arbeitsanweisungen auch, wenn Sie einfach Glühlampen-Leuchten gegen neue eines ähnlichen Typs austauschen wollen.

Einbau eines Safes

Wenn Sie Wertgegenstände oder Ersatzschlüssel in Ihrem Wohnmobil zurücklassen wollen, ist ein Safe eine vernünftige Investition. Denken Sie aber daran, dass ein billiges Modell keine besonders abschreckende Wirkung entfaltet. Und ein hinreichend widerstandsfähiges Modell ist unweigerlich schwer. Der unten gezeigte Tresor von AL-KO wiegt 8,5 kg – ein sehr vernünftiges Gewicht, angesichts der Festigkeit der verwendeten Komponenten.

1 In der Regel werden Safes so montiert, dass sich ihre Tür in der Senkrechten dreht. Wenn Sie ihn jedoch so wie hier einbauen, drücken Sie mit einer der Befestigungsschrauben die vier Durchführhülsen aus dem Boden des Safes und stecken Sie sie in die Löcher in der Seite.

2 Bringen Sie den Safe in die richtige Lage. Unterhalb sollen keine Kabel oder Rohre verlaufen und er darf auch keine Belüftungslöcher versperren. Markieren Sie diagonal die Lage zweier Löcher und heben Sie den Safe ab.

3 Bohren Sie je ein Loch an den eben markierten Stellen.

Top-Tipp

- *Besonders bei einem dickeren Unterboden ist es wichtig, dass das Loch genau senkrecht nach unten zeigt.*
- *Verwenden Sie einen rechten Winkel, um den Bohrwinkel einzustellen.*

4 Stoßen Sie Schrauben von oben nach unten durch die beiden Löcher im Boden. Legen Sie die galvanisierte Metallplatte unter dem Boden auf und halten Sie sie mit zwei 8-mm-Muttern fest – nicht mit den mitgelieferten selbstsichernden, sondern mit ganz einfachen, die Sie von Hand anziehen können.

5 Bohren Sie nun die beiden anderen Löcher von unten nach oben durch den Boden. Die Metallplatte dient als Schablone.

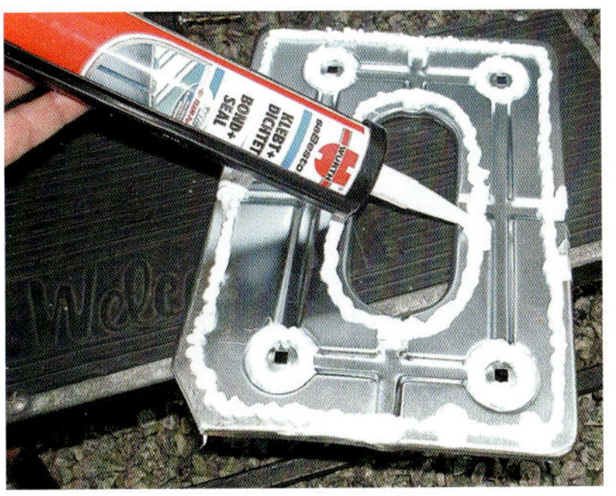

6 Um zu verhindern, dass Wasser zwischen Platte und Boden eindringt, verwende ich reichlich Klebt + Dichtet von Würth.

7 Laut Gebrauchsanweisung soll man die Tür des Safes nicht mit dem Safeschlüssel betätigen, weil er abbrechen könnte und es keinen Ersatzschlüssel gibt. Um also einen Griff zum Öffnen der Safetür anzubringen, muss man die Auskleidung innen an der Tür abschrauben und dann ein Loch hindurchbohren (Pfeil). Achten Sie darauf, dass Stahlspäne den Schließmechanismus beschädigen können. Nach dem Bohren entfernt man alle Späne mit einem Magneten.

8 Dann schraubt man einen geeigneten Griff an die Tür.

9 Nun bringt man den Safe in Position, wobei die Löcher im Boden mit denen im Safe übereinstimmen müssen.

10 Unter dem Wohnwagen steckt man nun Schrauben der richtigen Länge (mitgeliefert werden drei Schraubenlängen) durch die Platte und den Boden in die Löcher im Safe. Ein Helfer ist in diesem Stadium nützlich. Jede Schraube (Pfeil) bekommt einen scharfen Schlag mit dem Hammer. Dabei wird der viereckige Schaft in die viereckige Öffnung geschlagen. Sie hält ihn nun gut fest – ein kleiner feiner Ingenieurstrick.

Wenn der Boden des Wohnwagens aus einem Kompositwerkstoff – beispielsweise Styropor zwischen zwei Holzschichten – besteht, darf man keinesfalls die Schrauben zu fest anziehen. Sonst riskiert man, dass der Boden bricht.

Die Lage des Safes bleibt ganz Ihnen überlassen. Vor der endgültigen Befestigung sollten Sie aber das Öffnen der Tür überprüfen, damit keine Hindernisse im Weg stehen.

Einbau eines Haltegriffs von Fiamma

Ausstiegshilfen sind eine nützliche Sache. Wenn Sie sich etwas unsicher fühlen oder Angst haben, auf den Stufen auszugleiten, ist ein Haltegriff wie der von Fiamma geradezu ideal. Und in geschlossenem Zustand schreckt er auch noch Diebe ab.

In diesem Kapitel zeigt der Caravanspezialist Rob, wie man einen solchen Haltegriff anbringt.

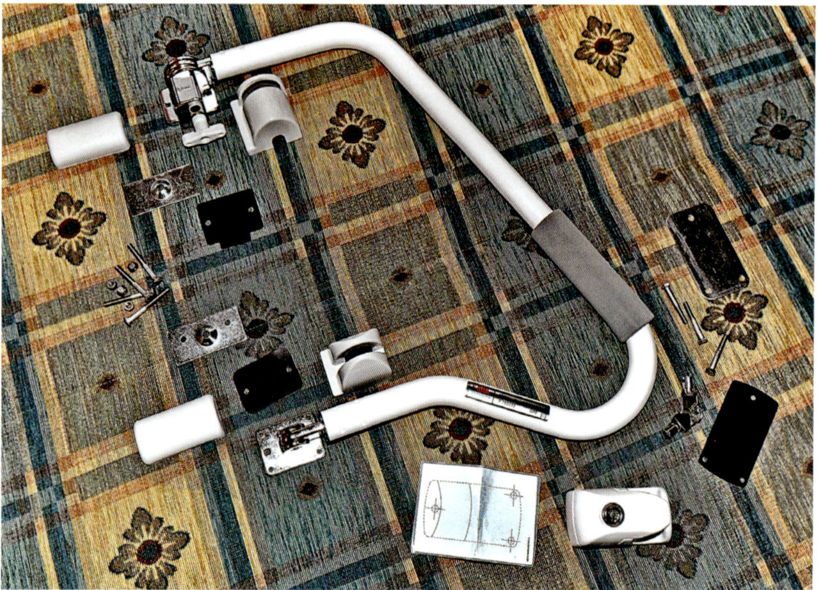

1 Wir montieren die größere, 48 cm lange Version des Haltegriffs. Im Nachhinein wäre der kürzere Arm besser gewesen, weil er die Wand einer geringeren Beanspruchung aussetzt.

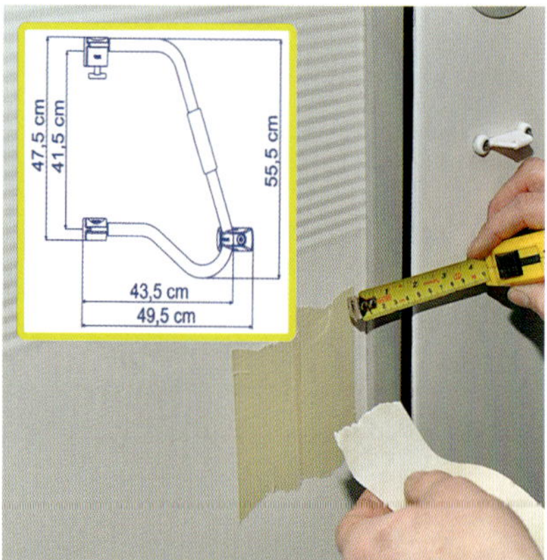

2 Die schwierigste Arbeit ist herausfinden, wo wir ihn anbringen wollen, ohne in Konflikt mit der Inneneinrichtung zu geraten. Die Einbauanleitung ist nicht besonders hilfreich.

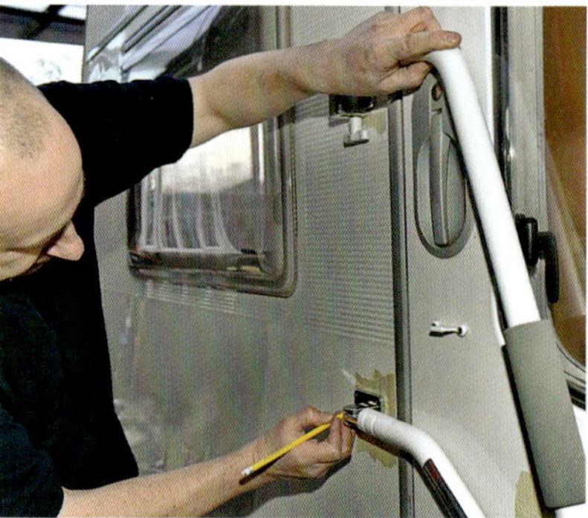

3 Nachdem wir die ungefähre Lage festgelegt haben, zeichnet Ron mit dem Bleistift genaue Linien auf das Abdeckband. Nach der Vermessung halten wir den Haltegriff an die vorgesehene Stelle.

4 Arbeiten Sie nicht mit der Wasserwaage an einem Wohnwagen; sie ergibt keine waagerechte Linie. Rob bohrt ein kleines Pilotloch mit 6,5 mm Durchmesser.

5 Für die Innenseite des Caravans schneiden wir ein Brett als Verstärkung zu und bohren in diesem das Loch von außen weiter. Später brechen wir die Kanten und lackieren es.

6 Rob behandelt jedes Loch außen am Wohnwagen mit nichthärtendem Dichtmittel und setzt dann die Schrauben und die Gummiunterlage ein.

7 Während ein Helfer die Schrauben außen festhält, ziehen wir innen die selbstsichernden Muttern auf einer mitgelieferten Metallplatte an.

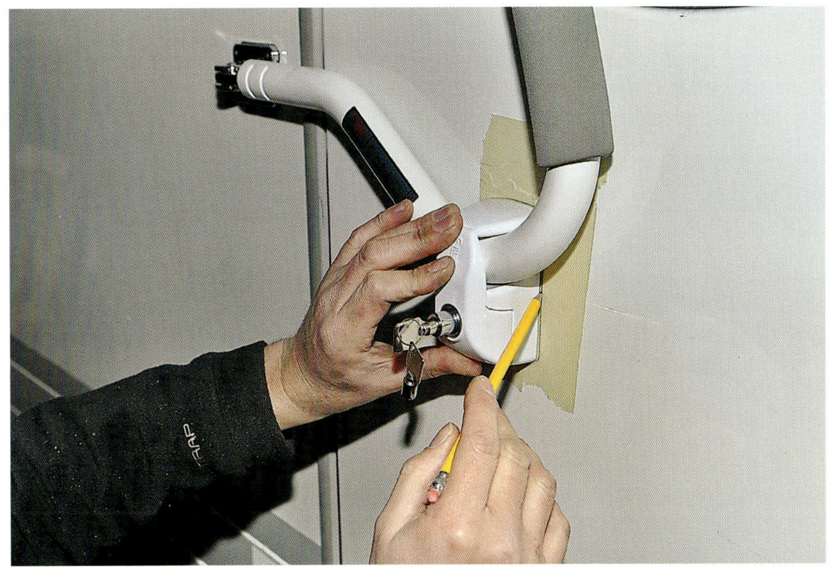

8 Nachdem der Haltegriff an Ort und Stelle eingebaut ist, richtet Rob seine Aufmerksamkeit auf den Verschluss. Dessen genaue Lage zeichnet er wiederum mit Bleistift auf Abdeckband ein.

9 Auch für die Innenseite der Tür steht eine Metallplatte bereit. Die Schraubenköpfe maskiere ich am Ende mit kleinen Abdeckungen aus Kunststoff.

10 Die Scharniere sehen nicht allzu hässlich aus. Fiamma jedenfalls liefert Plastikteile zum Festklipsen. Natürlich tritt auch etwas Dichtmasse aus, die noch abgewischt werden muss.

Die Haltegriffe von Fiamma sind aus 30 mm dickem eloxiertem Aluminiumrohr mit einer Wandstärke von 2 mm. Sie erleichtern das Ein- und Aussteigen. In verschlossenem Zustand schrecken sie Diebe ab und während der Fahrt verhindern sie das zufällige Öffnen der Tür. Der hier verwendete Haltegriff ist sehr stark und die schwächste Verbindungsstelle ist die Struktur des Caravans. Je länger der Haltegriff, desto größer auch die Belastung für die Außenhaut des Caravans. Die Festigkeit des Haltegriffs sowie dessen Schutzfunktion wird im Wesentlichen von der soliden Befestigung bestimmt.

Ersatz eines Schlosses

Hersteller bauen in ihre Caravans oft ganz spezielle Schlösser ein. In diesem Kapitel beschreiben wir, wie man solche Schlösser durch ein Standardmodell ersetzt.

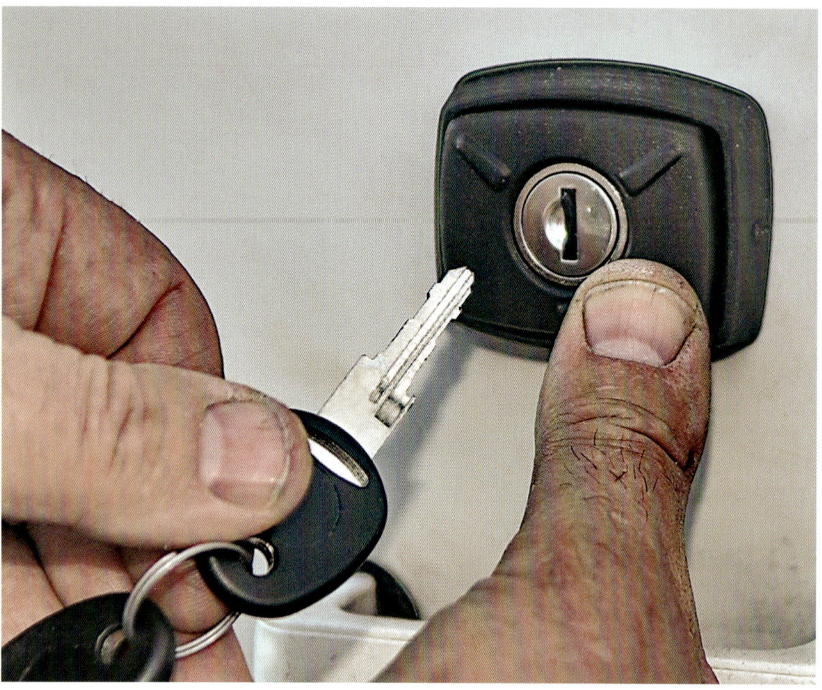

1 Bei diesem Wohnwagen aus glasfaserverstärktem Kunststoff ging das Schloss kaputt und wir konnten es nicht durch ein ähnliches Modell ersetzen. Es ist einfacher (und wahrscheinlich auch billiger), das alte Schloss auszubauen und es durch ein Standardschloss zu ersetzen, für das es im Bedarfsfall auch Ersatzschlüssel gibt.

2 Das alte Schloss war ein merkwürdiges, schwer zu bedienendes Ding, bevor wir den letzten Schlüssel dazu verloren! Achten Sie darauf, dass der neue Riegel gebogen werden kann, um sich dem früheren Abstand anzupassen. Das Loch allerdings ist nicht groß genug. Wir entfernen die Tür …

3 … und befestigen auf deren Rückseite ein Stück Holz.

4 Dann bohren wir ein Pilotloch genau im Zentrum des alten Lochs.

5 Das Stück Holz als Unterlage brauchen wir, weil man mit einem Lochschneider ein bereits bestehendes Loch nur dann vergrößern kann, wenn der Bohrer im Zentrum Halt findet.

6 Ich zerlege das Schloss in seine Komponenten und verwende das Gehäuse als Vorlage zum Bohren der Löcher für die Schrauben. Bei der Arbeit mit GFK verwendet man eine Atemmaske.

7 Man braucht bei allen Kunststoffen große Unterlegscheiben, um die Last zu verteilen. Diese müssen wir zuschneiden. Verwenden Sie selbstsichernde Muttern.

8 Nun führe ich das Schloss in sein Gehäuse ein und hoffe, dass der Riegel richtig sitzt. Ich bin darauf vorbereitet, Unterlegscheiben …

9 … einsetzen zu müssen, um den Riegel am Schaft zu verschieben oder ihn mithilfe eines Schraubstocks in die richtige Form bringen zu müssen.

10 Am Ende muss ich den Riegel nur flachdrücken. Beim Schließen schmiegt er sich perfekt an die Tür.

11 Nachdem ich mich vergewissert habe, dass alles in der richtigen Position ist und das Schloss funktioniert, ziehe ich die Mutter an und halte dabei den Riegel mit einem verstellbaren Schraubenschlüssel fest.

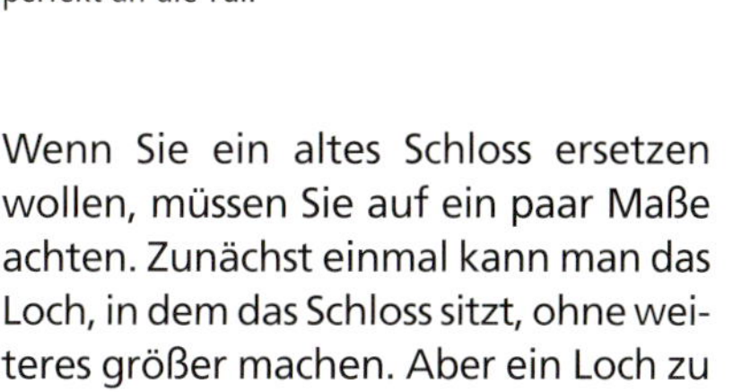

Wenn Sie ein altes Schloss ersetzen wollen, müssen Sie auf ein paar Maße achten. Zunächst einmal kann man das Loch, in dem das Schloss sitzt, ohne weiteres größer machen. Aber ein Loch zu verkleinern erfordert viel Arbeit …

Zweitens muss für das neue Schloss und seinen Riegel genügend Platz vorhanden sein.

Schließlich muss man den Riegel den neuen Gegebenheiten anpassen. Wer über die nötigen Fähigkeiten verfügt, kann sich natürlich einen neuen Riegel gleich selbst anfertigen.

6 Unterhaltung

Frei stehende Fernsehantenne

Eine auf dem Dach montierte Rundstrahlantenne kann für digitales terrestrisches Fernsehen (DVB-T/Freeview) nutzlos sein. Für solche Signale empfiehlt sich eine frei stehende, am Stützrad montierte Antenne. Hier beschreiben wir, wie man eine entsprechende Maxview-Antenne mit Mast und Signalfinder installiert – und wie man den Laptop als Bildschirm für das Fernsehen nutzt.

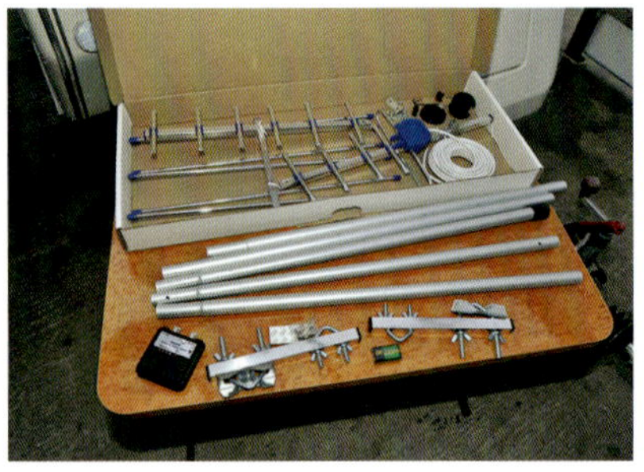

1 Im Bild sehen wir das Kit von Maxview. Für eine optimale Leistung, besonders in Gebieten mit niedriger Signalstärke, empfiehlt Maxview den Einsatz eines Antennenverstärkers (obwohl im Kit keiner enthalten war).

2 Der Standfuß sorgt für einen wetterfesten Durchgang in Ihr Fahrzeug. Verwenden Sie diese Abdichtung als Schablone und überprüfen Sie zweimal, welche Löcher Sie brauchen, bevor Sie sie markieren.

3 Am besten liegen die Kabel innen in einem Fach oder einem Schrank. Die Löcher müssen in einem sicheren Abstand von Komponenten im Inneren gebohrt werden. Gegebenenfalls fragen Sie Ihren Händler danach.

4 Nach dem Anbringen der selbstklebenden Dichtung werden die Kabel von innen nach außen geschoben und mit dem Stecker verbunden. Entfernen Sie die Abziehfolie und kleben Sie den Stecker fest.

5 Die Kabelanschlüsse müssen mit einem geeigneten flexiblen Dichtmittel doppelt abgedichtet werden. Nach dem Festkleben des Steckers bohrt man Löcher für die möglichst rostfreien Befestigungsschrauben.

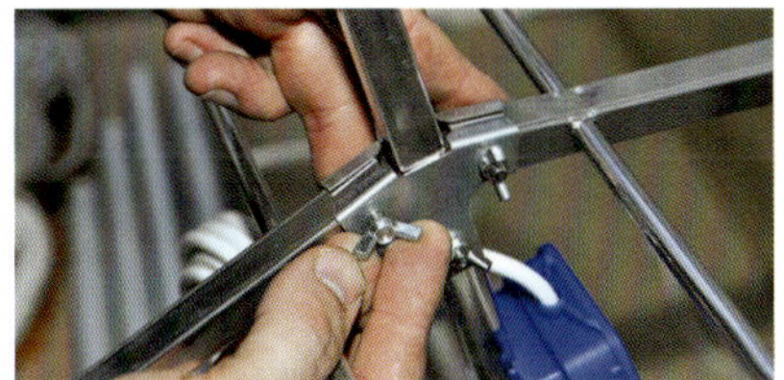

6 Die Antenne ist leicht mit den mitgelieferten Schrauben und Muttern zusammenzubauen. Sie lässt sich in vier Teile zerlegen und braucht somit während der Reise wenig Platz.

7 Die Befestigung am Stützrad ist ausgezeichnet, weil man dazu keine permanenten Halterungen braucht. Selbst ziemlich starkem Wind hielt die Antenne gut stand.

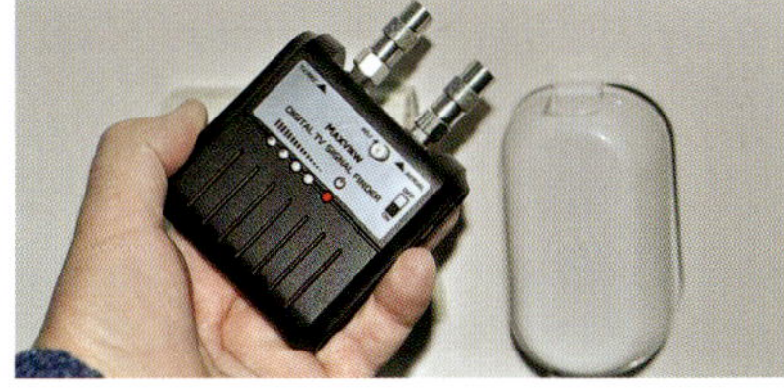

8 Der Signalstärkenmesser wird mit dem Antennenkabel verbunden und erlaubt es, die Position der Antenne einzustellen, ohne dabei auf den TV-Schirm zu blicken.

9 Es ist sinnvoll, das neue TV-System anzupassen und zu testen, bevor man aufbricht. Dabei nutzen wir beispielsweise den Hauppauge-WinTV-Treiber und die entsprechende Software.

10 Wenn Sie den Hauppauge-WinTV-Stick in einen USB-Anschluss stecken, können Sie Ihren Laptop als Fernseher verwenden – mit Fernbedienung, elektronischem Programmführer und Recorder.

Zunächst war ich begeistert vom WinTV der Firma Hauppauge. Es ermöglicht Ihnen, über das digitale Freeview-TV Fernsehprogramme in einem Fenster oder auf dem ganzen Bildschirm anzusehen und aufzuzeichnen. Man kann über DVB-T auch Radio in Stereo hören.

Wenn Sie aber kein kräftiges Signal bekommen, können Sie das ganze digitale TV vergessen.

Die Antenne von Maxview ist sehr leicht und funktioniert sehr gut, auch ohne Antennenverstärker. Für Gebiete mit schwachen Signalen ist dieser aber sehr zu empfehlen.

Einbau einer Antennen-Steckdose

Diese Steckdose an Ihrem Wohnwagen ermöglicht es Ihnen, einen TV-Anschluss auf Campingplätzen zu nutzen.

Die meisten Caravans haben eine auf dem Dach montierte Antenne. Ihr Signal ist aber oft zu schwach. Immerhin bieten die meisten Campingplätze heute TV-Anschlüsse an. Mit der vorliegenden Steckdose und dem entsprechenden Stecker finden Sie ohne herumliegende Kabel in Ihrem Fahrzeug den Zugang dazu.

1 Wenn möglich, befestigen Sie die Steckdose im Inneren des Batteriekastens, auch wenn sie bereits einen wasserdichten Deckel hat. Das Antennenkabel passt durch die Aussparung für das Netzkabel.

2 Vergewissern Sie sich, dass keine Hindernisse im Weg sind. Bohren Sie zuerst ein kleines Pilotloch. Wenn Sie hier einen Fehler machen, dann wenigstens nur einen kleinen.

3 Verwenden Sie die richtige Größe für den Lochschneider oder nehmen Sie einen Stufenbohrer. Machen Sie das Loch nicht zu groß. Hier wird das Antennenkabel durch das gebohrte Loch gezogen …

4 … und die Antennensteckdose (mit offenem Deckel) in der richtigen Lage gehalten. Wenn Sie das Ganze außerhalb des Batteriekastens montieren, sollte das Scharnier des Deckels oben liegen.

5 Hier sehen Sie, warum das Hauptloch nicht zu groß sein darf. Sie müssen Pilotlöcher nahe dem Rand des Hauptlochs bohren. Dieser preiswerte Winkeladapter ist dabei eine wahre Wohltat.

6 In dem begrenzten Raum verwenden wir einen kurzen Schraubenzieher, um die selbstschneidenden rostfreien Schrauben zu versenken. Man bekommt sie in jedem Baumarkt.

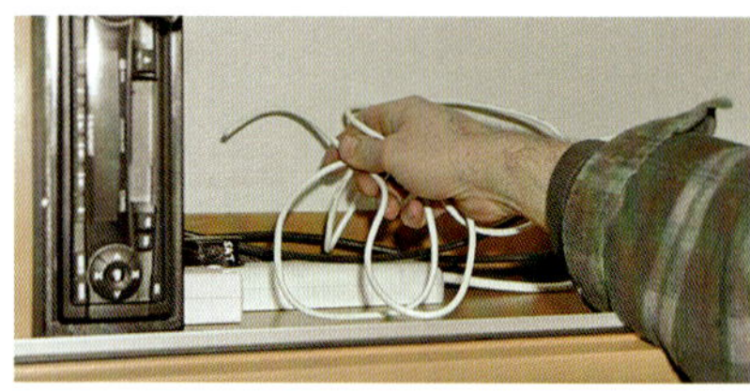

7 Wenn das mitgelieferte Antennenkabel zu kurz ist, müssen Sie es verlängern. Der Einbau eines Leitungsschlauchs und ein verborgener Pfad durch Schränke und Bettkästen kann zeitraubend sein.

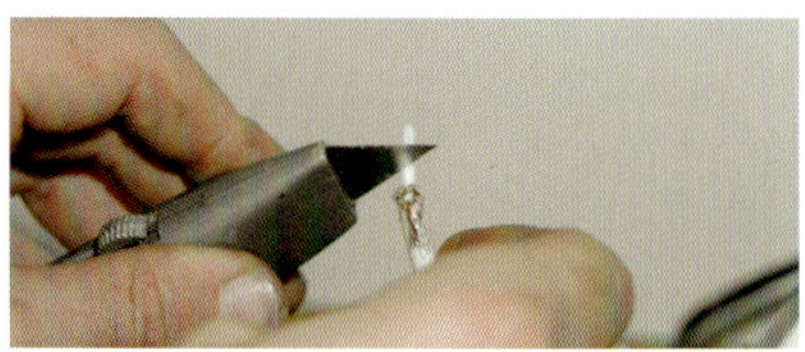

8 Man braucht einen F-Steckverbinder für die Rückseite des Schalters. Nehmen Sie für das Koaxialkabel ein sehr scharfes Messer und schneiden Sie auf einer Holz- oder Kartonunterlage – nicht in Richtung Ihrer Finger!

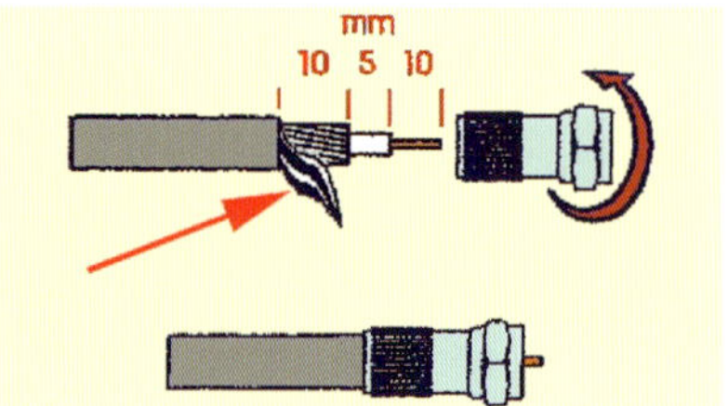

9 Bereiten Sie das Kabel so vor wie im Bild und verzwirbeln Sie das Drahtgeflecht außen. Dann setzen Sie den Stecker auf und schrauben ihn so fest, dass der zentrale Kupferleiter wie im Bild in der Mitte hervorragt.

10 Unser Schalter befindet sich im Inneren eines Schranks. Ein Knopf gilt der Antenne des Caravans, der andere dem TV-Anschluss von außen. Die Beschriftung hilft bei der Unterscheidung.

Das ist eine wirklich preiswerte und nützliche kleine Installation. Wenn wir zuvor eine Verbindung zur Antenne des Campingplatzes herstellen wollten, mussten wir das Koaxialkabel von der Rückseite unseres Fernsehgeräts abziehen und ein zweites Kabel zuerst durch ein Fenster, dann durch den ganzen Wohnwagen neu verlegen.

Nun sind alle Koaxialkabel permanent im Inneren des Wohnwagens installiert und die Wahl zwischen der caravaneigenen Antenne und der Versorgung durch den Campingplatz erfolgt mit einem einfachen Schalter. Wenn wir uns für die Versorgung via Campingplatzantenne entscheiden, müssen wir nur noch das Kabel in die Steckdose im Batteriekasten stecken.

Einbau einer Rundstrahlantenne für den Fernseher

Es gibt zahlreiche Typen und Modelle von Fernsehantennen und Satellitenschüsseln auf dem Markt. Viele höherwertige Wohnwagen sind heute standardmäßig damit ausgestattet.

Für Wohnwagen gibt es zwei Haupttypen von Fernsehantennen: die Rundstrahl- und die Richtantenne. Beide Typen gibt es als permanent eingebaute oder als abnehmbare Variante.

Man darf auch nie vergessen, dass permanent auf Wohnwagendächern eingebaute Antennen Probleme verursachen können, wenn es darum geht, unter Brücken hindurchzufahren oder auf Fähren zu gelangen. Um dieses Problem gar nicht erst aufkommen zu lassen, ist der obere Teil einiger Rundstrahlantennen einziehbar.

Der Unterschied zwischen Rundstrahlantenne und Richtantenne ist technischer und auch finanzieller Natur. Rundstrahlantennen sind in der Regel permanent im Wohnwagen eingebaut und reagieren auf das stärkste TV-Signal jeder Richtung, ohne dass man eine besondere Peilung durchführen müsste. Leider bedeutet dieser Vorteil auch, dass Rundstrahlantennen im Allgemeinen teurer sind als Richtantennen.

Richtantennen müssen nach jeder Ankunft an einem Ziel neu ausgerichtet werden, um den besten Empfang zu gewährleisten. Das ist einfach eine Frage von Versuch und Irrtum: Eine Person positioniert draußen die Antenne, während die andere im Inneren die Qualität des TV-Bildes überprüft. Ein Zuruf genügt, wenn das Optimum erreicht ist. Um dieses Prozedere nicht endlos in die Länge zu ziehen, wirft man zunächst einen Blick auf die Antennen von Wohnwagen und Häusern in der Umgebung und merkt sich, in welche Richtung sie zeigen.

Manchmal kommt es vor, dass Sie nur ein schlechtes Bild auf Ihre Mattscheibe bekommen – egal, welchen Antennentyp Sie verwenden. Eine Lösung könnte darin bestehen, einen Verstärker einzubauen. Er verstärkt das Signal, das wegen der Entfernung der Antenne zum Sender zu gering ausfällt. Allerdings verstärkt er auch ein mögliches Rauschen und es kann zu Interferenzen kommen, die das ursprüngliche Signal stören.

Top-Tipp

- *Eine Möglichkeit, den Empfang des Fernsehgeräts in Ihrem Wohnwagen zu verbessern, besteht darin, das Antennenkabel so kurz wie möglich zu halten. Wer viele Windungen eines solchen Kabels im Caravan hat, beeinträchtigt damit oft die Qualität seines Fernsehempfangs.*

Einbau einer Rundstrahl-Fernsehantenne

Eine der beliebtesten Fernsehantennen für Wohnwagen ist die Rundstrahlantenne Status (TV und UKW-Radio kombiniert) von Grade mit eingebauter Verstärker-/Stromversorgungseinheit. Sie wird von Zubehörshops in Form eines vollständigen Einbaukits angeboten. Man braucht nur noch einen Akkubohrer, Kabelschellen und ein nichthärtendes Dichtmittel.

Sicherheit an erster Stelle!

- *Wann immer Sie auf dem Dach eines Wohnwagens arbeiten: Verteilen Sie Ihr Körpergewicht! Das Dach könnte sonst einbrechen oder durch Verbiegen undicht werden. Wenn Sie eine Leiter einsetzen, achten Sie darauf, dass sie richtig abgestützt ist. Gegebenenfalls übernimmt ein Helfer diese Arbeit.*

1 Zuerst muss die Entscheidung fallen, wo die Antenne positioniert werden soll. Empfohlen wird beispielsweise ein Platz über dem Kleiderschrank. Bohren Sie erst von innen her ein Pilotloch und vergewissern Sie sich vorher, dass Sie keine Rohre oder Kabel beschädigen. Dann bohrt man von außen. Dabei dürfen keine scharfen Kanten übrig bleiben, die das Kabel aufscheuern könnten.

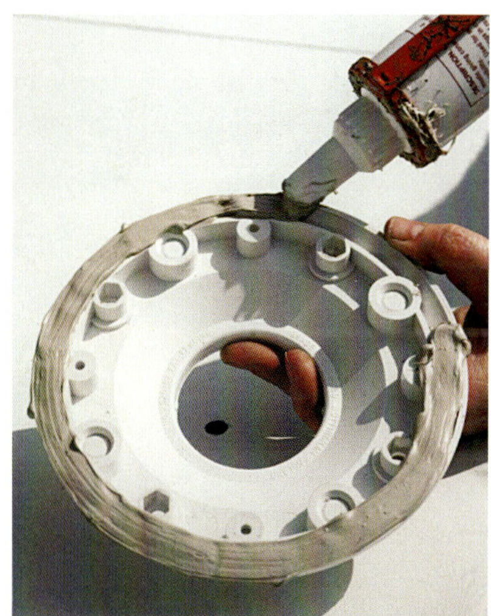

2 Führen Sie das Kabel durch das vorgebohrte Loch und positionieren Sie den Fuß der Antenne darüber. Dieser kann so angepasst werden, dass die Antenne waagerecht steht. Das ist besonders auf einer Schräge nützlich. Verwenden Sie reichlich Dichtmittel an der Unterseite des Fußes, um das Eindringen von Wasser zu verhindern.

3 Schrauben Sie den Antennenfuß fest. Dabei wird überschüssiges Dichtmittel austreten. Dieses entfernt man mit Waschbenzin und einem sauberen Stück Stoff.

4 Führen Sie das Koaxialkabel durch das Loch und achten Sie darauf, dass es sich nicht an irgendwelchen scharfen Ecken verfängt oder gar im Antennenfuß aufwickelt. Stecken Sie das zentrale Stück der Antenne auf den Fuß und schrauben Sie ihn mit dem mitgelieferten Innensechskant-Schlüssel fest.

5 Im Interieur des Wohnwagens muss eine geeignete Route für das Kabel gefunden werden. Dabei empfiehlt es sich, das Kabel in den Ecken der Möbel verlaufen zu lassen. Mit einfachen Schellen wird es befestigt.

6 Die Verstärker-/Stromversorgungseinheit sollte sich in nächster Nähe zum Fernsehgerät befinden. Man kann sie auch in einem Bettkasten oder an einer anderen verborgenen Stelle unterbringen, braucht dann aber gegebenenfalls etwas mehr Kabel. Zur Befestigung nimmt man die beiden mitgelieferten Schrauben.

Schalten Sie die Stromversorgung und dann den Fernseher ein. Überprüfen Sie, ob die Verstärkerregelung auf Normal steht. Je nach Stärke des lokalen TV-Signals müssen Sie daran noch Veränderungen vornehmen.

7 Verbinden Sie die Verstärker-/Stromversorgungseinheit mit der 12-Volt-Stromversorgung. Am besten geschieht dies durch eine direkte Verbindung mit der Batterie oder einer geeigneten Reihenklemme. Schließen Sie das Kabel nicht an irgendein anderes 12-Volt-Kabel an, da es sonst zu elektrischen Interferenzen von einem Wechselrichter oder Transformator kommen kann.

8 Stecken Sie das Koaxialkabel in den Stecker ANT. IN der Verstärker-/Stromversorgungseinheit. Dann ziehen Sie ein weiteres Koaxialkabel vom Fernseher Ihres Wohnwagens zum Stecker TV1/FM oder TV2/FM an der Verstärker-/Stromversorgungseinheit.

Einbau einer von innen verstellbaren Richtantenne für den Fernseher

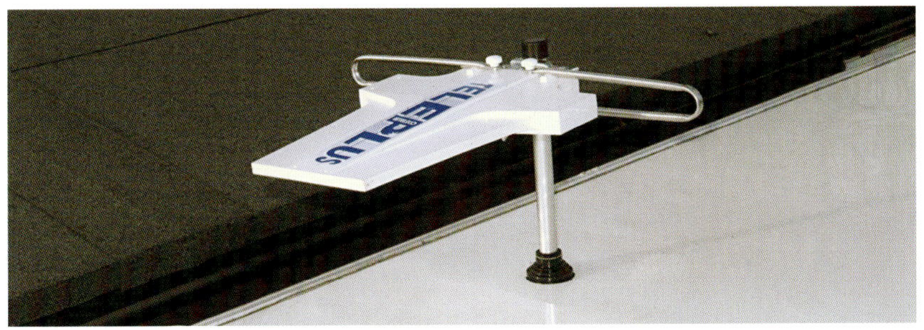

Der Fernsehempfang mithilfe einer Antenne auf dem Wohnwagendach ist in der Regel nicht sehr gut. Dabei sind Rundstrahlantennen schlechter als Richtantennen. Das hier gezeigte digitalfreundliche Modell Teleplus scheint unter allen Modellen den besten Empfang zu garantieren.

Der verstellbare Mast, der getrennt zu bekommen ist, erleichtert das Aufstellen der Teleplus-Antenne enorm – selbst bei schlechtem Wetter – und man muss außerdem noch nicht einmal den Wohnwagen verlassen.

Sie müssen ein Loch ins Dach schneiden und den Träger dazu im Inneren des Caravans anbringen sowie ein neues Antennenkabel einrichten.

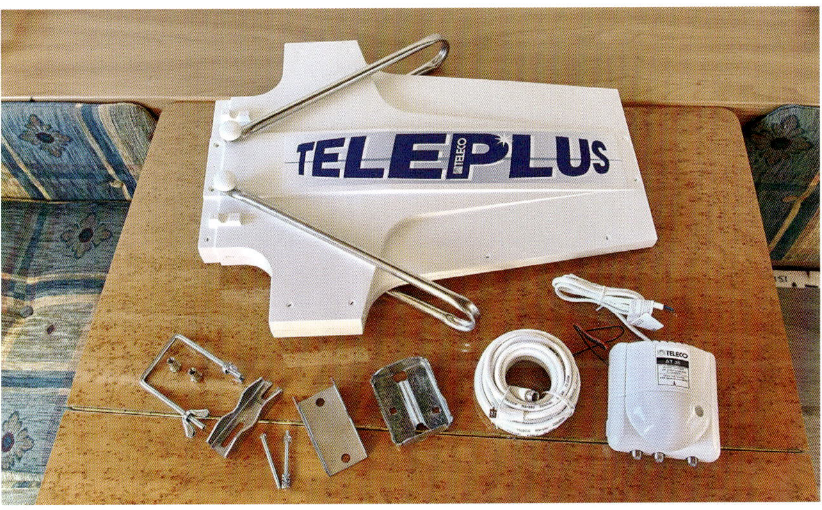

1 So kommt die Teleplus-Antenne mit ihrem Zubehör aus der Verpackung. Inbegriffen ist ein verstellbarer Verstärker, der entweder mit 12 oder 230 Volt läuft. Die Halterungen sind galvanisiert.

2 Vor dem Bohren müssen Sie Ihre alte Antenne möglicherweise entfernen, je nachdem, wo Sie den Mast haben möchten. Dessen getrennter Bausatz ist auf dem kleinen Bild zu sehen.

3 Den oberen Flansch müssen Sie abdichten. Er hat ein Drehlager für schräge Dächer. Es gibt dazu eine Gummiabdeckung (kleines Bild rechts) und eine Federdichtung (links). Schmieren Sie Vaseline in das Gehäuse für den Mast.

4 Im Inneren wird der Mastflansch mithilfe eines Gummirings und eines aufgeschraubten Flanschs gehalten. Das Loch dafür muss ganz senkrecht gebohrt werden – mit einer Wasserwaage zur Kontrolle.

5 Wegen Platznot in unserem Wohnwagen müssen wir den Mast verkürzen, sodass die Maximalhöhe der Antenne nicht erreicht wird. Diese wird vor dem Ausmessen und Kürzen des Alurohrs montiert.

6 Weil das Antennenkabel durch den wetterfesten Fuß gezogen werden muss, ist es leichter, dieses auch erst durch das Mastrohr zu führen.

7 Wenn der Mast in voller Höhe verwendet wird, ist es am besten, die Halterung dazu an einer Wand zu befestigen. In unserem Fall reicht es aus, einen rechtwinkligen Träger zu verwenden, den wir am Dach festschrauben.

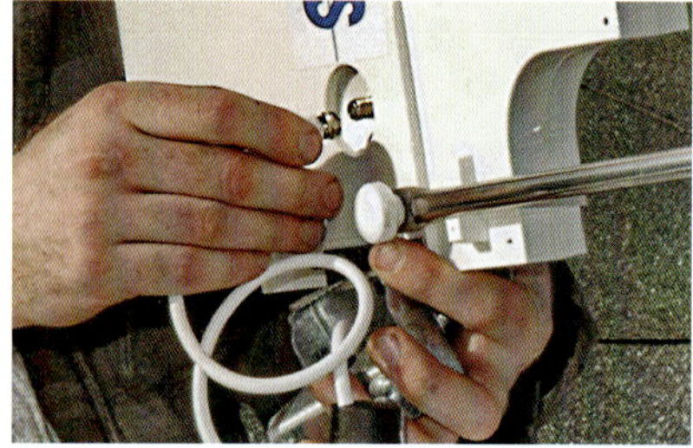

8 Bevor man die Antenne am Mast befestigt, sollte man deren Kabel festschrauben. Dichten Sie mit Vaseline ab, um der Korrosion vorzubeugen – sonst verschlechtert sich die Bildqualität langsam.

9 Am besten befestigt man das Antennenkabel mit einem Kabelbinder am Mast. Das Kabel muss zuerst nach unten, dann wieder nach oben zur Antenne laufen, damit Wasser abtropfen kann.

10 Vor dem Einsetzen des obersten Deckels dichteten wir mit Klebt + Dichtet von Würth wasserfest ab. Das Mittel verhindert auch, dass der Deckel vom Wind weggeblasen wird.

Wir leben in einem Gebiet mit schlechtem Fernsehempfang. Doch zum ersten Mal konnten wir in einem Wohnwagen nun alle analogen und viele (allerdings nicht alle) digitale Kanäle empfangen. Die Antenne empfing sehr gute analoge Signale – besser als die Antenne auf unserem Haus – und der Verstärker lieferte zusätzlich die digitalen Signale.

Es ist nicht schwierig, den Sender auch vom Inneren des Wohnwagens aus zu finden. Im Gegensatz zu den Satellitenempfängern nimmt die Teleplus ein TV-Signal über einen weiten Bereich hin wahr – es fällt also nicht allzu schwer, die genaue Richtung einzustellen.

Einbau einer manuell verstellbaren Satellitenschüssel

Das Satelliten-TV produziert die besten Bilder und garantiert, dass deutsche Programme in ganz Europa fast ohne Ausnahme empfangen werden können. Hunderte kostenfreier Kanäle stehen insgesamt zur Verfügung. Man muss auf dem Campingplatz nur benachbarte Bäume oder höhere Gebäude meiden.

Hier wird gezeigt, wie man eine solche Schüssel installiert.

1 Das ist der gesamte Bausatz für den Maxview Omnisat Semitronic. Es kostet viel weniger als das billigste vollautomatische System und stellt einen sehr guten Kompromiss zwischen Preis und Komfort dar.

2 Graham bohrt zuerst vom Inneren des Kleiderschranks aus ein Pilotloch nach oben und schneidet dann ein viel größeres Loch von oben nach unten aus. Dann bringt er oben am Dach den Mastfuß an.

3 Die Komponenten aus Kunststoff und rostfreiem Stahl werden reichlich mit Dichtmittel behandelt, um einen Wassereintritt zu verhindern. Asymmetrische Gummidichtungen erlauben die Montage auch auf leicht schrägen Dächern.

4 Den Semitronic-Mechanismus übernimmt Graham, während Andy den röhrenförmigen Mast von unten her montiert. Die Kabel verlaufen in der Mitte des Masts.

5 Die beiden klammerförmigen Stützbeine rasten in den Fuß aus rostfreiem Stahl ein. Der Mast wird hindurchgeschoben und die beiden Inbusschrauben befestigt.

6 Der letzte Arbeitsschritt außen besteht für Graham darin, die Schüssel an der motorisierten Semitronic-Einheit zu befestigen. Er verwendet dazu die mitgelieferten Schrauben und Unterlegscheiben aus rostfreiem Stahl.

7 Im Interieur wird der Mast an der Innenwand des Kleiderschranks befestigt. Das Gewinde erlaubt nach der Ausrichtung und auf der Reise eine Fixierung der Antenne.

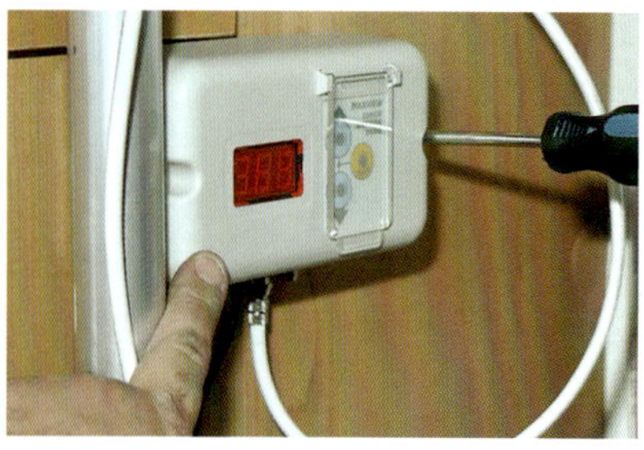

8 Graham befestigt die Steuereinheit an Ort und Stelle. Glücklicherweise findet er ein 12-Volt-Kabel mit Sicherung unten im Kleiderschrank – sonst hätte er ein neues Kabel von der Batterie hierher führen müssen.

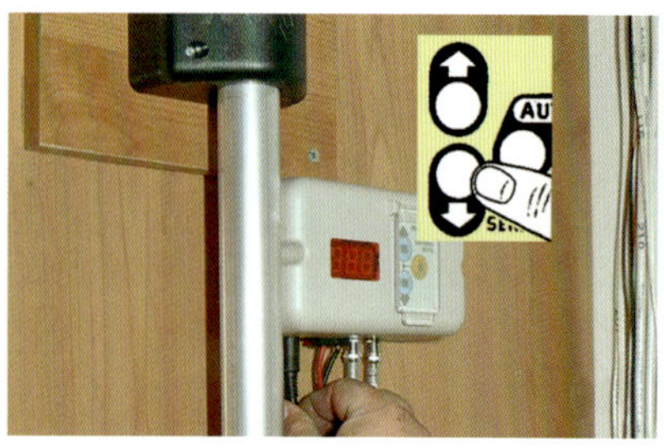

9 Dann werden Strom- und Antennenkabel an die Steuereinheit angeschlossen. Ein Schalter hebt die Schüssel in die richtige Höhe, der andere zieht sie wieder ein.

10 Als Nächstes muss die Schüssel gedreht werden. Dieser Avtex-TV/DVD-Bildschirm liefert wirklich gute Bilder für das Satellitenfernsehen. Billigere Produkte zeigen eine Aufrasterung in Pixel.

Für eine kleine Satellitenschüssel muss man nicht viel bezahlen. Aber Schüsseln, die »ihre« Satelliten automatisch finden, sind tatsächlich sehr teuer. Der Maxview Omnisat Semitronic stellt für mich den besten Kompromiss dar.

Den Winkel des Satelliten stellt man ein, indem man einen Knopf drückt, bis der Winkel in einer Tabelle auf der Steuereinheit erscheint. Die Einstellung der Schüssel dauert lange, am Anfang bis zu 30 Minuten lang. Mit Erfahrung schafft man es aber in zwei Minuten.

Der Selbsteinbau dürfte kein Problem sein, wenn man sich kompetent dazu fühlt.

Vollautomatische Satellitenschüssel

Wie kann man sofort alle digitalen TV-Kanäle im ganzen Land auf Knopfdruck empfangen? Möglich ist das zum Beispiel mit dem Maxview Satellite Dome.

Der Einbau eines solchen Geräts ist keine Kunst, aber man sollte Einiges vom Heimwerken verstehen.

Der Empfänger ist auf den richtigen Satelliten für Kanäle im Einsatzland voreingestellt, aber andere Satelliten kann man selbst leicht wählen. Nach der Installation kann man seinen Wohnwagen an beliebiger Stelle parken, die Schüssel einschalten und fernsehen. Die typische Suchzeit dauert weniger als 30 Sekunden.

1 Nick beginnt, indem er die neue Kuppel mitten auf dem Dach positioniert. Dann markiert er die Lage jeder Befestigungsstelle auf dem Dach.

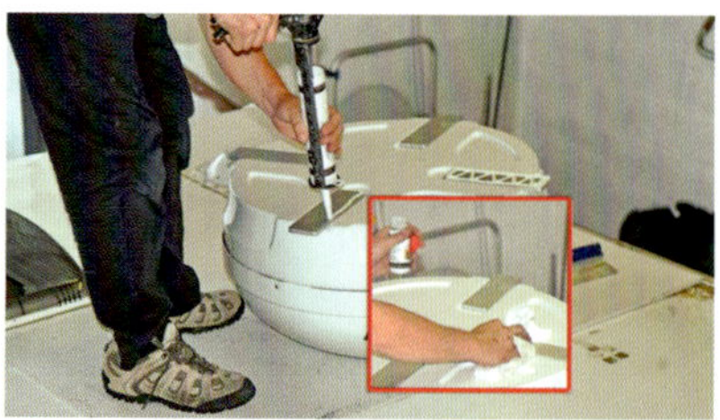

2 Anschließend entfettet er sorgfältig das Dach und alle Teile. Mit einer Pistole spritzt er einen erstklassigen Klebstoff an jede Befestigungsstelle und legt die Kuppel wieder sorgfältig zurück aufs Dach.

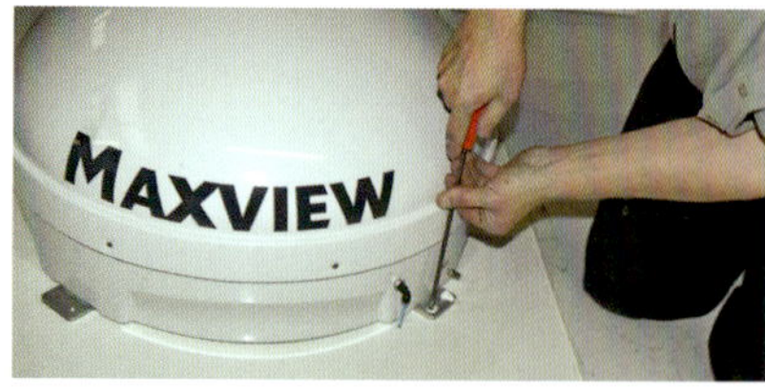

3 Nick gibt in jedes Befestigungsloch ein Dichtmittel und zieht dann die Schrauben aus rostfreiem Stahl an. Vorsicht: Das Aluminium ist dünn.

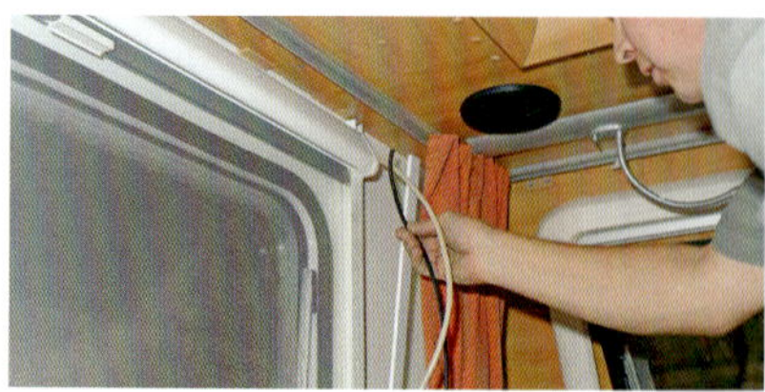

4 Im Inneren hat Nick bereits einen Weg für das Kabel durch den Kleiderschrank, durch Spinde und Bettkästen gefunden. Längs zu einem Fensterrollo braucht er jedoch einen selbstklebenden Leitungsführungskanal aus weißem Kunststoff.

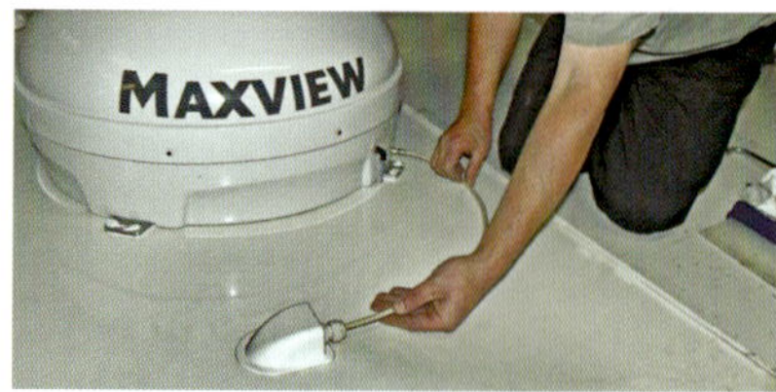

5 Maxview liefert einen wetterfesten Zugang für das Kabel auf dem Dach. Es wird von doppelseitigem Klebeband gehalten. Vielleicht braucht man mehr Kabel, je nachdem wo die Kuppel und das Fernsehgerät liegen.

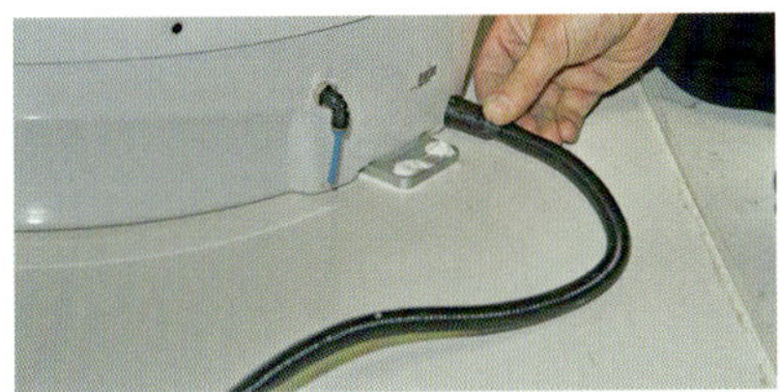

6 Nick fügt auch einen Wellschlauch für das Kabel hinzu. Die mitgelieferte wetterfeste Abdichtung klipst er über der Schraubverbindung am Fuß der Kuppel fest.

7 Der mitgelieferte Maxview-Empfänger Free-to-Air könnte nicht leichter anzuschließen sein. Alle Kabel sind vorhanden und werden einfach hineingesteckt – von der Kuppel, von der Stromversorgung und vom Fernsehgerät.

8 Es werden kleinere Halterungen mitgeliefert (auch größere sind zu bekommen), doch ein DIN-Autoradiogehäuse eignet sich am besten.

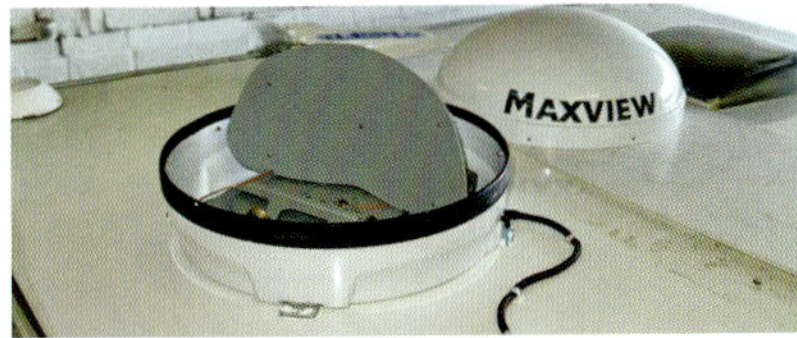

9 Nachdem alles angeschlossen ist, testet Nick das System ohne Kuppelabdeckung. Die Schüssel dreht sich im richtigen Winkel, dann gegebenenfalls auch erneut in anderen Winkeln.

10 Nach einigem Summen von oben erscheinen die Kanäle in sinnvoller Anordnung. Der Fernbedienungs-Sensor kann am Fernseher angebracht werden und erlaubt es, den Empfänger zu verstecken.

Ohne Zweifel ist dies die einfachste Art, in den Ferien fernzusehen, die ich kennengelernt habe. Vorausgesetzt wird nur ein freier Blick auf den Himmel. Dann stehen Ihnen Hunderte nicht gebührenpflichtiger Kanäle zur Verfügung. Die Schüssel kann Übertragungen von vier verschiedenen Satelliten empfangen und leistet so viel wie eine normale 60 cm breite Schüssel. Empfänger von Sky o. ä. kann man ohne Weiteres anschließen.

Einbau von Leseleuchten

In diesem Beispiel bauen wir Halogenstrahler als Leseleuchten in den Wohnwagen ein. Prinzipiell gilt die Anleitung aber auch für andere Arten von Leuchten, etwa solche mit LEDs. Das Befestigen der Leuchten und das Verlegen der Kabel können Sie je nach Bastlertalent selbst durchführen. Die Anschlüsse sollten Sie allerdings einem Elektriker überlassen.

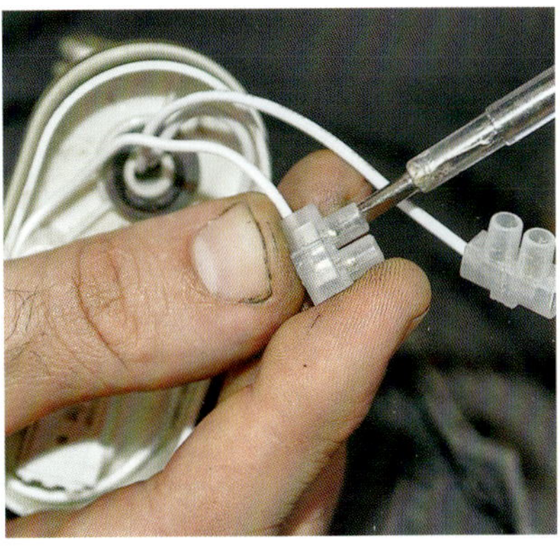

1 Die Halogenleuchten, die ich gekauft habe, besitzen nackte Kabel. Dave fügt einfache Lüsterklemmen hinzu. Sie und die Kabel müssen im Gehäuse Platz finden.

2 Bereits existierende Leuchtenkabel verlaufen in einem Leitungsführungskanal. Dave bohrt ein Loch in den Schrank. Es wird nicht zu sehen sein, wenn die Hauptleitung sich wieder an Ort und Stelle befindet.

3 Die andere Leuchte soll in einem anderen Schrank angeschlossen werden. Dave kann natürlich nicht ahnen, welche Leitung Strom führt und setzt einen Tester ein, bevor er die Wohnwagenbatterie abklemmt.

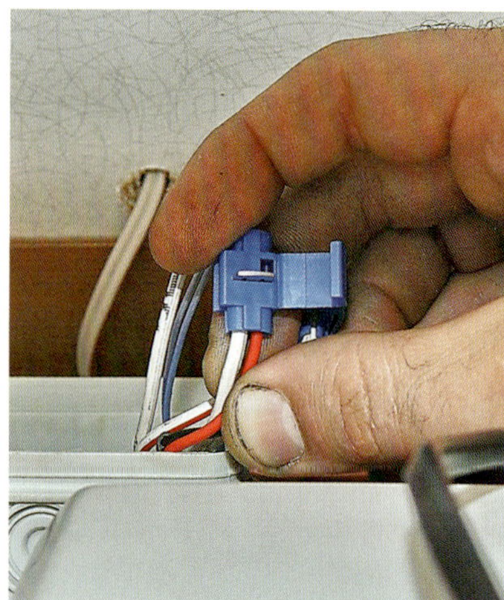

4 Kabel-Schnellverbinder taugen nichts in feuchter Umgebung. Doch im Inneren eines Schranks stellen sie die einfachste Verbindung ohne Abisolieren des Drahts dar. Einfach die Drähte einführen und Verbinder mit einer Zange zusammendrücken.

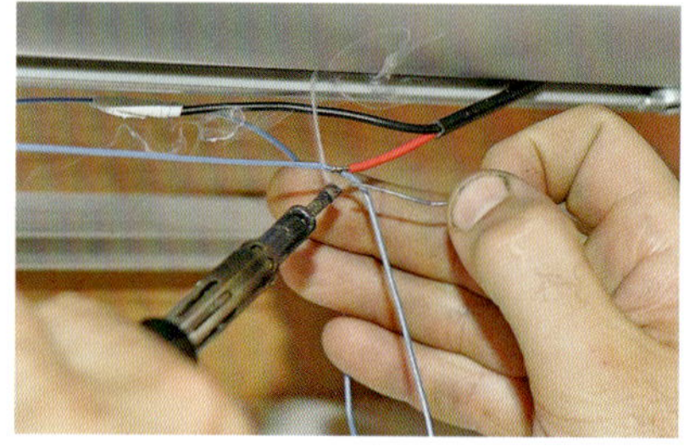

5 Im Inneren des Kabelkanals gibt es nur Platz für gelötete Verbindungen. Im Bild ein Gaslötgerät von Würth. Es kann bei Bedarf kurzfristig ein- und ausgeschaltet werden und erlaubt ein punktgenaues Arbeiten.

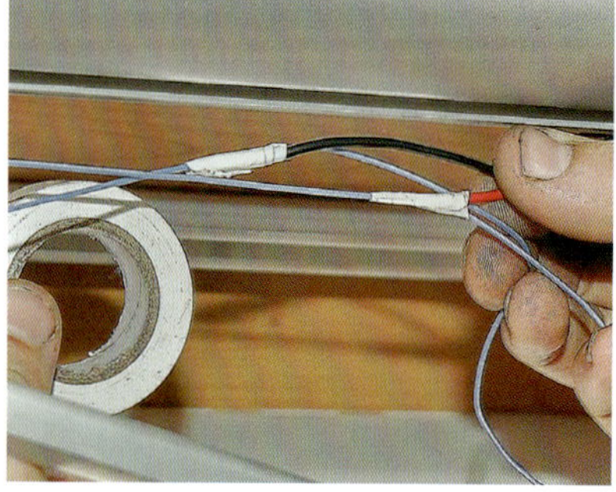

6 Jede fertige Verbindung wird mit Isolierband umwickelt. Dave versetzt die Verbindungsstellen wegen des geringen zur Verfügung stehenden Raums.

7 Vor der endgültigen Befestigung bohrt Dave 2 mm große Pilotlöcher. Wir denken lange über die beste Position der Leuchten nach – und das zahlt sich am Ende aus.

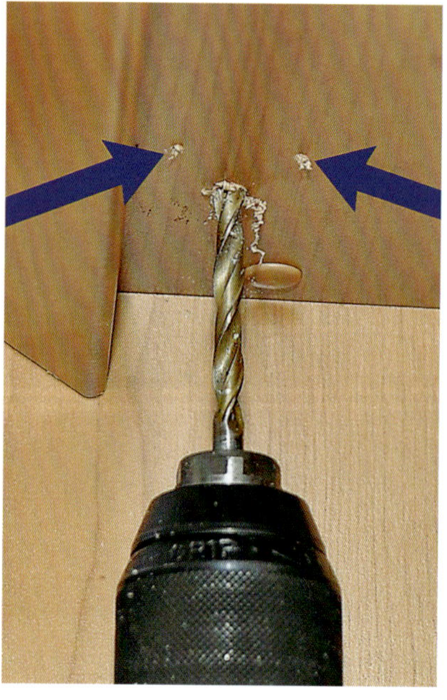

8 Die vorgebohrten Löcher (Pfeile) zeigen die Lage des Leuchtengehäuses an, so ist es für Dave ein Leichtes, ein größeres Loch für das Kabel zu bohren.

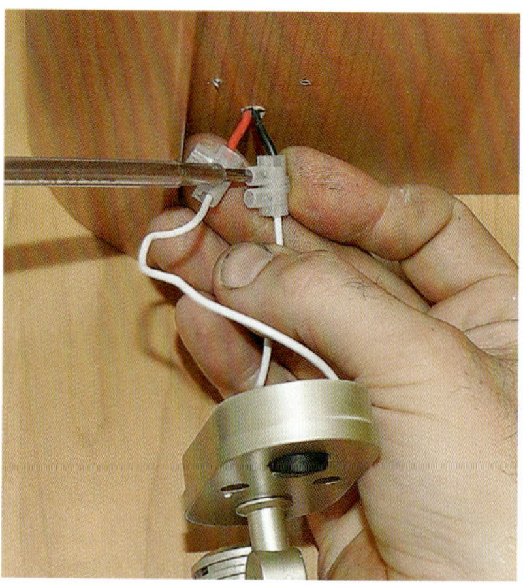

9 Das Kabel wird so durch den Schrank gezogen, dass es nicht zu sehen und sicher vor Beschädigung ist. Wir ziehen das Ende durch das Loch im Gehäuse hindurch, isolieren die Enden ab und fixieren sie in die bereits beschriebenen Klemmen.

10 Die Kabelschellen werden verschraubt (NICHT genagelt).

Mit einer solchen Arbeit riskiert man kosmetische Schäden, sofern man nicht genau weiß, was man zu tun hat. Bohren Sie vorsichtig. Eine Wand ist schnell beschädigt, wenn das rotierende Bohrfutter sie berührt.

Halogenleuchten darf man auch nicht in der Nähe von Vorhängen und anderen entflammbaren Werkstoffen installieren, denn sie werden sehr heiß. LED-Leuchten hingegen bleiben praktisch kalt, bei ihnen besteht kein Risiko der Überhitzung.

Nützliche Adressen

Verbände und Zeitschriften
ADAC
www.adac.de

Auto Bild Reisemobil
www.autobild.de

DCC, Deutscher Camping-Club
www.camping-club.de

Reisemobil Union
www.reisemobil-union.de

Promobil Reisemobil-Magazin
www.promobil-online.de

Caravaning
www.caravaning-online.de

Reisemobil International
www.reisemobil-international.de

Mobil-Total
www.mobiltotal.de

Mobil Szene aktuell
www.reisemobil-union.de

Camping
www.dcc.de

Camp24 Magazin
www.camp24.com

Wohnmobil Wohnwagen Markt
www.dhd24.com

Websites
www.wildcamper.de
www.wohnmobilforum.de
www.wohnwagenforum.de
www.wohnwagen-forum.de

Hersteller
Adria Caravan Deutschland
www.adria-deutschland.com

Bürstner
www.buerstner.com

Caravelair Deutschland
www.caravelair.tm.fr

Dethleffs
www.dethleffs.de

Fahrzeugteile Beeken
www.camping-preisbrecher.com

Fendt-Caravan
www.fendt-caravan.de

Hobby Wohnwagenwerk
www.hobby-caravan.de

Holtkamper
www.holtkamper.de

Hymer / Eriba
www.hymer.com

Knaus-Tabbert
www.knaus.de

Tabbert Caravan
www.tabbert.de

Trigano Deutschland
www.trigano.fr

Weinsberg Caravans
www.weinsberg.com

Wilk Caravan
www.wilk.com

Zubehör

AL-KO
www.al-ko.de

Amazon
www.amazon.de

Campingmarkt Thomas
www.campingshop-24.de

Dometic Waeco International
www.dometic-waeco.de

Frankana Caravan + Freizeit
www.frankana.de

Fritz Berger
www.fritz-berger.de

Fiamma
www.fiamma.com

Herzog
www.herzog-freizeit.de

InterCaravaning
www.intercaravaning.de

Maxview
www.maxview.de

MultiMan
www.multiman.de

Movera
www.movera.com

Pieper
www.pieper-freizeit.de

Reimo
www.reimo.de

Reisch Freizeit
www.r-freizeit-reisch.de

Thetford
www.thetford.com

Thule-Omnistore
www.omnistor.com

Truma
www.truma.de

WEITERE TITEL AUS DER SPECIAL-REIHE

Auch der zweite VW Transporter längst Legende. Die Exemplare, die den harten Gebrauchswagen-Alltagseinsatz überstanden haben, werden heute liebevoll gepflegt – und müssen in den meisten Fällen umfangreich restauriert werden. Dieses Buch zeigt in gewohnt detaillierter Art, wie das gemacht wird. Dabei liegt der Fokus ganz klar auf den Karosseriearbeiten, die beim Bulli meist den größten Teil der Restaurierung ausmachen.

Fletcher Gillett
VW Transporter T2 restaurieren
(So wird's gemacht Special Band 6)
ISBN 978-3-667-10698-8

Paul Fraysse | Philippe Sauvat
Restaurieren wie die Profis
(So wird's gemacht Special Band 2)
ISBN 978-3-7688-5811-3

Paul Fraysse | Philippe Sauvat
Restaurieren wie die Profis 2
(So wird's gemacht Special Band 7)
ISBN 978-3-667-11070-1

www.delius-klasing.de

DIE WELT IST MEIN ZUHAUSE

Das Leben in Wohnwagen und Wohnmobil hat sein angestaubtes Image längst abgestreift. Aber wer machte das Zuhause auf Rädern populär? Welches war das erste Reisemobil? Die historische Entwicklung dieses Megatrends ist nebulös. Christian Steiger und Thomas Wirth blicken hinter die Kulissen der bekannten und etablierten deutschen Wohnwagen- und Wohnmobil-Marken und führen in diesem Buch durch die Geschichte des Caravanings.

Christian Steiger | Thomas Wirth
Unterwegs zu Hause
Die Geschichte des Caravaning
ISBN 978-3-667-12241-4

Mein Haus, mein Auto, mein Boot – wer hat, der kann, und wer nichts hat, zieht in den Caravan? Das mag früher so gewesen sein, und noch immer ist das Leben in einem Wohnwagen eher ungewöhnlich und verhältnismäßig günstig. Doch die Idee von Marion Hahnfeldt ist eine andere. Nämlich herauszufinden, was man im Leben wirklich braucht. Kommt man noch klar ohne den üblichen Komfort? Reichen sieben Quadratmeter, wenn es früher mal 95 waren? Wie lebt es sich draußen im Winter – ohne Zentralheizung, Toilette und fließend Wasser?

Marion Hahnfeldt
Sieben Quadratmeter Glück
Mein Jahr im Camper
ISBN 978-3-667-12089-2

www.delius-klasing.de